国家级职业教育教师教学创新团队成果
国家级课程思政教学名师和教学团队成果

智能制造专业群系列教材

智能移动机器人设计与制作（基于STM32平台）

主　编　游青山　曹小兵　王　勇
副主编　曾　卓　沈博侃　冉　霞　覃智广　曾剑峰

科学出版社
北　京

内 容 简 介

本书根据国家产业结构转型升级的需求和职业院校工业机器人应用技术、智能机器人技术、智能控制技术专业建设的需要，由职业院校骨干教师和企业技术人员共同编写而成。

本书采用项目-任务的框架结构，介绍基于 STM32 平台的移动机器人设计与制作。学生通过对 7 个移动机器人典型案例的学习与训练，可初步掌握基于 STM32 平台的移动机器人的应用方法和技巧，并体验移动机器人的设计、装配、编程、调试操作。编者在编写本书的过程中，结合了全国大学生工程训练综合能力竞赛等对移动机器人的要求，内容新颖、选材典型，注重实际操作训练。

本书可作为高等职业院校、应用技术大学、成人教育等的工业机器人应用技术、智能机器人技术、智能控制技术、机电一体化技术等相关专业的配套教材，也可作为智能机器人应用、嵌入式设备开发岗位的培训教材，还可作为企业工程技术人员、机器人爱好者、电子爱好者的参考书。

图书在版编目（CIP）数据

智能移动机器人设计与制作 ：基于 STM32 平台 / 游青山，曹小兵，王勇主编. -- 北京 ：科学出版社，2024. 6. --（智能制造专业群系列教材）.
ISBN 978-7-03-079084-2

Ⅰ. TP242.6

中国国家版本馆 CIP 数据核字第 2024S1W350 号

责任编辑：张振华　刘建山 / 责任校对：马英菊
责任印制：吕春珉 / 封面设计：东方人华平面设计部

科学出版社出版
北京东黄城根北街 16 号
邮政编码：100717
http://www.sciencep.com

三河市良远印务有限公司印刷
科学出版社发行　各地新华书店经销
*
2024 年 6 月第 一 版　开本：787×1092　1/16
2024 年 6 月第一次印刷　印张：16 1/2
字数：367 000

定价：58.00 元

（如有印装质量问题，我社负责调换）
销售部电话 010-62136230　编辑部电话 010-62135120-2005

前　言

党的二十大报告深刻指出:“加快建设国家战略人才力量，努力培养造就更多大师、战略科学家、一流科技领军人才和创新团队、青年科技人才、卓越工程师、大国工匠、高技能人才。”为了更好地贯彻落实党的二十大报告精神，编者根据二十大报告和《职业院校教材管理办法》《高等学校课程思政建设指导纲要》《“十四五”职业教育规划教材建设实施方案》等相关文件，在行业、企业专家和课程开发专家的指导下，编写了本书。在编写过程中，编者紧紧围绕“培养什么人、怎样培养人、为谁培养人”这一教育的根本问题，以落实立德树人为根本任务，以培养学生综合职业能力为中心，以培养卓越工程师、大国工匠、高技能人才为目标，注重“岗课赛证”融通，强调思政融入，充分发挥教材承载的思政育人功能。

机器人是集机械、电子、自动控制、计算机、传感器、人工智能等多领域技术于一体的重要的现代制造业自动化装备。随着“中国制造 2025”的不断推进，以工业机械臂、AGV 小车为主要代表的工业机器人，在工业生产中得到大量应用，主要用户集中在 B 端（企业）；以扫地机器人为主要代表的服务机器人，在家用领域得到了广泛应用，其用户则集中在 C 端（个人）。同时，市场对工业机器人、服务机器人等相关岗位技能人才的需求也呈井喷式增长。

高等职业院校中与机器人相关的专业包括智能机器人技术专业、工业机器人技术专业、机电一体化技术专业、智能控制技术专业、智能机电技术专业等。目前各高校相关专业的课程设置存在“割裂”现象，这直接导致学生在学习过程中不了解课程之间的关联，甚至不了解各课程涉及的专业知识与机器人设计制造的关系，从而增加了学生学习移动机器人的难度。

“智能移动机器人设计与制作”是一门综合性、引导性的课程，该课程简要但全面介绍服务（移动）机器人技术所涉及的关键知识。基于“工程问题，工程解决”的理念，本书将教学内容分为 7 个项目，包括认识机器人、两轮直线行进机器人——机器人底盘、两轮循迹机器人、全向运动循迹机器人、四麦轮码垛机器人、机器人视觉技术应用、物流搬运机器人综合任务。学习完本书的内容后，学生可初步掌握基于 STM32 平台的移动机器人的应用方法和技巧，并体验移动机器人的设计、装配、编程、调试操作。

本书选取的项目难度逐步上升，将方案选择、机械设计、传感器选型、控制系统软硬件设计等多门专业课程内容融合至移动机器人设计与制作的学习过程中。在具体的单一项目学习中，融入机械设计、机械装配、机械画图软件使用等与机械设计与制作相关的应用技能，控制模式、电动机选型、驱动电路原理、传感器电路原理、硬件电路设计等与控制系统硬件原理相关的应用技能，STM32 介绍、C 语言基础、程序编译软件使用、应用程序编写等与程序编写相关的应用技能，从而加深学生对专业课程内容的理解，提升学生的应用实践能力。

本书由重庆工程职业技术学院游青山、无锡职业技术学院曹小兵、重庆电子工程职业学院王勇担任主编，重庆工程职业技术学院曾卓、浙江纺织服装职业技术学院沈博侃、中煤科工集团重庆研究院有限公司冉霞、宜宾职业技术学院覃智广、重庆电子工程职业学院曾剑峰担任副主编。嘉兴技师学院何呈娟、重庆市垫江县桂北小学校冉路红等老师参与了本书的资料搜集、案例撰写、资料整理、图表绘制等工作。镇江创非凡技术开发有限公司徐路等技术工程师提供了丰富的参考意见和课程资源，并对机器人结构、控制程序和视频进行了优化处理，在此一并表示衷心的感谢。

本书的编写受到国家级职业教育教师创新团队课程研究项目（项目编号：YB202010203）、全国职业院校教师教学创新团队建设体系化课程研究项目（项目编号：TX20200201）、重庆市科技局自然基金（项目编号：cstc2020jcyj-msxmX0793）、重庆市教育委员会科学技术研究计划项目（项目编号：KJQN202003402）、重庆市教育委员会人文社会科学研究项目（项目编号：20SKSZ088、21SKGH353）、重庆市教育委员会高等教育教学改革研究项目（项目编号：203705）的资助。

镇江创非凡技术开发有限公司、中煤科工集团重庆研究院有限公司的工程技术人员对本书的编写提供了丰富的参考意见和课程资源，科学出版社的编辑为本书的高质量出版付出了辛勤劳动，在此一并表示衷心的感谢！衷心感谢参考文献中所列出的各位作者，包括众多未能在参考文献中一一列出的作者，正是因为他们在各自领域的独到见解和特别贡献，为编者提供了宝贵而丰富的参考资料，编者才能在总结现有成果的基础上，汲取各家之长，不断凝练提升，最终使本书付梓。

由于编者水平有限，书中难免存在疏漏和不妥之处，诚望各位专家和广大读者不吝赐教，以利修正，让更多的读者获益。

目　录

项目 1 认识机器人

◎ 项目导读

本项目包含 4 个任务。

任务 1.1 和任务 1.2，主要介绍机器人的分类及构成，主要目的是使读者对机器人的定义、分类有一个大概的了解，同时通过类比使读者理解机器人各构成部分的功能作用及其重要性。

任务 1.3，主要介绍单片机程序开发软件的安装步骤及软件的基本使用方法，主要目的是使读者掌握单片机程序开发软件的使用方法，从而为后续项目中机器人控制系统单片机程序的开发打下基础。

任务 1.4，主要介绍常用机械工具的使用方法，主要目的是使读者掌握机器人机构制作过程中涉及的工具的使用方法。

◎ 学习目标

通过对本项目的学习，应达成如下学习目标。

知识目标	能力目标	思政素养目标
1. 了解机器人的分类及构成。 2. 掌握 Keil 与 STM32CubeMX 的安装步骤与基本使用方法。 3. 掌握常用机械工具的使用方法	1. 能够对特定机器人进行分类。 2. 能够自行安装 Keil 与 STM32CubeMX。 3. 能够使用 Keil 与 STM32CubeMX 新建工程。 4. 能够使用常用机械工具进行机构组装与测量	1. 坚定技能报国、民族复兴的信念，立志成为行业拔尖人才。 2. 树立正确的学习观，培养职业认同感、责任感和荣誉感

任务 1.1 了解机器人的分类

任务目标

通过自主学习，了解和掌握机器人的分类。

任务实施

活动 机器人分类

请对下列机器人进行分类，并将答案填入表格中。

A

B

C

D

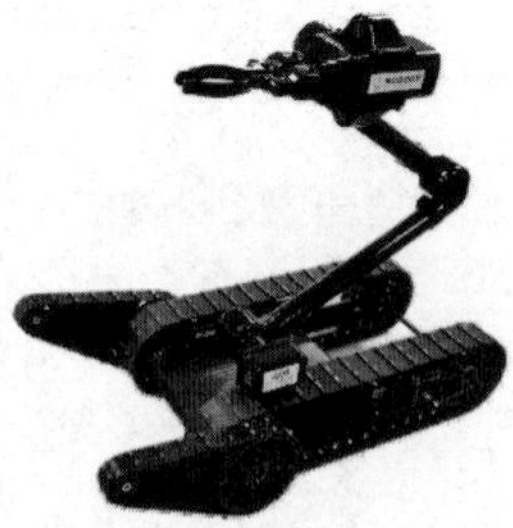

E

F

你的分类	分类标准

知识链接

1．机器人的定义

机器人（robot）是自动执行工作的机器装置，它既可以接受人类指挥，又可以运行预先编排的程序，也可以根据人工智能技术制定的原则纲领行动。

严格意义上说，当前是没有公认的标准机器人定义的，大家众说纷纭，但是根据几个大的纲领，我们基本能判断目标是否属于机器人范畴。

2．机器人的分类

国际上的机器人学者，从应用环境出发将机器人分为两类：制造环境下的工业机器人和非制造环境下的服务与仿人型机器人。中国的机器人专家从应用环境出发，将机器人也分为两大类，即工业机器人和特种机器人。

工业机器人就是面向工业领域的多关节机械手或多自由度机器人。

常见的工业机械臂如图 1.1.1 所示。

图 1.1.1　常见的工业机械臂

3．机器人的发展现状及趋势

从全球工业机器人市场的竞争格局来看，日本的安川电机（YASKAWA）和发那科（FANUC）、德国的库卡（KUKA）、瑞士的阿西布朗勃法瑞（ABB）四大工业机器人企业为全球主要的工业机器人供应商，位列第一梯队。这 4 家企业是全球主要的工业机器人供货商，占据全球约 50%的市场份额。目前，国内的工业机器人企业技术水平较低，想要与四大机器人企业抗衡，还有很长的一段路要走。

特种机器人则是除工业机器人外的、用于非制造业并服务于人类的各种先进机器人。目前市面上特种机器人的种类繁多，呈现出百花齐放的态势，根据应用场景的不同，常见的特种机器人样式包括服务机器人、水下机器人、军用机器人、农业机器人、安防机器人等。

常见的特种机器人如图 1.1.2 所示。

图 1.1.2　常见的特种机器人

拓展训练

家庭日常生活中的扫地机器人属于哪种机器人？你还见过哪些机器人？是否能将它们准确地分类？

任务 1.2　了解机器人的构成

任务目标

学习机器人的主要构成、各部分相对应的功能，以及各部分之间的关系。

任务实施

活动　观看视频并回答问题

请扫描右侧的二维码观看视频并回答下列问题。

视频：机器人简要介绍

1）机器人的主要构成部分有哪些？

____

2）机器人的主要构成部分之间有什么关系？

____

知识链接

机器人主要由传感器系统、控制系统、驱动系统、机械系统四大部分构成。这四大部分在整个机器人系统中的关系如图 1.2.1 所示。

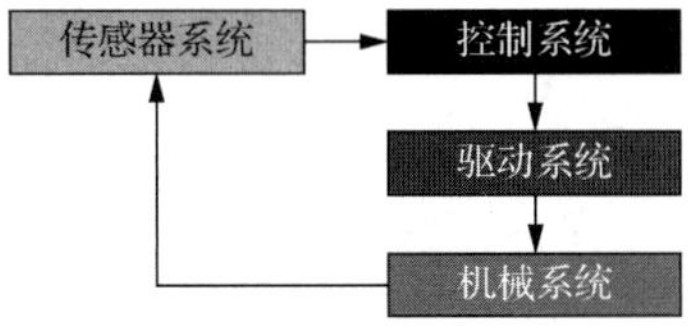

图 1.2.1　机器人的主要组成部分

1. 传感器系统

传感器系统是机器人的感测系统，相当于人的感觉器官，如眼睛、耳朵、皮肤、前庭平衡器官等，是机器人系统的重要组成部分，包括内部传感器和外部传感器两大类。内部传感器主要用于检测机器人本身的状态，为机器人的运动控制提供必要的本体状态信息，如位置传感器、速度传感器等。外部传感器则用于感知机器人所处的工作环境或工作状况信息，又可分为环境传感器和末端执行器传感器两种类型。前者用于识别物体和检测物体与机器人的距离等信息，后者安装在末端执行器上，用于检测、处理精巧作业的感觉信息。常见的外部传感器有力觉传感器、触觉传感器、接近传感器、视觉传感器等。

2. 控制系统

控制系统是机器人的指挥中枢，相当于人的大脑，负责对作业指令信息、内外环境信息进行处理，并依据预定的本体模型、环境模型和控制程序做出决策，产生相应的控制信号，通过驱动器驱动执行机构完成特定的动作。

3. 驱动系统

驱动系统是机器人的动力系统，相当于人的肌肉与神经系统，一般由驱动装置和传动机构两部分组成。因驱动方式的不同，驱动装置可以分为电动、液动和气动 3 种类型。驱动装置中的电动机、液压缸、气缸可以与操作机直接相连，也可以通过传动机构和执行机构相连。

4. 机械系统

机械系统是机器人赖以完成作业任务的执行机构，可以在确定的环境中执行控制系统指定的操作。如果与人类进行对比，我们可以将机械系统理解为人类的骨架、躯干、四肢等。

拓展训练

以扫地机器人为例，分析其主要构成，并将各部分按功能分类。

任务 1.3 编程软件的安装与使用

任务目标

通过学习，掌握 Keil MDK 软件与 STM32CubeMX 软件的基本设置与使用技巧，特别是 STM32CubeMX 软件与 Keil MDK 软件的配套使用技巧，完成 STM32 芯片初始化工程的新建操作。

任务实施

活动 1.3.1 安装 Keil MDK 软件

视频：Keil MDK 安装教程

扫描右侧的二维码，学习安装 Keil MDK 软件。

步骤 1：双击 MDK 安装文件，进入安装界面，如图 1.3.1 所示。

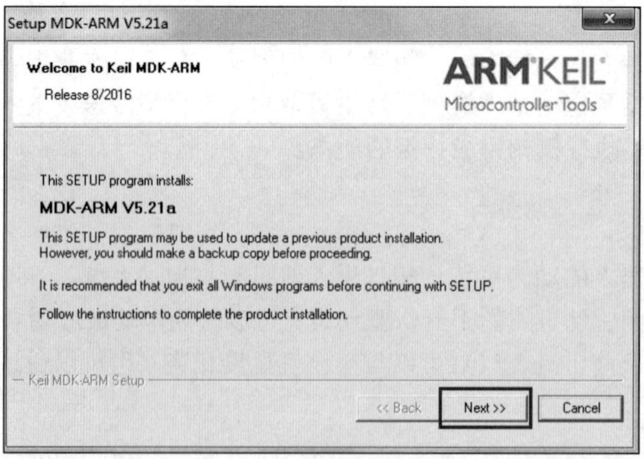

图 1.3.1　安装界面

步骤 2：单击“Next”按钮，进入接受许可协议界面，如图 1.3.2 所示。

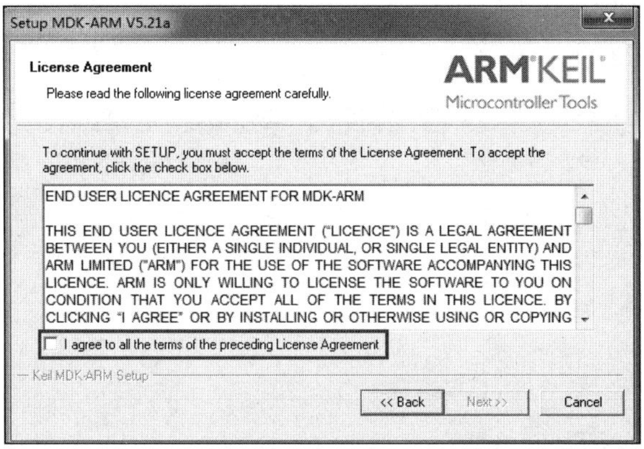

图 1.3.2　接受许可协议界面

步骤 3：选中“I agree to all the terms of the preceding License Agreement”复选框，如图 1.3.3 所示，然后单击“Next”按钮，进入选择安装路径界面。

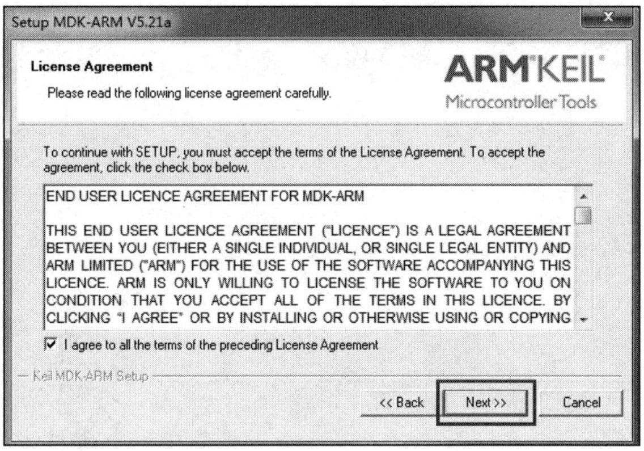

图 1.3.3　接受许可协议

步骤 4：选择核心部件与相关库包的安装位置，如图 1.3.4 所示，然后单击“Next”按钮，进入下一安装界面。

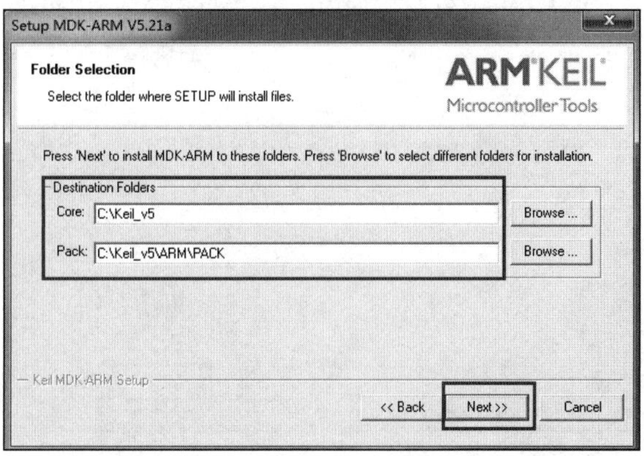

图 1.3.4　选择安装路径

步骤 5：在“First Name”“Last Name”“Company Name”“E-mail”文本框中输入相关信息后，单击“Next”按钮，如图 1.3.5 所示，进入下一安装界面。

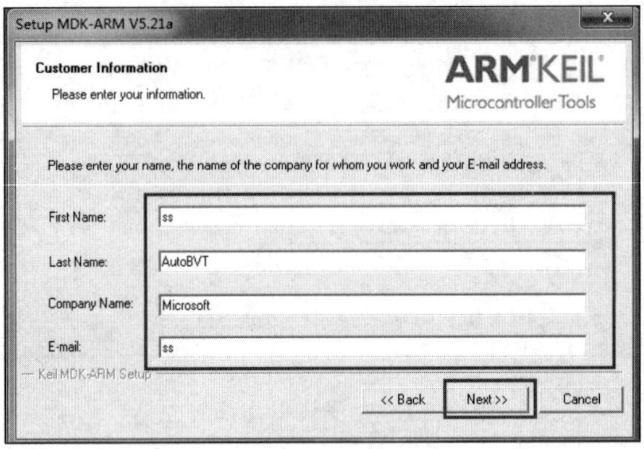

图 1.3.5　输入用户信息

步骤 6：安装过程如图 1.3.6 所示，安装完成后自动进入下一安装界面。

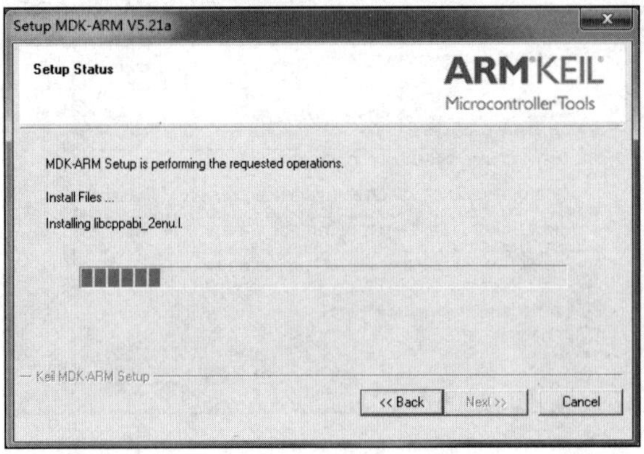

图 1.3.6　软件安装界面

步骤 7：单击“Finish”按钮，软件主体安装完成，如图 1.3.7 所示。

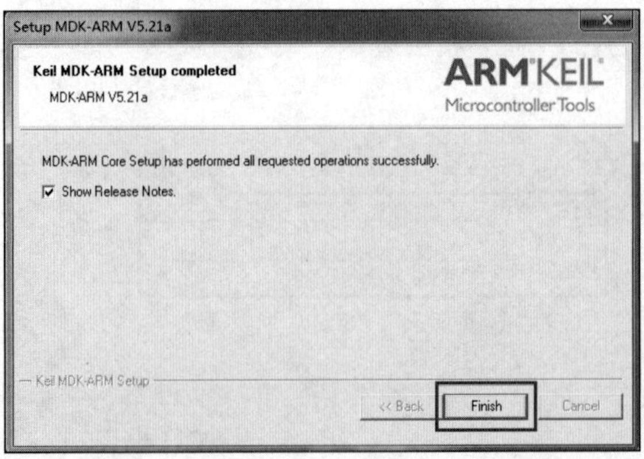

图 1.3.7　完成安装

Keil MDK 首次安装后，有可能会自动跳出如图 1.3.8 所示的界面，说明系统自动进行了芯片库更新。

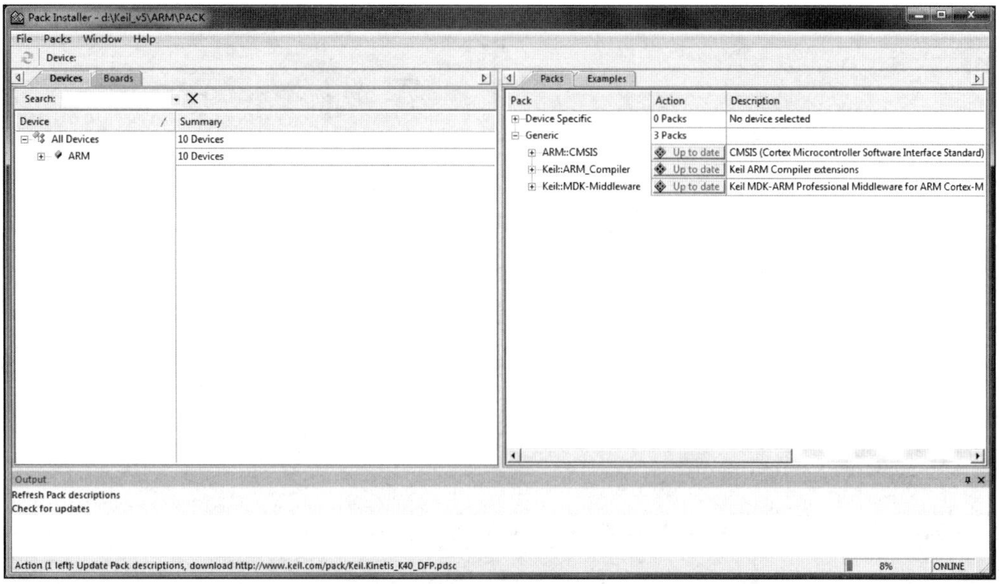

图 1.3.8　芯片库更新界面

如果安装完成后系统未自动出现该界面，则可通过双击桌面上的图标，运行 Keil 软件，然后单击“Pack Installer”按钮，如图 1.3.9 所示，同样会打开如图 1.3.8 所示的界面。

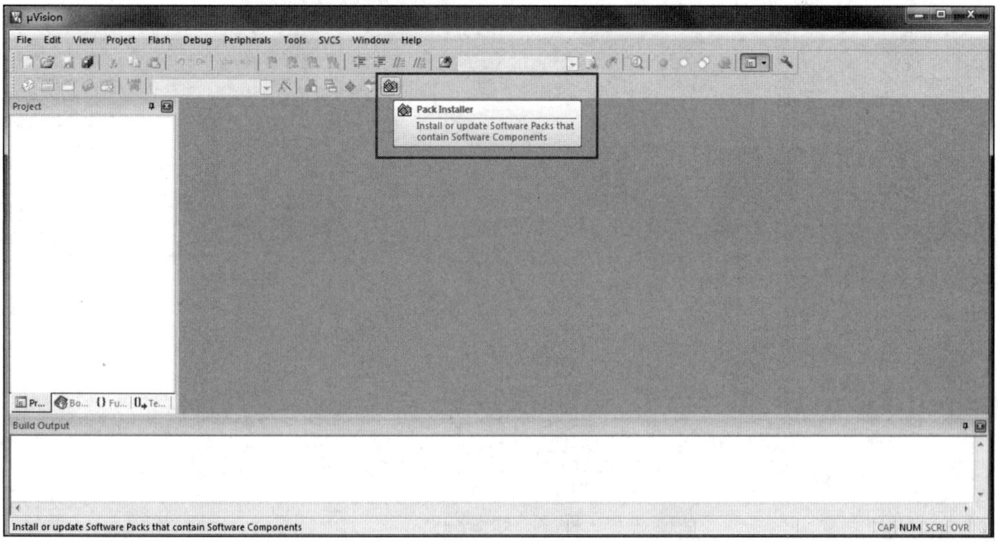

图 1.3.9　“Pack Installer”按钮

Keil MDK 支持较多的芯片，这里主要是将 Keil MDK 用于 STM32 相关芯片的编程，因而已经预先下载了相关库文件保存于压缩包“MDK_PACK.zip”中。选择左上角的“File”→“Import”选项，如图 1.3.10 所示。

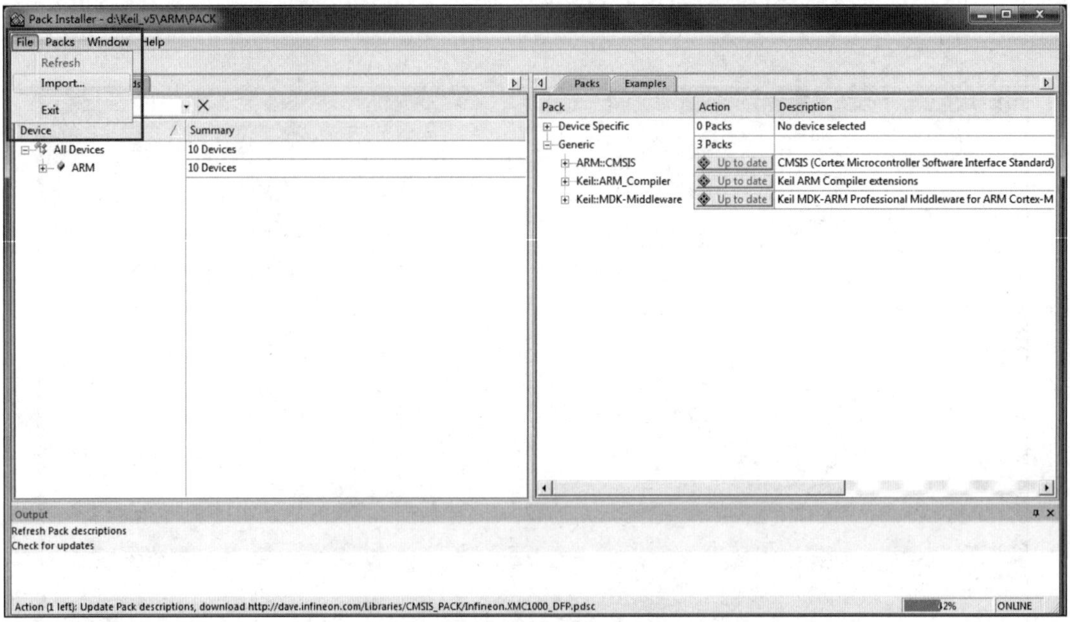

图 1.3.10 选择“Import”选项

打开“Import Packs”对话框，打开 MDK_PACK 文件夹，选择相关库文件，如图 1.3.11 所示。图 1.3.11 中的 5 个文件就是预先下载并保存于压缩包“MDK_PACK.zip”中的文件。

图 1.3.11 选择相关库文件

双击相关库文件，进行库文件导入操作，导入完成后，如果发现当前库文件不是最新版本，则可单击右侧的“Update”按钮进行库更新操作，如图 1.3.12 所示。

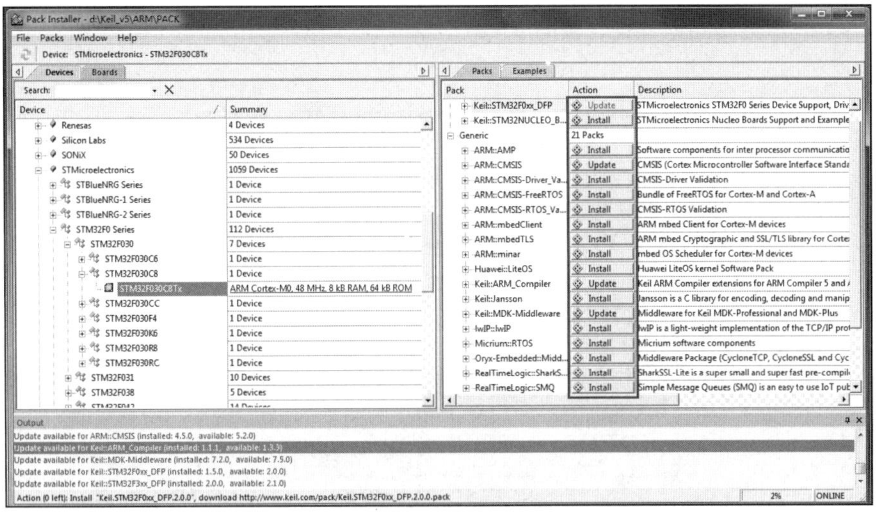

图 1.3.12　库更新操作

重复上述操作，即可将 5 个 PACK 文件安装完毕。

活动 1.3.2　安装 STM32CubeMX 软件

扫描右侧的二维码，学习安装 STM32CubeMX 软件。将实践中遇到的难题记录下来，并与同学和老师讨论交流。

视频：STM32CubeMX 安装教程

步骤 1：右击“SetupSTM32CubeMX-5.1.0.exe”文件，如图 1.3.13 所示，在弹出的快捷菜单中选择以管理员身份运行该文件。

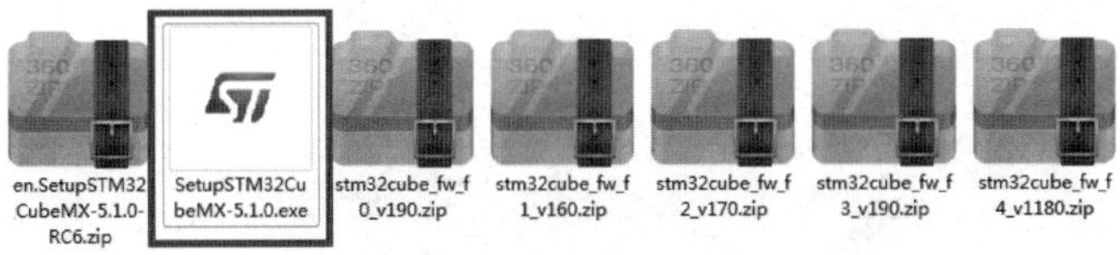

图 1.3.13　安装 STM32CubeMX 软件

步骤 2：进入欢迎安装界面，如图 1.3.14 所示，然后单击“Next”按钮。

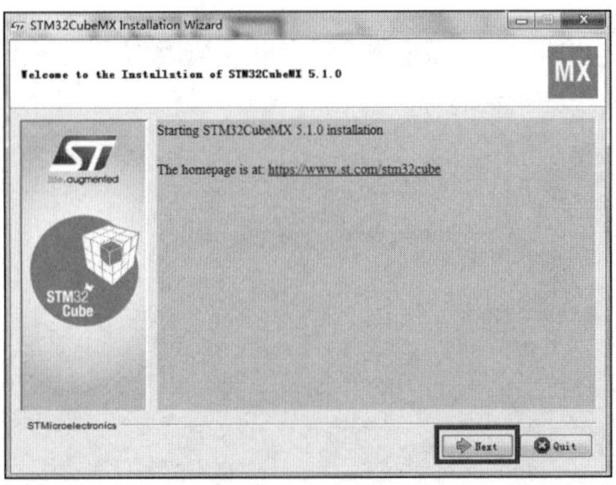

图 1.3.14　欢迎安装界面

步骤 3：进入协议同意界面，如图 1.3.15 所示，选中图中的两个复选框，然后单击“Next”按钮。

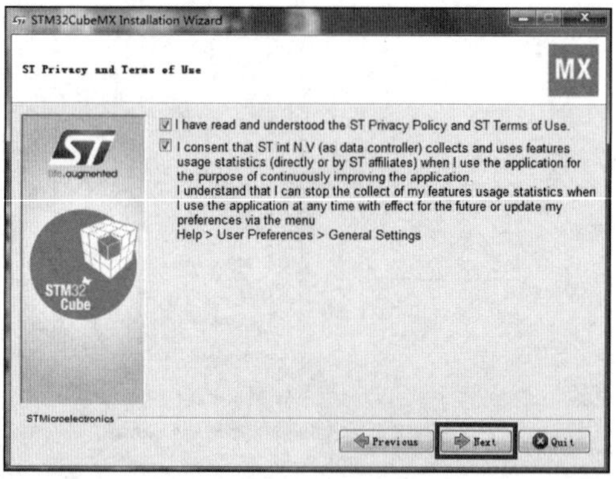

图 1.3.15　协议同意界面

步骤 4：进入安装路径选择界面，如图 1.3.16 所示，选择软件安装的路径，然后单击“Next”按钮，并在新弹出的对话框中单击“确定”按钮。

图 1.3.16　选择安装路径

步骤 5：进入生成快捷方式界面，如图 1.3.17 所示，进行相应的设置后，单击“Next”按钮。

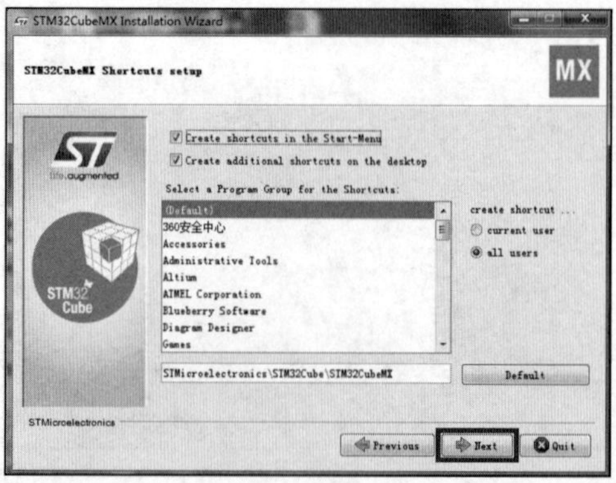

图 1.3.17　选择生成快捷方式

步骤 6：进入安装过程界面，如图 1.3.18 所示，安装完成后单击“Next”按钮。

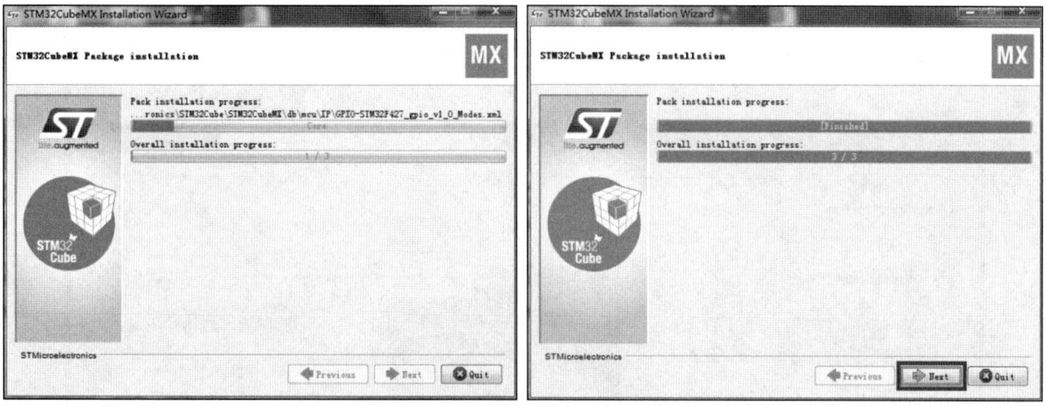

图 1.3.18　安装过程界面

步骤 7：进入安装完成界面，如图 1.3.19 所示，然后单击“Done”按钮。

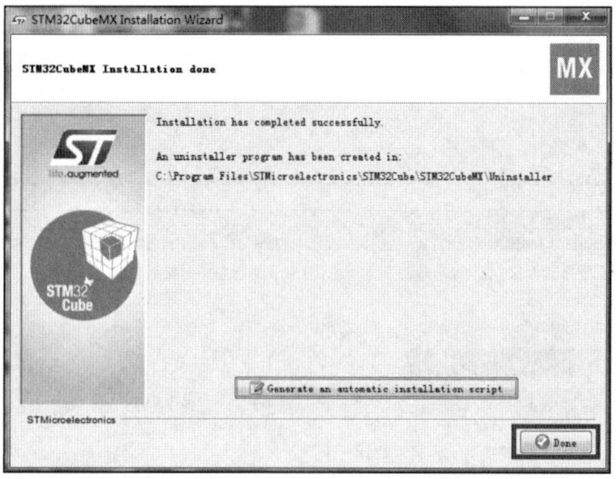

图 1.3.19　安装完成

STM32CubeMX 的库安装与升级的操作步骤如下。

步骤 1：双击 STM32CubeMX 软件的快捷方式图标，启动 STM32CubeMX 软件，初始界面如图 1.3.20 所示。

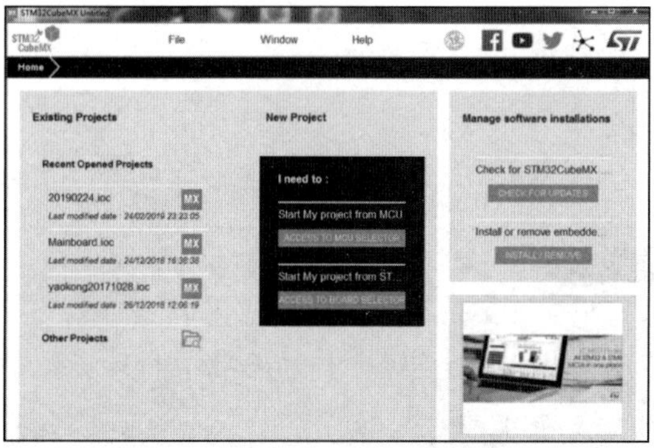

图 1.3.20　STM32CubeMX 软件的初始界面

步骤 2：选择“Help”→“Manage embedded software packages”选项，打开“Embedded Software Packages Manager”对话框，如图 1.3.21 所示。

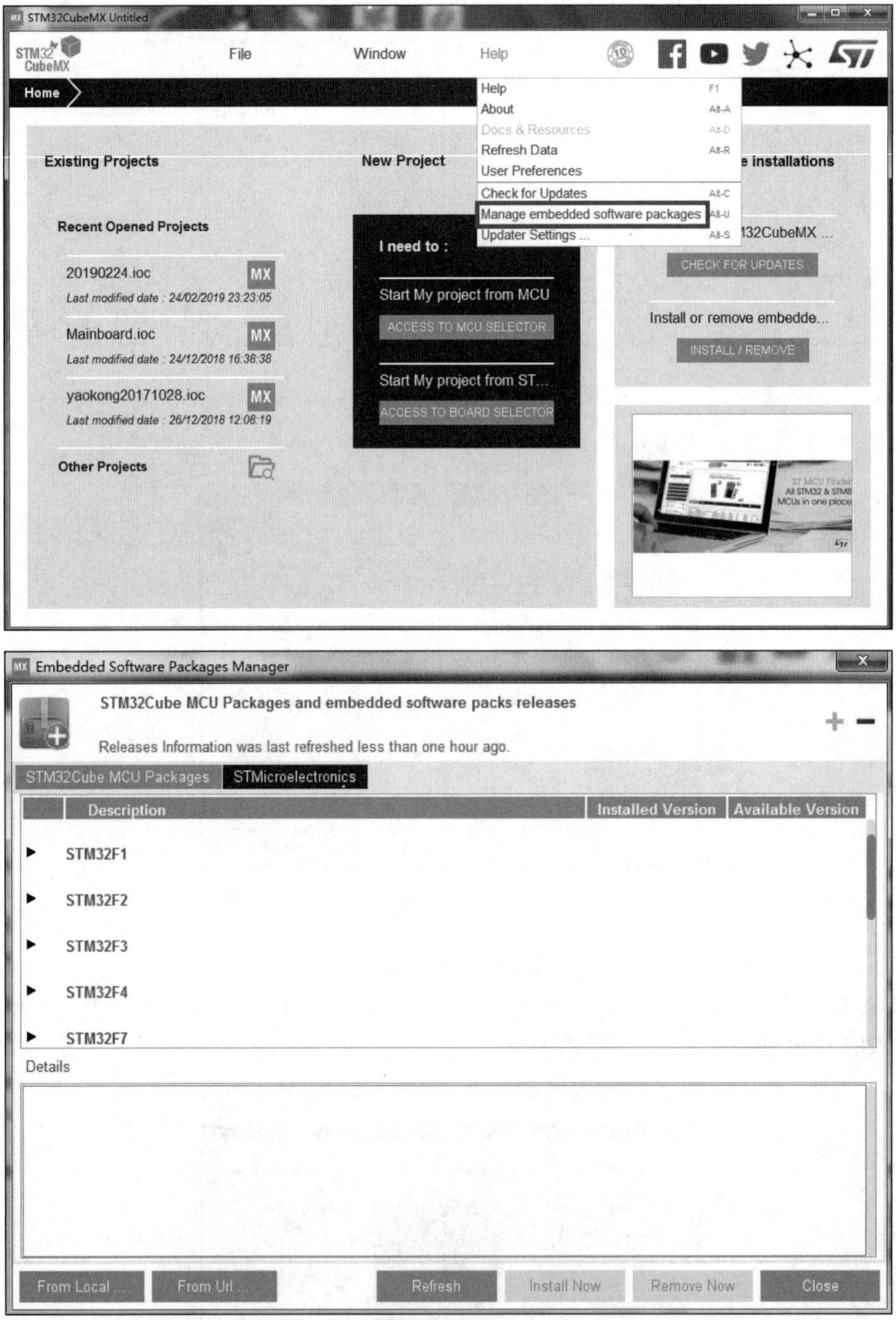

图 1.3.21　打开“Embedded Software Packages Manager”对话框

步骤 3：安装或升级库文件主要有两种方式：一种为本地升级/安装，另一种为在线升级/安装。以 STM32F1 库文件的安装升级为例，单击 STM32F1 前的三角形，如图 1.3.22 所示。

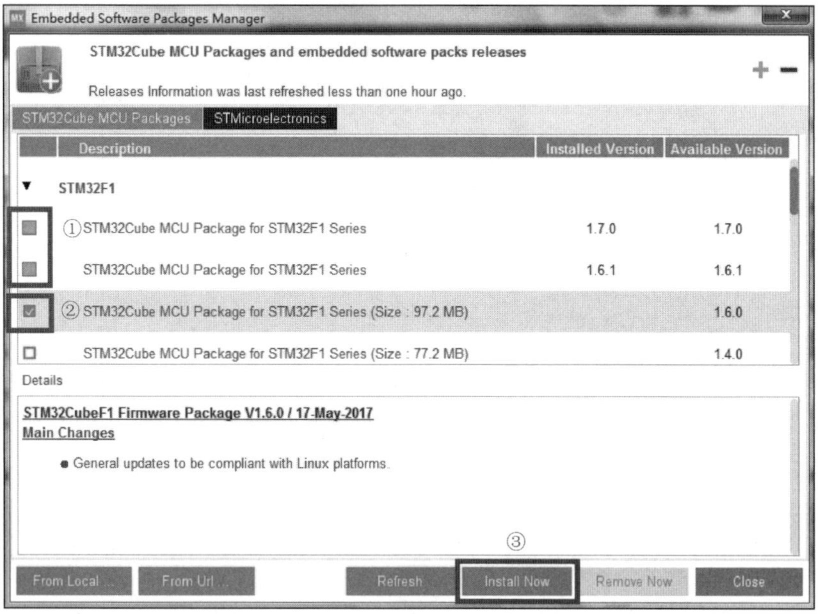

图 1.3.22　选择安装或升级的库文件

步骤 4：在图 1.3.22 中，①中的小方框表明这个库文件已经存在。②表明这是本次需要安装的库文件，然后单击“Install Now”按钮即可实现库文件的在线安装（在线安装时需要特别注意，由于网络的关系，库文件下载速度可能会很慢，也很可能出现中途断连的情况）。

步骤 5：如果相关的库文件已经被下载至本地计算机中，则可单击“From Local”按钮，在打开的对话框中进行本地库文件的安装，如图 1.3.23 和图 1.3.24 所示。

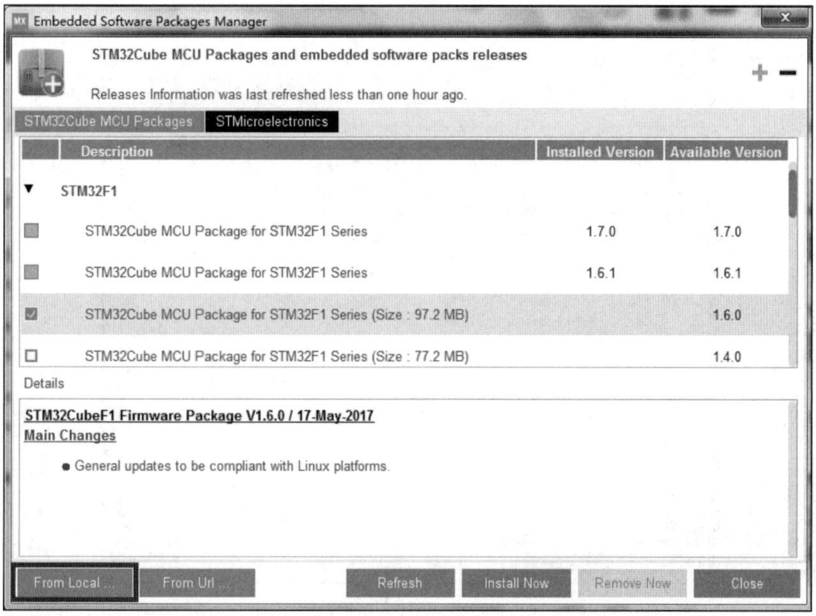

图 1.3.23　选择本地安装库文件 1

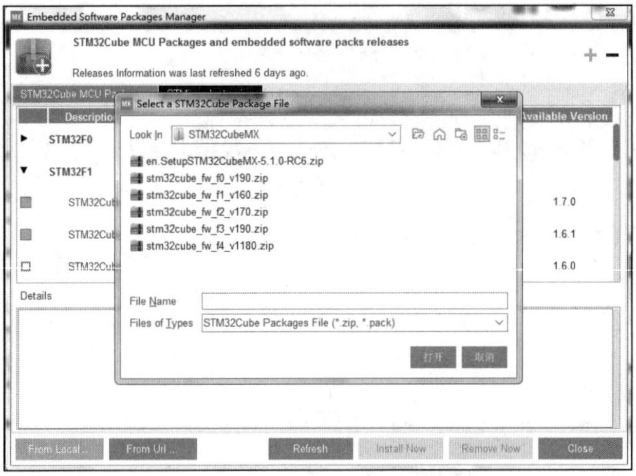

图 1.3.24　选择本地安装库文件 2

步骤 6：选择相关的库文件并单击“打开”按钮等待安装完成即可，如图 1.3.25 所示。

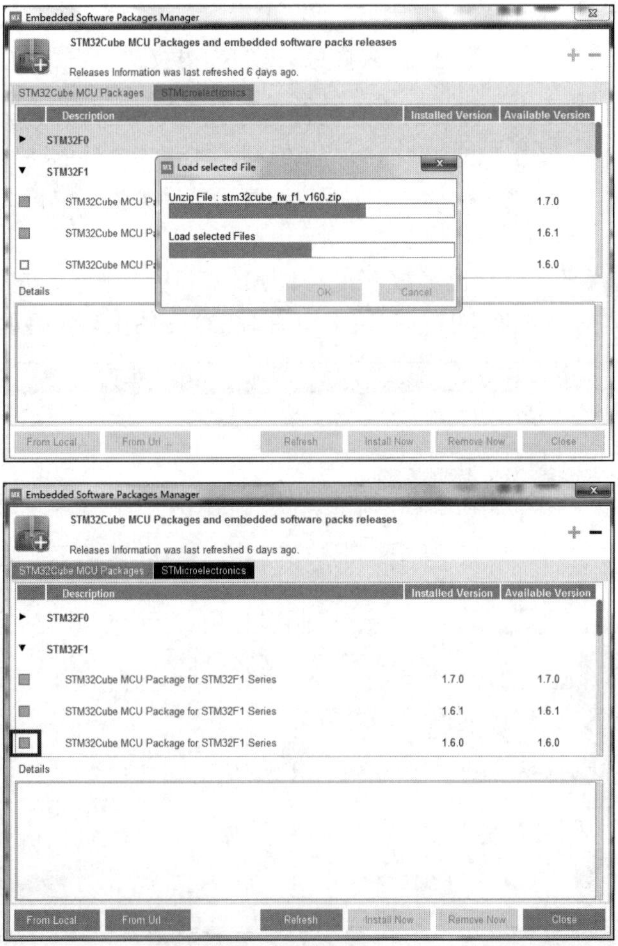

图 1.3.25　相关的库文件安装完成

活动 1.3.3　Keil MDK 软件基础操作

在 STM32CubeMX 生成的 MDK-ARM 文件夹中，双击扩展名为.uvprojx 的文件，Keil MDK 会自动启动并打开 STM32CubeMX 生成的程序工程，此时编程人员即可在 Keil MDK 下进行应用程序的开发。Keil MDK 功能丰富，但是对于学习人员，只要掌握其基础操作便可进行正常的程序开发，而 STM32CubeMX 软件自动生成的 Keil MDK 程序工程进一步简化了 Keil MDK 的操作。所以此处不再介绍完全通过 Keil MDK 新建工程的步骤，而是直接在 STM32CubeMX 软件自动生成的 Keil MDK 程序工程基础上讲解 Keil MDK 的基础操作，具体步骤请扫描右侧的二维码进行观看。

视频：Keil MDK 的基础操作

步骤 1：打开 STM32CubeMX 生成的程序工程后，出现如图 1.3.26 所示的界面。

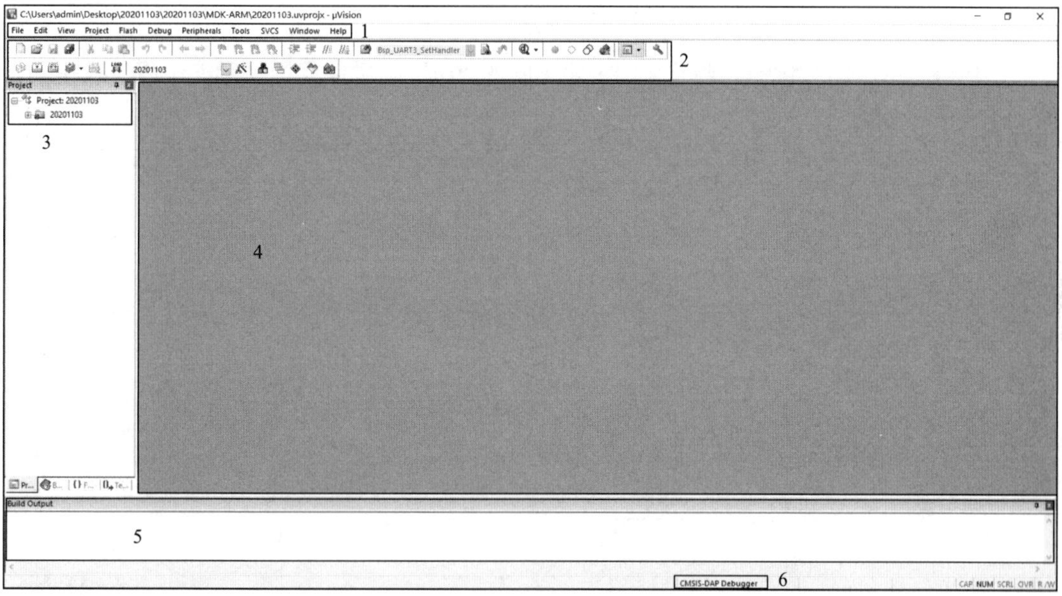

图 1.3.26　工程打开的界面

图 1.3.26 中的区域 1 为菜单栏，区域 2 为功能区，区域 3 为工程工作空间，区域 4 为程序编写区，区域 5 为编译输出窗口，区域 6 指示所选的调试方式。

步骤 2：单击工程工作空间（图 1.3.26 中的区域 3）中的文件夹，找到并打开“main.c”文件，找到主程序，如图 1.3.27 所示。

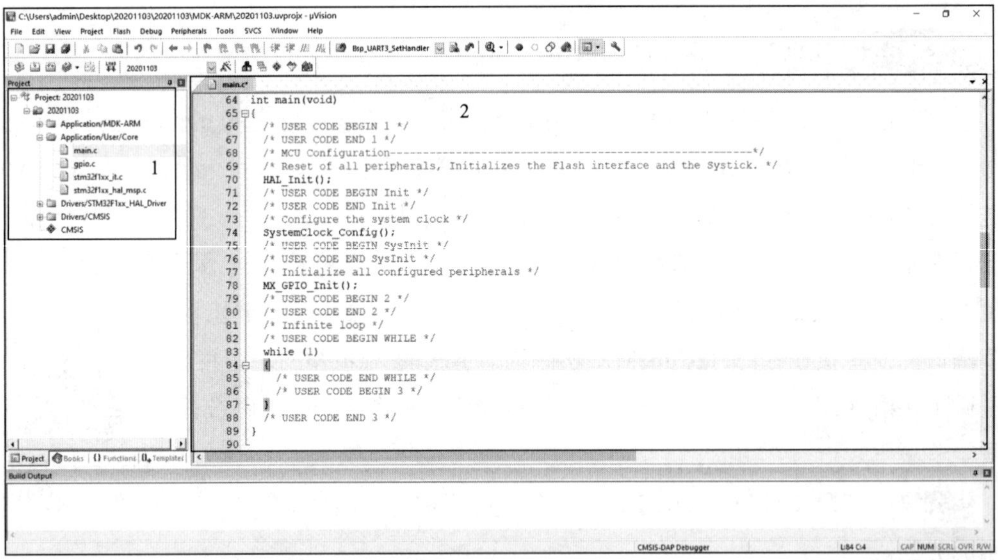

图 1.3.27　工程主程序

步骤 3：单击编译按钮，将“.c”文件关联的“.h”头文件直接显示在工程工作空间，如图 1.3.28 所示。

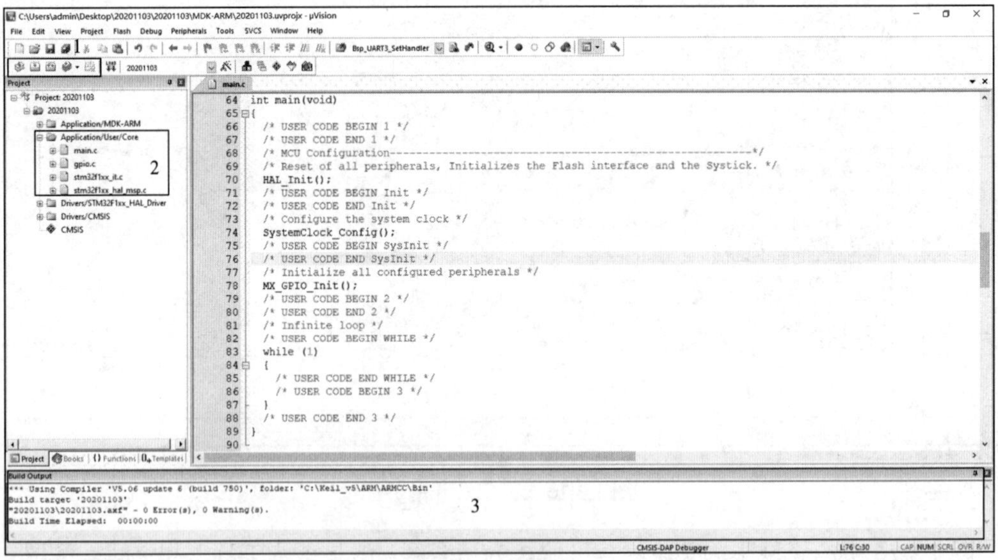

图 1.3.28　工程编译结果

图 1.3.28 的区域 1 中有 4 个编译按钮，代表 4 种编译方式，从左至右分别为编译当前文件、编译修改的文件、编译全部文件、按照批处理文件编译，最右侧的按钮为停止当前编译。一般选择“编译修改的文件”即可，首次编译后可以发现图 1.3.28 区域 2 中的“.c”文件左侧生成了“+”号，单击该“+”号即可看到该“.c”文件所包含的头文件。

编译结果提示输出在图 1.3.28 的区域 3 中，并给出编译结果的提示，当前提示为“0 Error(s), 0 Warning(s)”，表明编译正常。

步骤 4：在程序编写区可同时打开多个“.c”和“.h”文件，编程人员可在该区域编写具体的功能程序。以主控电路中 LED1 与 LED2 闪烁程序为例，其具体内容如图 1.3.29 所示。

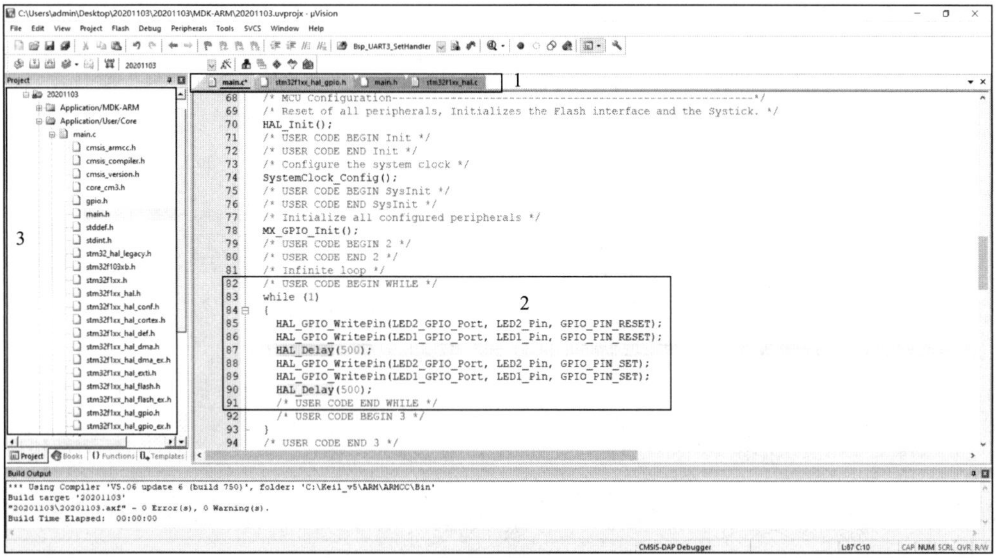

图 1.3.29 应用程序的内容

单击图 1.3.29 区域 3 中的不同文件，即可直接显示在程序编写区，单击区域 1 中的不同文件可切换显示不同文件中的具体内容。

如果想自行管理（添加/删除）工程文件夹及“.c”文件，则可通过“Manage Project Items”按钮进行“.c”文件的管理，如图 1.3.30 所示。

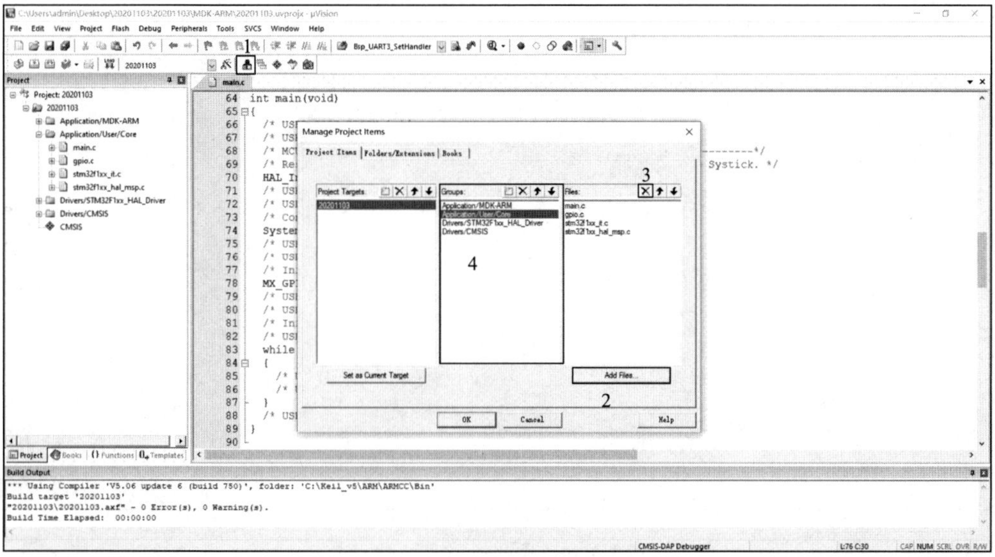

图 1.3.30 管理工程文件

单击图 1.3.30 区域 1 中的按钮，即可打开“Manage Project Items”对话框。在区域 4

中选择具体组别，然后单击“Add Files”按钮即可添加“.c”文件。选择对应的“.c”文件，单击“删除”按钮，即可直接删除对应的“.c”文件。

如果想自行管理（添加/删除）头文件相关目录，可通过“Target Options”按钮进行设置，如图 1.3.31 所示。

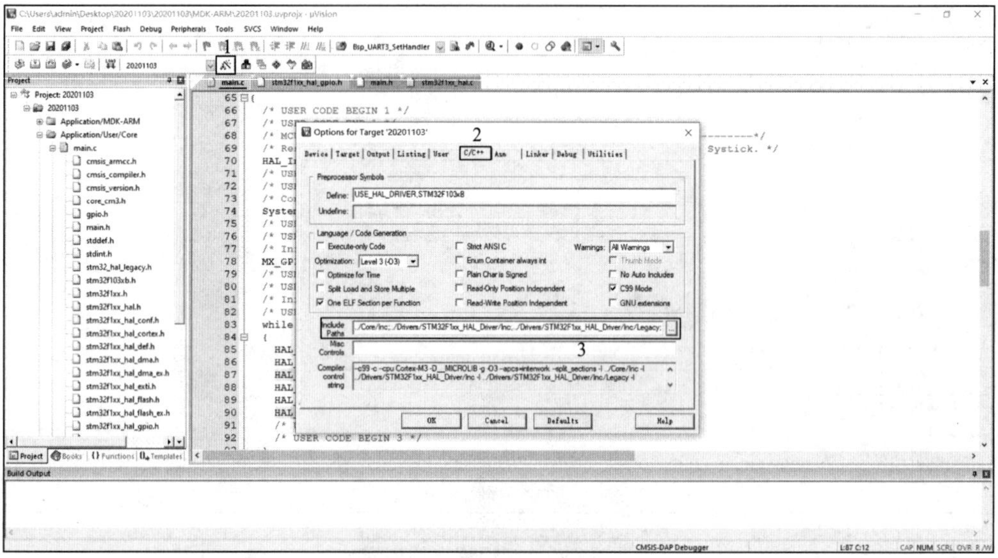

图 1.3.31 设置添加头文件

单击图 1.3.31 区域 1 中的“Target Options”按钮，在打开的对话框中选择“C/C++”选项卡，可通过区域 3 进行头文件所在路径的选择，具体如图 1.3.32 所示。

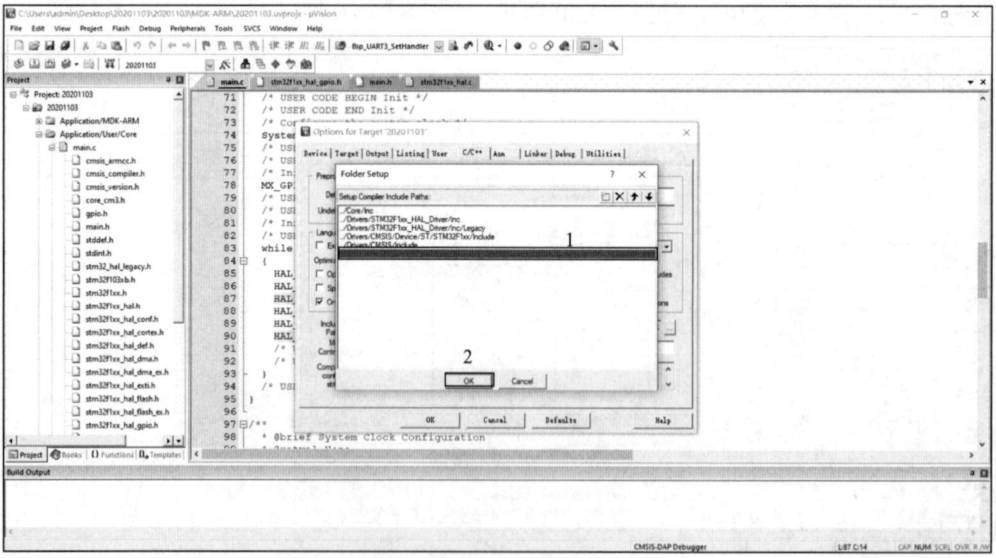

图 1.3.32 选择头文件的路径

双击图 1.3.32 区域 1 进行头文件路径的选择，头文件路径添加完成后，单击“OK”按钮即可。

步骤 5：应用程序编写完成，编译程序后需要进行程序下载。具体程序下载步骤可查阅相关资料，这里不再介绍。

活动 1.3.4　STM32CubeMX 软件基本设置

使用 STM32CubeMX 对 STM32F103R8T6 进行硬件配置的具体步骤如下。

步骤 1：启动软件后，选择“File”→“New Project”选项，生成新的项目工程，如图 1.3.33 所示。但是可能会出现下载选择文件的提示框，可直接单击“Cancel”按钮取消，如图 1.3.34 所示。

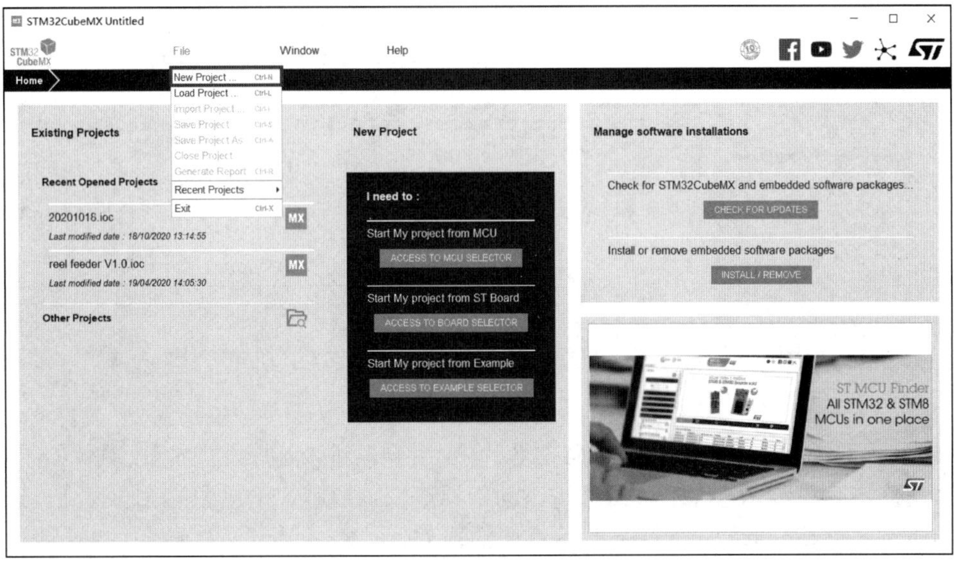

图 1.3.33　新建工程

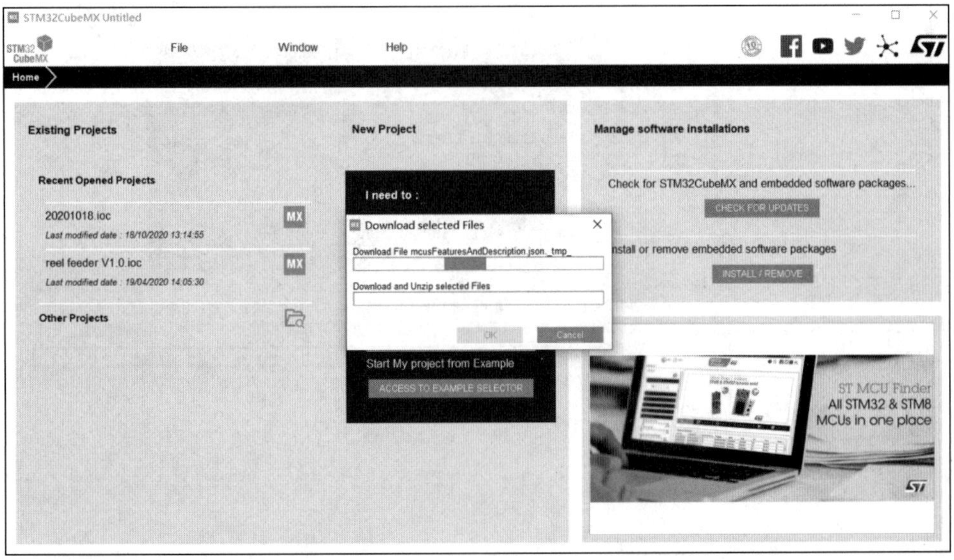

图 1.3.34　取消下载选择文件

步骤 2：选择本次新建工程所用的 STM32 芯片，如果已经明确知道芯片型号，可在搜索栏中直接输入该芯片的型号，如图 1.3.35 所示。

图 1.3.35　选择芯片

步骤 3：双击新建工程所用的 STM32 芯片，软件自动进入芯片设置界面，具体如图 1.3.36 所示。出现芯片引脚示意图后，可通过滚动鼠标滚轮缩放芯片示意图的大小尺寸，通过长按鼠标右键并移动鼠标即可实现芯片示意图的拖动。

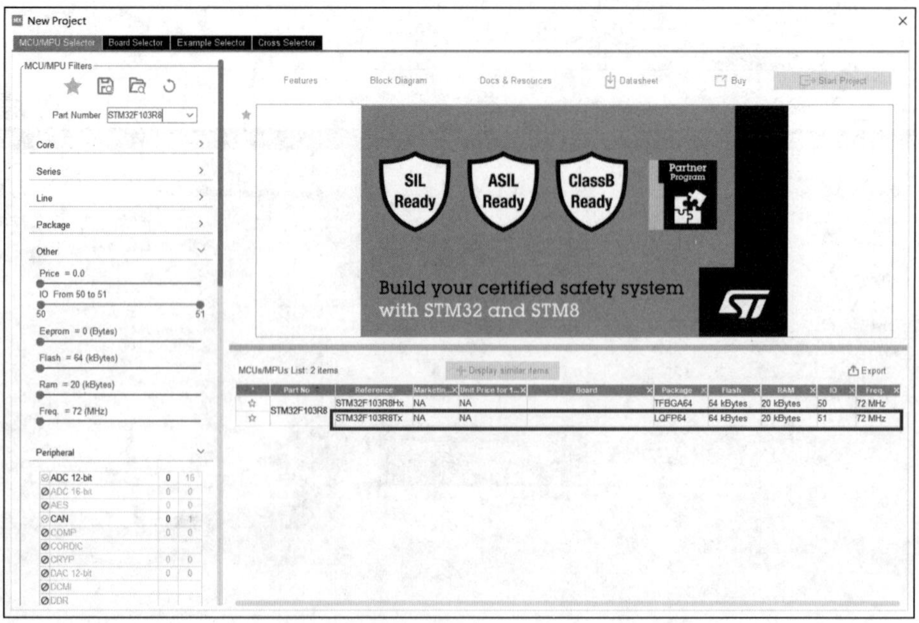

图 1.3.36　导入芯片

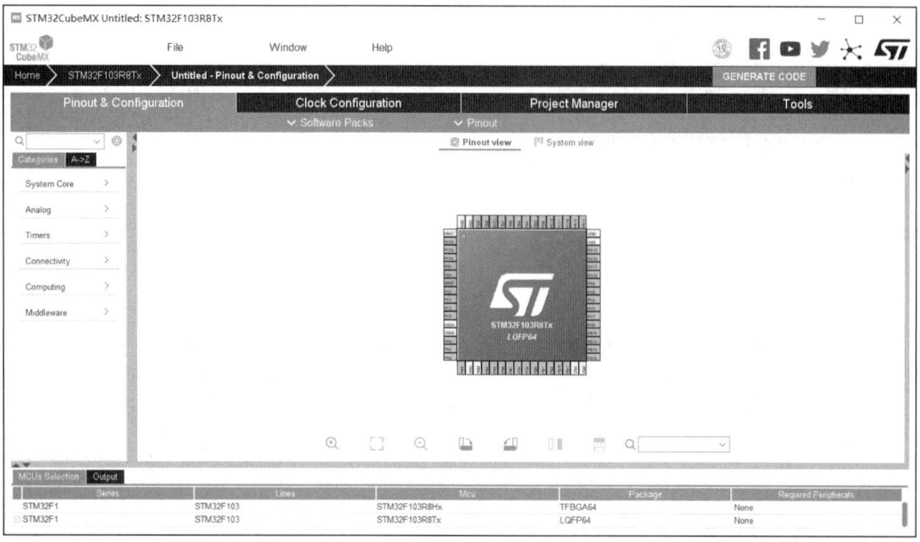

图 1.3.36（续）

步骤 4：设置下载仿真模式，其中下载仿真模式的具体设置与下载器种类和型号有关，如图 1.3.37 所示。

图 1.3.37　设置下载仿真模式

步骤 5：设置 RCC 模式，具体与硬件电路及应用有关，此例中 HSE 使用外部晶振，LSE 不使用，具体如图 1.3.38 所示。

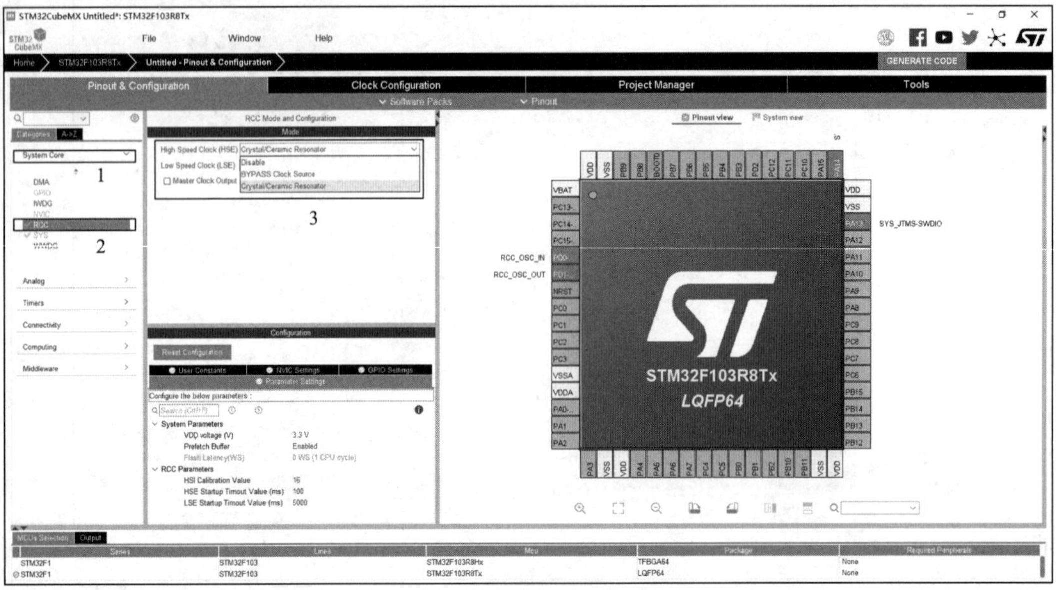

图 1.3.38　设置 RCC 模式

步骤 6： 设置时钟。一般将时钟设置到允许范围内的最高值，因此将框 4 处的值直接设置为 72MHz，其他部分的值会自动修改，如图 1.3.39 所示。

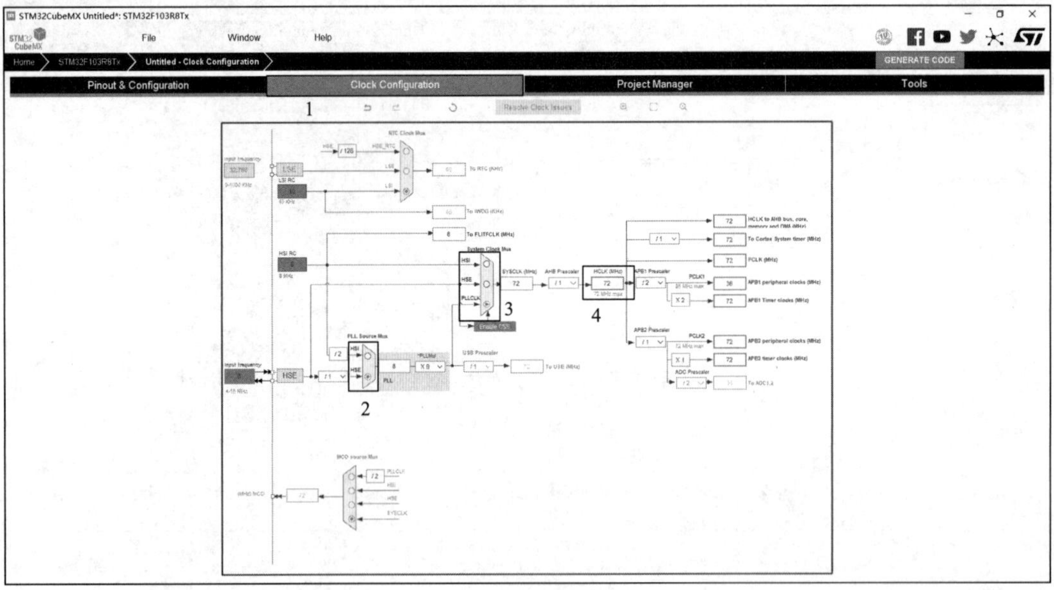

图 1.3.39　设置时钟

步骤 7： 设置工程名称、工程文件的保存位置及编译软件，具体如图 1.3.40 所示。（此处应特别注意，工程保存路径中千万不要包含中文，否则在生成代码时会出现问题。）

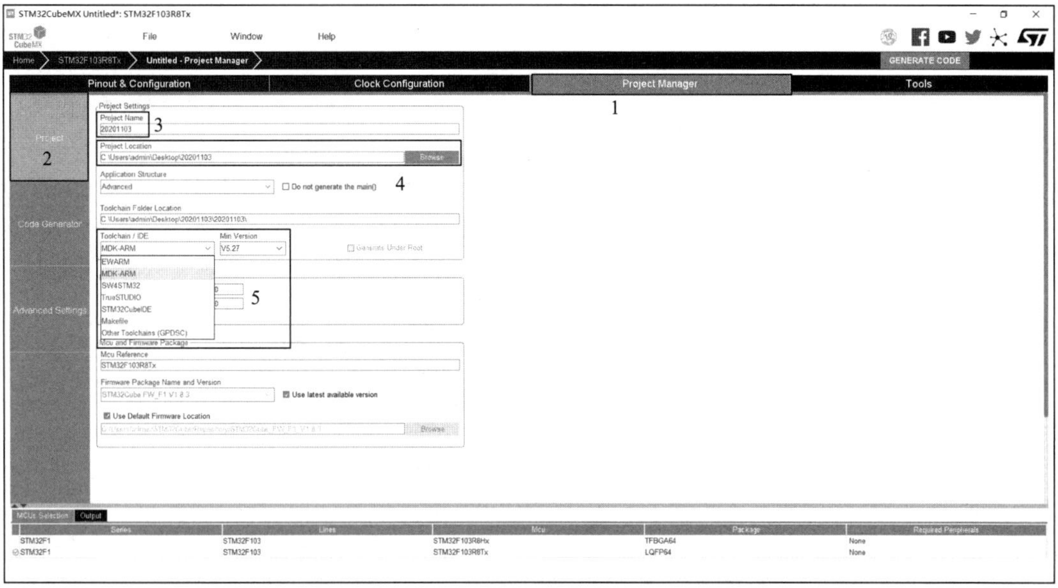

图 1.3.40　设置工程名称

步骤 8： 设置工程代码生成规则，一般设置为只包含必需的库文件、每一种硬件资源单独生成一个初始化的“.c”与“.h”文件，具体如图 1.3.41 所示。

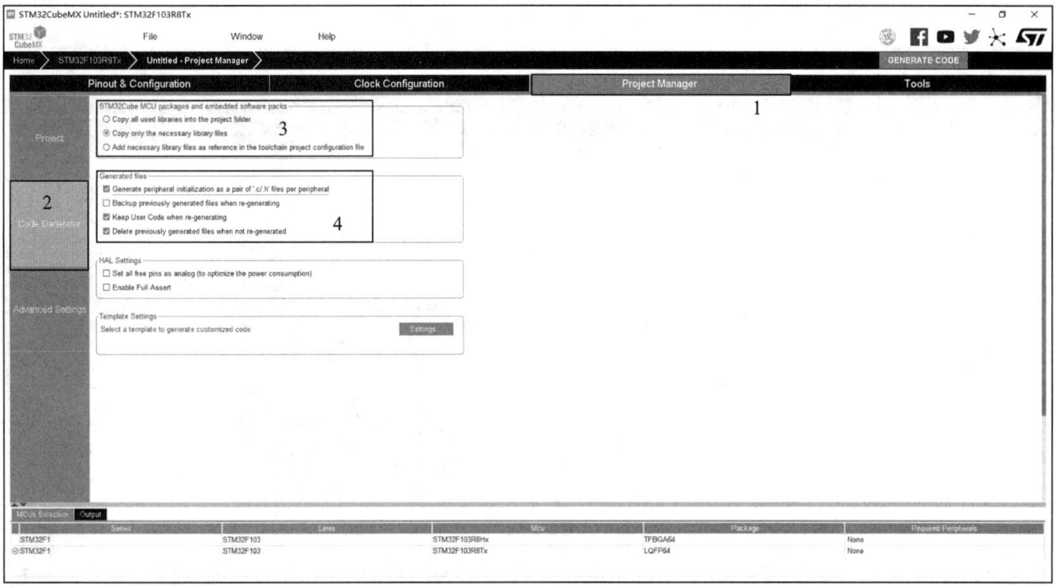

图 1.3.41　设置工程代码生成规则

步骤 9： 根据硬件电路原理图，控制两个发光二极管的单片机引脚为 PB3、PA15，因此将 PB3 与 PA15 设置为输出模式，单击软件中芯片的 PB3 引脚，并选择“GPIO_Output”，PA15 的操作与 PB3 的操作相同，如图 1.3.42 所示。

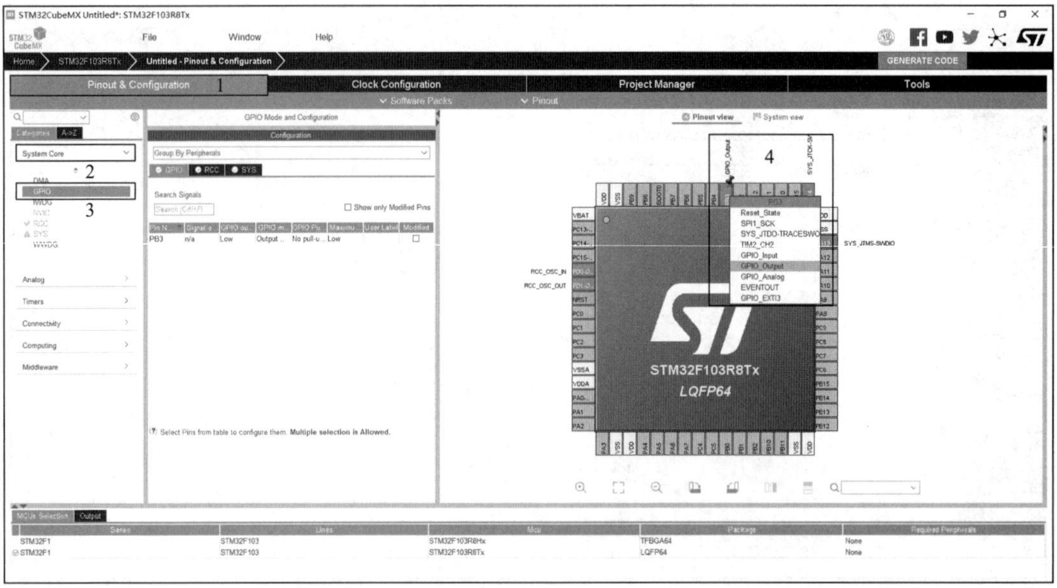

图 1.3.42　设置元件属性

步骤 10：修改 PB3、PA15 引脚的相关参数与用户标签名称，方便在编程过程中进行辨认。此处以 PB3 为例（PA15 的操作与 PB3 的操作相同），单击方框处，进入 PB3 引脚的相关参数与用户标签名称修改界面，如图 1.3.43 所示。

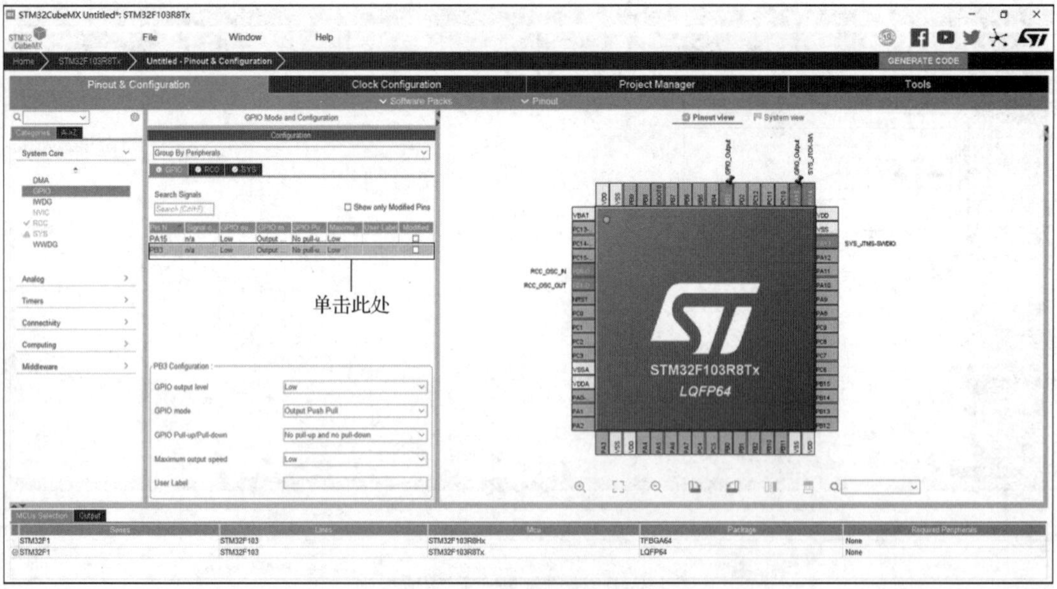

图 1.3.43　修改元件引脚的相关参数

步骤 11：将 PB3 的初始输出状态修改为低电平；将输出模式设置为推挽模式；设置引脚内部上拉；设置输出速度为低速；设置用户标签为 LED1，用户标签相当于给引脚取个“绰号”，方便编程人员根据其名称判断引脚的具体功能。具体修改如图 1.3.44 所示。

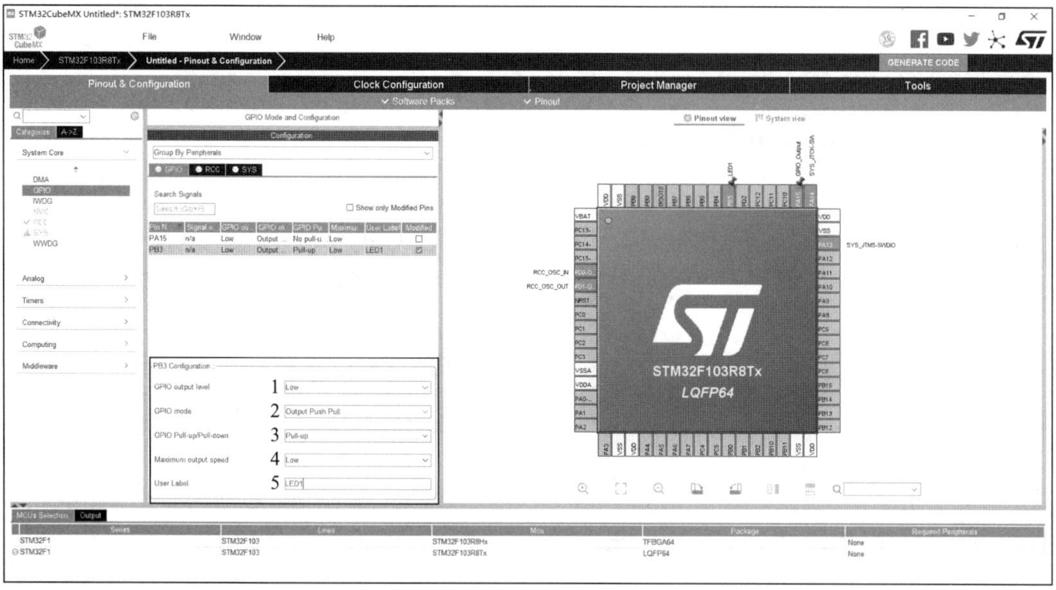

图 1.3.44 修改输出状态

步骤 12：引脚设置完成后，可发现芯片图中的引脚标签名称已经修改为 LED1 与 LED2，如图 1.3.45 所示。此时本项目的硬件设置完成，可直接单击生成工程代码按钮生成工程代码。

图 1.3.45 生成工程代码

步骤 13：工程代码生成完毕，软件会自动提醒是否打开工程所在的文件夹或直接打开工程，如图 1.3.46 所示。

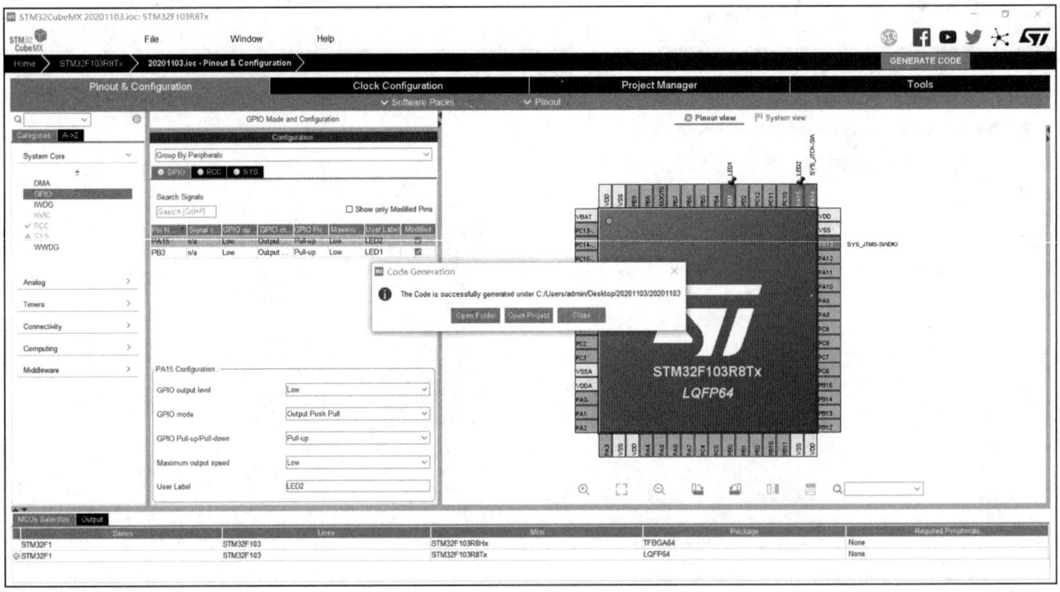

图 1.3.46　提示是否打开工程

对应工程保存路径下保存的文件及文件夹如图 1.3.47 所示。

图 1.3.47　具体程序文件

其中，扩展名为.ioc 的文件为 STM32CubeMX 软件自身的工程文件，其余几个文件夹中所包含的文件为基于 Keil MDK 的源代码文件，其中 MDK-ARM 文件夹中扩展名为.uvprojx 的文件就是 MDK 的工程文件。

知识链接

1．Keil MDK 软件与 STM32CubeMX 软件简介

Keil 是由知名软件公司 Keil 开发的微控制器软件开发平台，是目前 ARM 内核单片机开发的主流工具。Keil 提供了包括 C 编译器、宏汇编、链接器、库管理和一个功能强大的仿真调试器在内的完整开发方案，通过一个集成开发环境（μVision）将这些功能组合在一起。

Keil MDK 是一个专为微控制器（microcontroller unit，MCU）开发的工具，它的设备数据库中有很多厂商的芯片，为满足基于 MCU 进行嵌入式软件开发的工程师需求而设计，支持 ARM7、ARM9、Cortex-M4/M3/M1、Cortex-R0/R3/R4 等 ARM 微控制器内核。

由于本任务主控电路板中的主控芯片为意法半导体公司生产，其芯片为以 ARM 公司 Cortex-M3 为内核的 STM32F103R8T6，所以选择 Keil MDK 作为其编译软件。

为了方便广大工程师对自家芯片的应用，意法半导体公司自主开发了一款名为 STM32CubeMX 的图形化工具软件，使用人员对芯片资源进行图形化配置操作后，该软件能自动生成相关的芯片底层初始化 C 语言代码，同时根据用户选择的编译环境，能自动新建工程，这大大减轻了开发人员的工作量。

因此，对 STM32 系列芯片进行软件开发时，往往将 STM32CubeMX 与 Keil MDK 两款软件配合使用，从而使软件开发的效率大大提升。

2．基于 SMT32 芯片的编程步骤

针对 SMT32 芯片的程序编写，目前较为流行的方法主要分为以下 3 个步骤。

1）使用 STM32CubeMX 软件进行硬件配置。

2）使用 STM32CubeMX 的程序生成功能生成基于 Keil MDK 的程序工程。

3）在 Keil MDK 中编写具体的用户应用程序。

针对单片机的编程需要紧密结合其具体硬件，以 STM32F103R8T6 主控板上的 LED 闪烁控制程序为例，请大家试着完成编程步骤。STM32F103R8T6 主控板上的最小系统及 LED 控制电路如图 1.3.48 所示。

拓展训练

1）通过网络，自行搜索、下载 STM32CubeMX 和 Keil MDK 的安装包，并自行安装。

2）使用 STM32CubeMX 软件，针对 STM32F103R8T6 最小系统，进行 PC13、PC14、PC15 引脚的输入设置，并生成基于 Keil MDK 的工程。

3）将 2）中生成的 Keil MDK 工程，使用 MDK 打开进行编译，并获取 Flash 与 RAM 的使用空间大小信息。

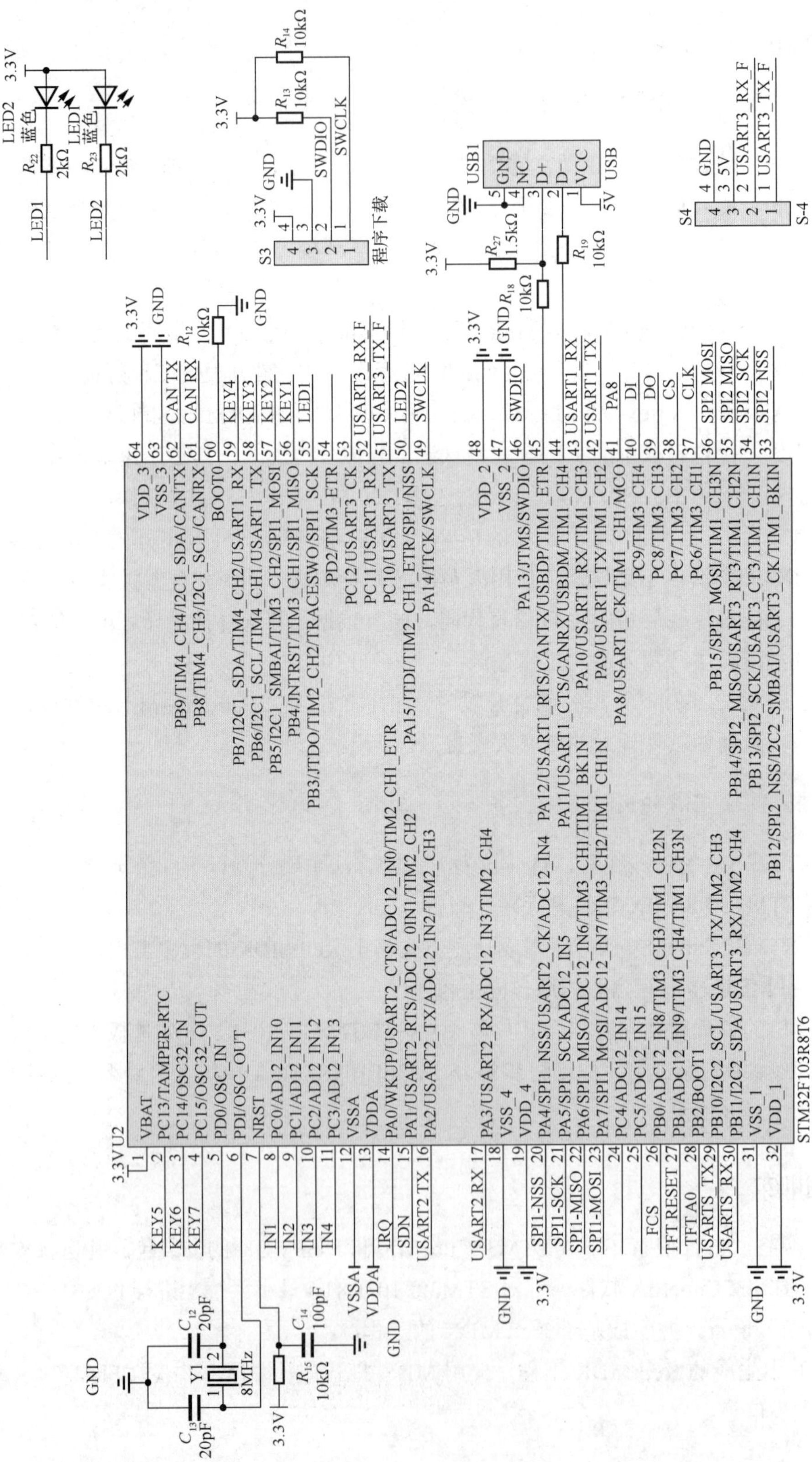

图 1.3.48　STM32F103R8T6 主控板上最小系统及 LED 控制电路

任务 1.4　认识装配工具与量具

任务目标

熟悉各种装配工具和量具，掌握各种工具与量具的使用方法。

任务实施

活动 1.4.1　熟悉装配工具与量具

1）请写出下列图片对应工具的名称，并将其归类于装配工具与量具。

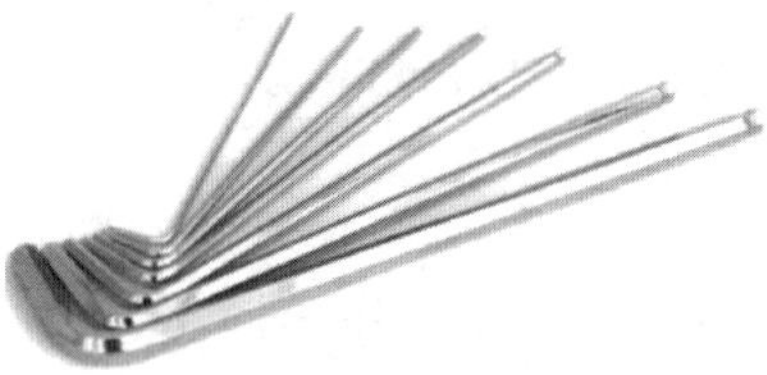

A：________________

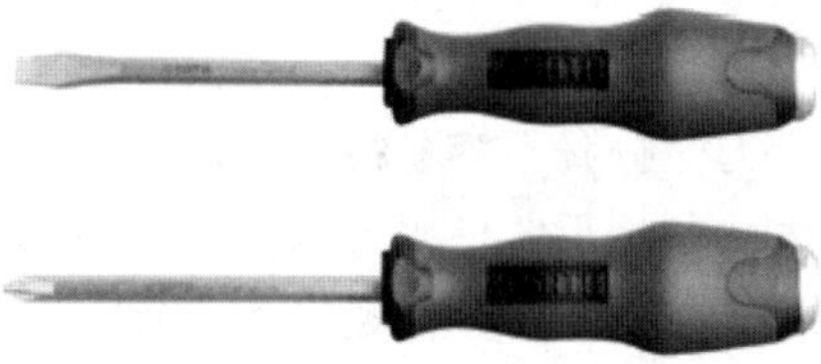

B：________________

C：________________

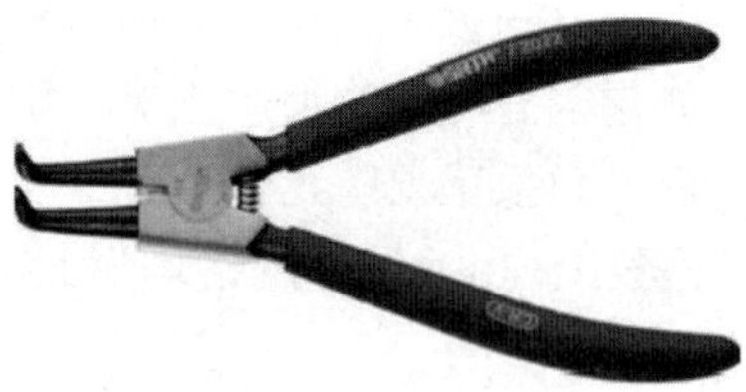

D：________________

E：________________

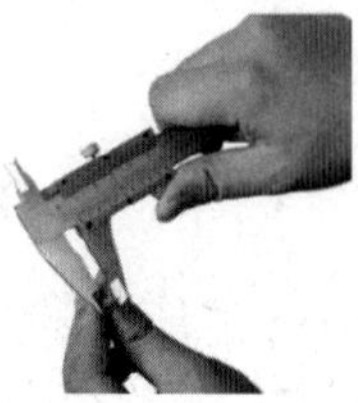

F：________________

装配工具：________________。

量具：________________。

2）和同学们讨论以上各种工具的用途和使用注意事项。

活动 1.4.2　量具的读数

请读出如图 1.4.1 所示的数据：________________。

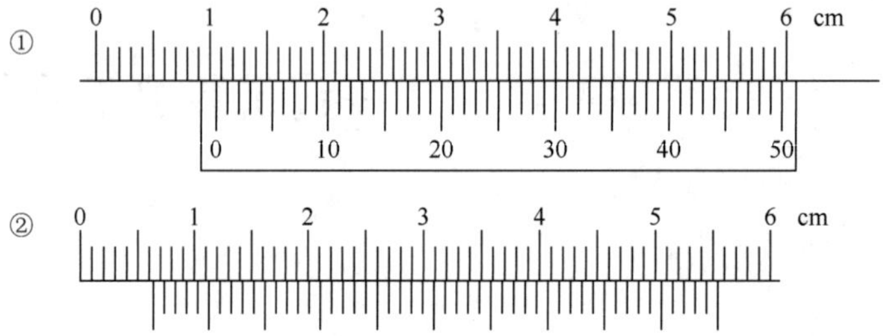

图 1.4.1　量具的读数

知识链接

在机器人装配过程中，常见的机械工具有内六角扳手、螺钉旋具、呆扳手、卡簧钳、尖嘴钳等，而为了验证装配的精度一般使用游标卡尺进行测量。

1. 内六角扳手

内六角扳手具有六角形状，主要用于拆卸或固定螺钉，与内六角螺钉之间有 6 个接触面，受力充分且不容易被破坏。

内六角扳手的使用方法及注意事项如下。

1）内六角扳手的规格有英制（in）与公制（mm）之分，大小由两面之间的尺寸决定。

2）把内六角扳手完全插进内六角螺钉槽内使用。

3）如果因有障碍物使用困难，则可以使用球头内六角扳手，如图 1.4.2 所示。

4）内六角扳手要防止沾油。

本任务中使用的螺钉规格均为 M3/M4，配套使用的内六角扳手尺寸为 2～3mm。

图 1.4.2　球头内六角扳手

2. 螺钉旋具

螺钉旋具是一种用来拧转螺钉以使其就位的工具，通常有一个薄楔形头，可插入螺钉钉头的槽缝或凹口内。螺钉旋具按头形的不同可以分为一字、十字、梅花形、米字、星形、方头、六角头、Y 形头等。其中，一字螺钉旋具和十字螺钉旋具是人们生活中最常用的，如安装、维修这类操作都要用到，可以说只要有螺钉的地方就要用到螺钉旋具。常用螺钉旋具如图 1.4.3 所示。

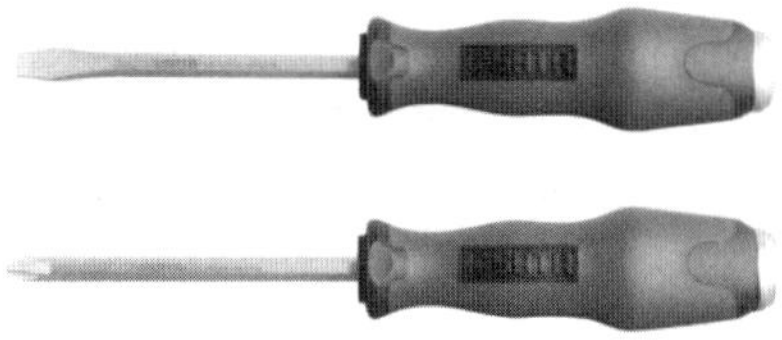

一字/十字螺钉旋具

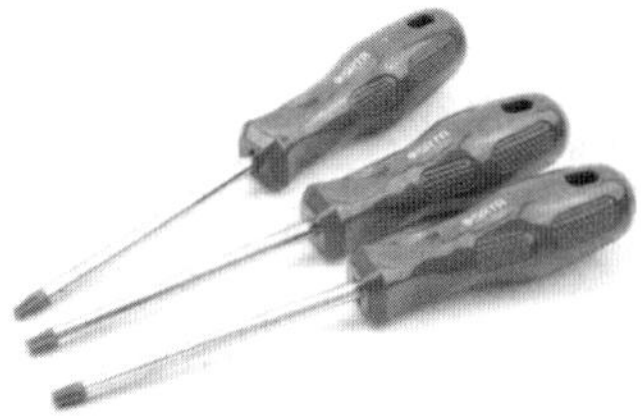

梅花形螺钉旋具

图 1.4.3　常用螺钉旋具

螺钉旋具的使用方法及注意事项如下。

1）使用时，将螺钉旋具头部对准螺钉的顶部凹坑，固定，然后开始旋转手柄。

2）根据规格标准，顺时针方向旋转为嵌紧，逆时针方向旋转为松出。

3）一字螺钉旋具可以应用于十字槽螺钉，但十字螺钉旋具拥有较强的抗变形能力。

3. 呆扳手

呆扳手是固定或分解螺栓或螺母时使用的工具，如图 1.4.4 所示。

呆扳手的使用方法及注意事项如下。

1）呆扳手可用于松紧螺栓，使用呆扳手旋紧螺栓时应均匀用力，不得利用冲击力。

2）所选用呆扳手的开口尺寸必须与螺栓或螺母的尺寸相符合，呆扳手开口过大易滑脱并损伤螺件的六角。

图 1.4.4　呆扳手

4. 卡簧钳

卡簧钳是用来安装内簧环和外簧环的工具，分为外卡卡簧钳（图 1.4.5）和内卡卡簧钳（图 1.4.6）两类。

卡簧钳的使用方法及注意事项如下。

1）组装各种内/外卡簧时使用。

2）针对轴用、孔用或特别形状使用时，应选择适当的卡簧钳。

3）使用不对口的卡簧时，卡簧易变形或弹出，需要注意防护。

4）如果卡簧撑开量太大，则卡簧会永久变形，所以撑到能装入轴的大小后插入即可。

5）如果用到小型卡簧，卡簧钳的尖部不够细，则可以用砂轮机进行磨削。

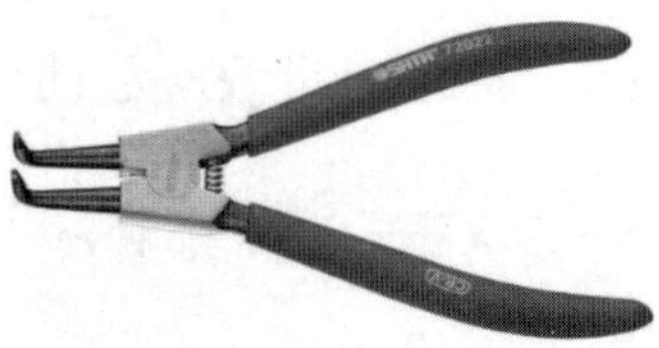

图 1.4.5　外卡卡簧钳

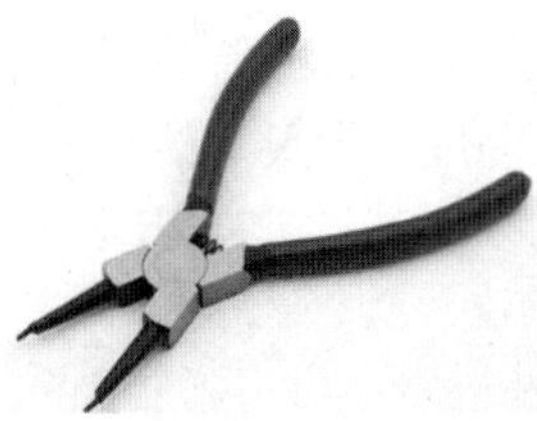

图 1.4.6　内卡卡簧钳

5．尖嘴钳

图 1.4.7　尖嘴钳

尖嘴钳是指夹取小物品或切断时使用的开口部细长的工具，如图 1.4.7 所示。

尖嘴钳的使用方法及注意事项如下。

1）因尖部细小，所以在空间窄小部位也能作业。

2）不能施加蛮劲，在进行切断作业时，在与作用点接近的部位才能减轻手部的疲劳。

6．游标卡尺

游标卡尺是一种测量长度、内外径、深度的量具。游标卡尺由尺身和附在尺身上能滑动的游标两部分构成，如图 1.4.8 所示。主尺一般以 mm 为单位，而游标上则有 10 个、20 个或 50 个分格，根据分格的不同，游标卡尺可分为十分度游标卡尺（精度为 0.1mm）、二十分度游标卡尺（精度为 0.05mm）、五十分度游标卡尺（精度为 0.02mm）等。游标卡尺的尺身和游标上有两副活动量爪，分别是内测量爪和外测量爪。内测量爪通常用来测量内径，外测量爪通常用来测量长度和外径。

操作方法：使用软布将量爪擦干净，使其并拢，查看游标和尺身的零刻度线是否对齐。如果对齐就可以进行测量。测量时，右手拿住尺身，大拇指移动游标，左手拿待测外径（或内径）的物体，使待测物体位于外测量爪之间，当与量爪紧紧相贴时，即可读数，如图 1.4.9 所示。

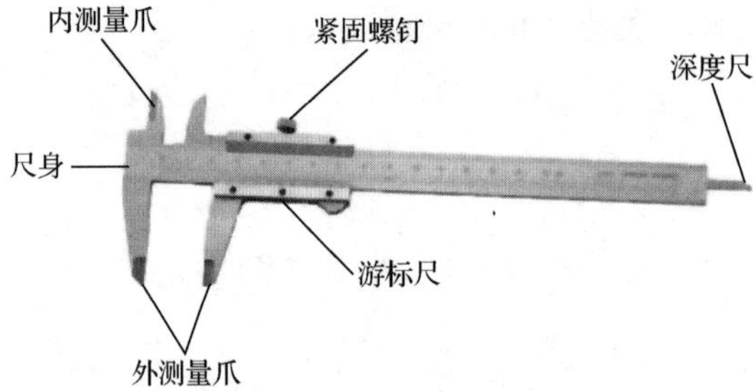

图 1.4.8　游标卡尺

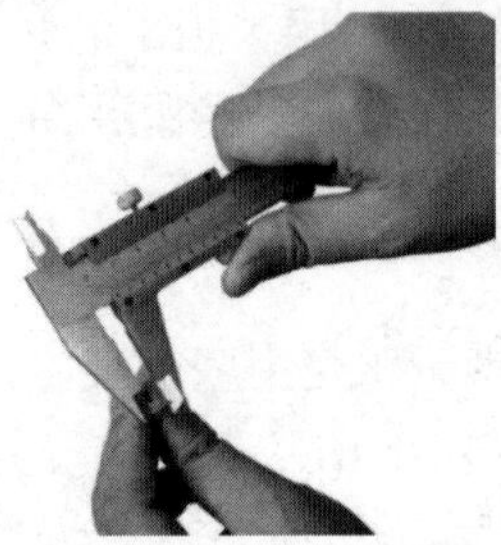

图 1.4.9　游标卡尺的使用

游标卡尺的读数：读数时首先以游标零刻度线为准在尺身上读取毫米整数，即以毫米为单位的整数部分；然后看游标上第几条刻度线与尺身的刻度线对齐，如第 6 条刻度线与尺身刻度线对齐，则小数部分即为 0.6mm。（若没有正好对齐的线，则取最接近对齐的线进行读数。）

读数举例：使用的游标卡尺为十分度游标卡尺，尺身的最小分度是 1mm，游标上有 10 个小的等分刻度。卡尺上的数据如图 1.4.10 所示，可读出尺寸数据为 11.68mm。

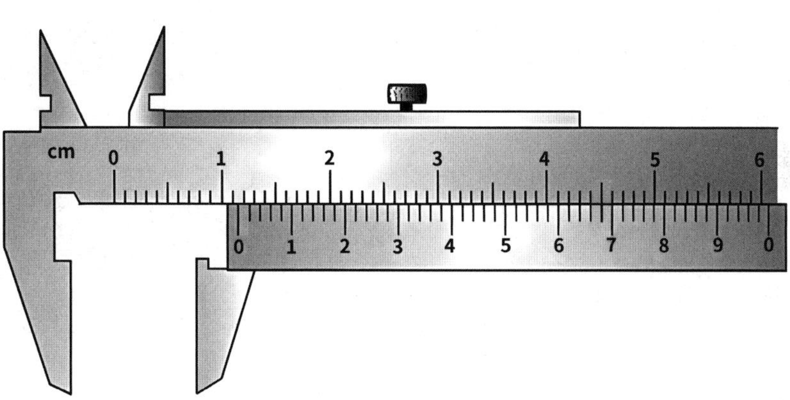

图 1.4.10　游标卡尺的读数

拓展训练

1）同学间互相抽问工具的名称、使用方法及注意事项。

2）使用游标卡尺检测 1 元硬币的厚度，并与官网公布的参数进行对比，确定测量的准确性。

思考与练习

目前，电动小客车自动化程度较高，甚至还具备自动驾驶功能，请问能否将其归为机器人？请说明原因。

项目2 两轮直线行进机器人——机器人底盘

◎ 项目导读

本项目首先从移动机器人底盘的构成入手，让读者对移动机器人的构成及常见底盘的种类有初步的认识；接着重点介绍两轮机器人的运动模型，并通过安装搭建机器人的机械机构让读者掌握机械装配顺序及常用机械工具的使用方法；然后通过搭建机器人控制系统，向读者介绍控制模式的分类与特点、硬件控制模块的硬件构成与功能；最后通过现有功能程序下载，进行功能测试验证。

◎ 学习目标

通过对本项目的学习，应达成如下学习目标。

知识目标	能力目标	思政素养目标
1. 了解两轮直线行进机器人的底盘构成、分类及运动模型。 2. 了解移动机器人底盘控制系统涉及的硬件种类、功能、原理。 3. 了解机器人直行程序的控制原理，以及代码中关键子函数的含义	1. 能够安装两轮直线行进机器人底盘的机械部分。 2. 能够搭建移动机器人底盘控制系统的硬件部分。 3. 能够设计移动机器人底盘控制系统直线行进控制方式的软件部分	1. 培养解决问题、勇于探究的工匠精神。 2. 树立质量意识、效率意识，精益求精，讲求实效

视频：两轮直线行进机器人

任务 2.1　搭建移动机器人底盘机构

任务目标

利用项目 1 任务 1.4 中的工具与量具，学会搭建基本的移动机器人底盘，掌握机器人底盘的基础构造和主要结构。

任务实施

活动 2.1.1　学习机器人底盘的安装过程

任何产品都是由若干个零件组成的，为了保证有效地组织装配，必须将产品分解为若干个能进行独立装配的装配单元，装配单元通常可以划分为 5 个等级，即零件、套件、组件、部件和机器。

装配过程是由基准零件开始的，沿水平线自左向右装配（可理解为模块化装配），如图 2.1.1 所示。

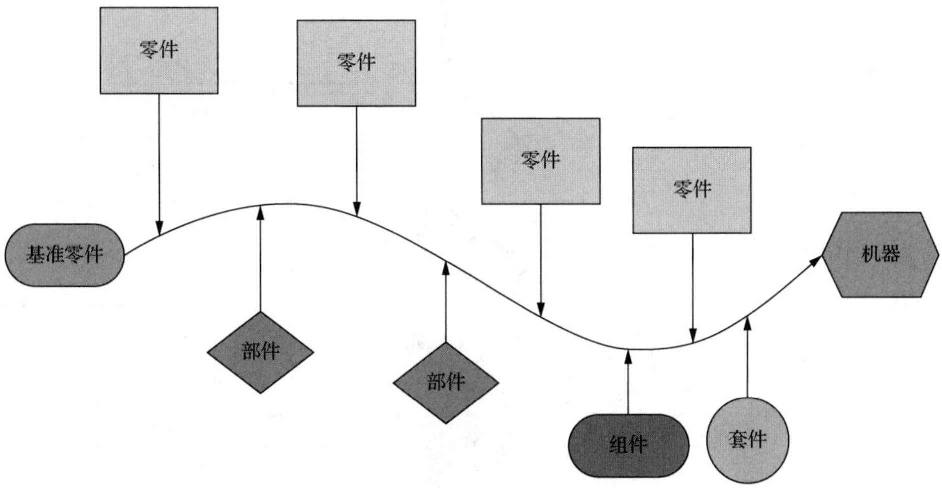

图 2.1.1　机械装配流程

1）零件是组成机器的最小单元，它由整块金属（或其他材料）制成。在机械装配中，一般先将零件组装成套件、组件和部件，然后装成机器。

2）套件是在一个基准零件上，装上一个或若干个零件构成的，它是最小的装配单元。套件中唯一的基准零件用于连接相关零件和确定各零件的相对位置。为了形成套件而进行的装配称为套装。套件在以后的装配中可作为一个零件，不再分开。

3）组件是在一个基准零件上，装上若干套件和零件构成的。组件中唯一的基准零件用于连接相关零件和套件，并确定它们的相对位置。为了形成组件而进行的装配称为组装。组件中可以没有套件，即由一个基准零件加若干个零件组成，它与套件的区别在于组件在以后的装配中可以拆卸。

4）部件是在一个基准零件上，装上若干组件、套件和零件构成的。部件中唯一的基准零件用来连接各组件、套件和零件，并决定它们之间的相对位置。为了形成部件而进行的装配称为部装。部件在机器中能完成一定的完整的功用。

活动 2.1.2　安装两轮直线行进机器人的底盘

本活动采用的小车底盘为固定 2 胶轮+前后万向轮式底盘，此种底盘的特点是，转弯通过左、右两侧轮子的转速差实现。小车底盘使用到的零件清单如表 2.1.1 所示，最终成品如图 2.1.2 所示。

表 2.1.1　小车底盘使用到的零件清单

零件名称	实物图	数量
通用底板	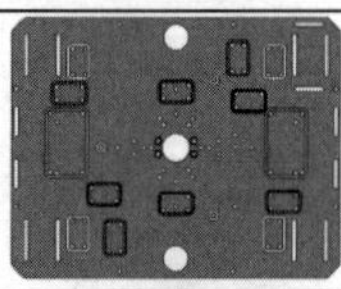	1
37mm 电动机架		4
20 齿同步带轮		4
215mm 节线长同步带		2
37mm 直流电动机	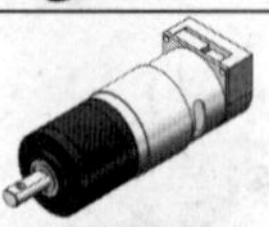	2
电动机联轴器		2
从动联轴器		2

续表

零件名称	实物图	数量
轴承座		2
6701 轴承		4
六角联轴器		2
胶轮		2
12mm 卡簧		2
M4×8mm 圆头螺钉		2
M4×10mm 无头螺钉		4
M3×6mm 圆头螺钉		12
M3×8mm 沉头螺钉		16
M3×10mm 圆头螺钉		16
M3×8mm 圆头螺钉		4
20mm 铁柱		8
13mm 铁柱		4
万向轮	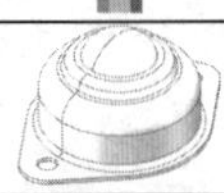	2
M3 防松螺母	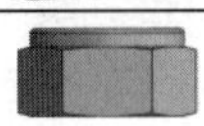	20

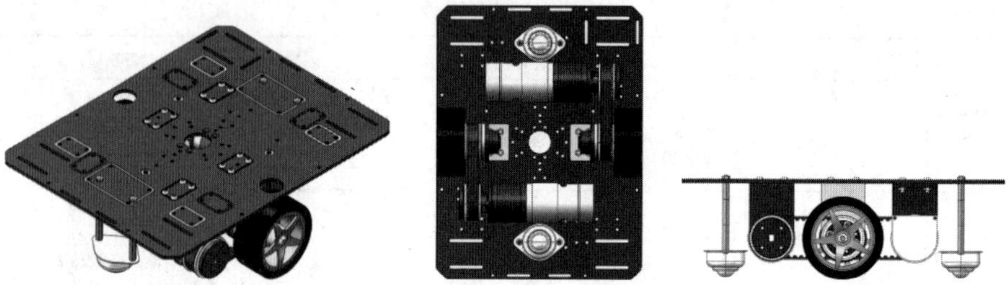

图 2.1.2　最终成品

机械机构的具体装配步骤如下。

步骤 1：电动机模组的装配。将电动机固定孔与电动机架螺纹孔对准，注意编码器节线方向需要朝上安装，如图 2.1.3 所示，最终装配效果如图 2.1.4 所示。

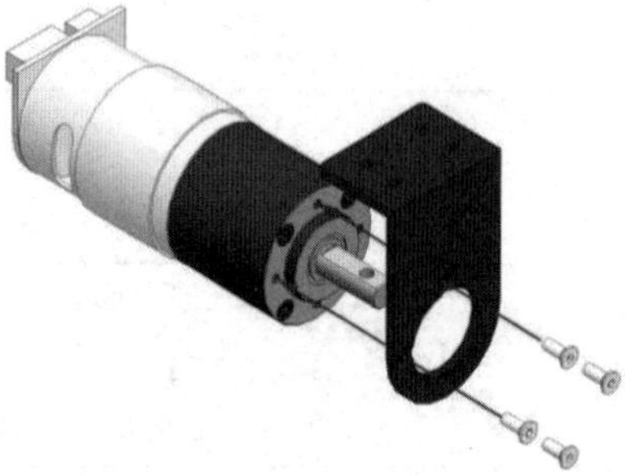

图 2.1.3　电动机与电动机架的装配

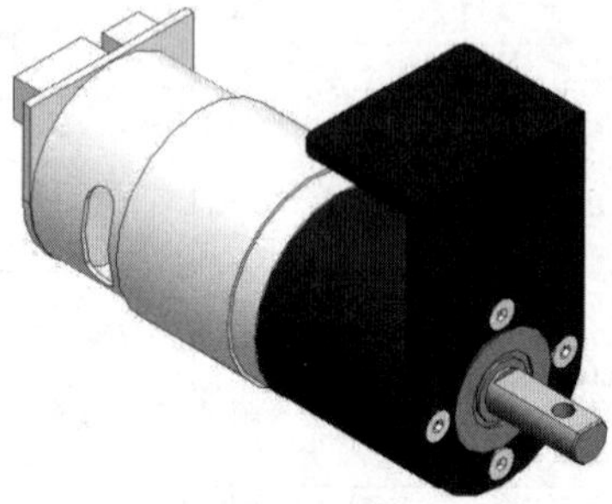

图 2.1.4　电动机与电动机架的装配效果

注意：使用 4 颗 M3×8mm 沉头螺钉固定。

步骤 2：电动机与联轴器模块的装配。装配同步带轮与联轴器时，按同步带轮→联轴器→紧固件的装配顺序进行装配。其装配方法如图 2.1.5 所示，最终装配效果如图 2.1.6 所示。

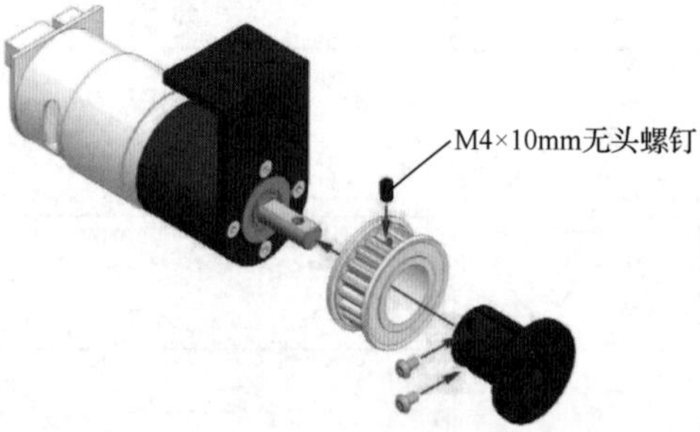

图 2.1.5　电动机与联轴器模块的装配

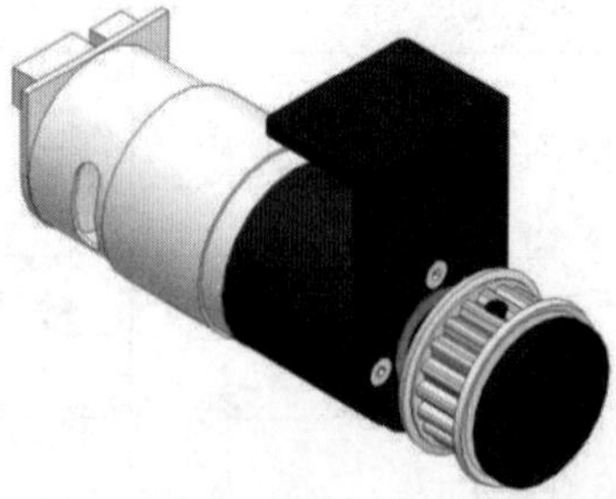

图 2.1.6　电动机与联轴器模块的装配效果

注意：

1）使用 M4×10mm 无头螺钉将同步带轮与联轴器固定后，将同步轮联轴器模块装入电动机输出轴。

2）使用 2 颗 M3×6mm 圆头螺钉锁紧联轴器。

步骤 3：轴承座的装配。装配轴承座时需要明确装配顺序，按轴承→轴承座→电动机架的顺序进行装配。其装配方法如图 2.1.7 所示，最终装配效果如图 2.1.8 所示。

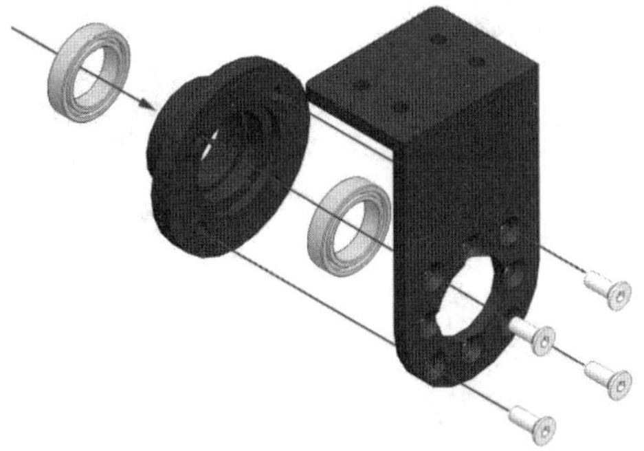

图 2.1.7　轴承座的装配

图 2.1.8　轴承座的装配效果

注意：

1）装配时，由于轴承与轴承座的配合形式为过渡配合，因此需要将轴承座先固定后再将轴承平稳地装入轴承座。

2）使用 4 颗 M3×8mm 沉头螺钉将轴承座固定在电动机架上。

步骤 4：从动轴同步带轮与联轴器的装配。装配同步带轮与联轴器时，按同步带轮→联轴器→紧固件的装配顺序进行装配。其装配方法如图 2.1.9 所示，最终装配效果如图 2.1.10 所示。

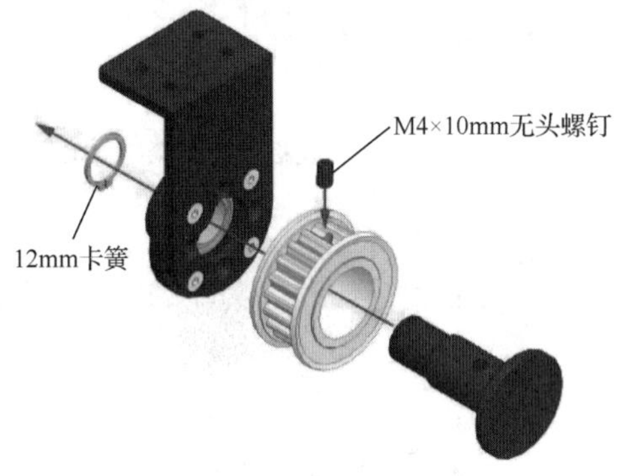

图 2.1.9　从动轴同步带轮与联轴器的装配

图 2.1.10　从动轴同步带轮与联轴器的装配效果

注意：

1）使用 M4×10mm 无头螺钉将同步带轮与联轴器固定后，使用 M4×10mm 无头螺钉顶住同步带轮的侧面，最后将同步带轮联轴器模块装入轴承座中。

2）使用 12mm 卡簧卡入从动轴卡簧槽中。

步骤 5：同步带的装配。装配同步带时需要注意，先将同步带套入同步轮中，随后张紧，其装配方法如图 2.1.11 所示，最终装配效果如图 2.1.12 所示。

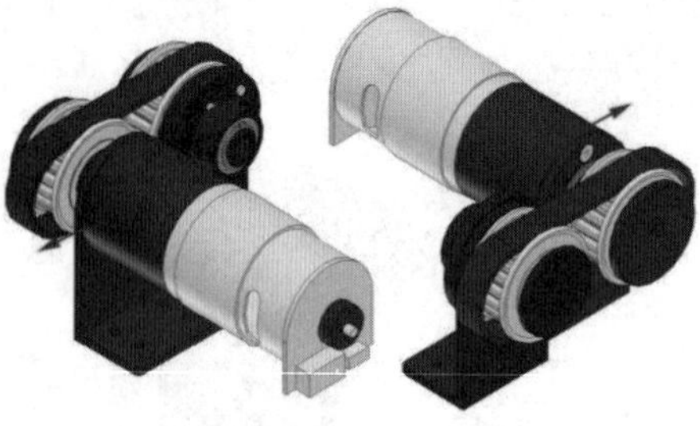

图 2.1.11　同步带的装配

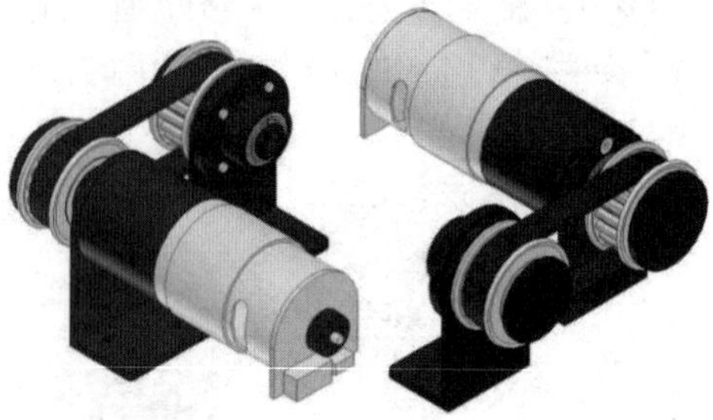

图 2.1.12　同步带的装配效果

注意：将 2 条 215mm 节线长的同步带套入同步轮中。

步骤 6：轮组与底板的装配。将轮组与底板进行组装，注意找准对应孔位，其装配方法如图 2.1.13 所示，最终装配效果如图 2.1.14 所示。

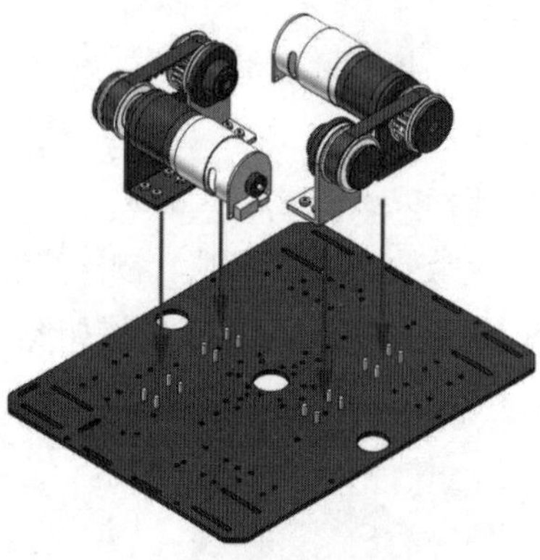

图 2.1.13　轮组与底板的装配

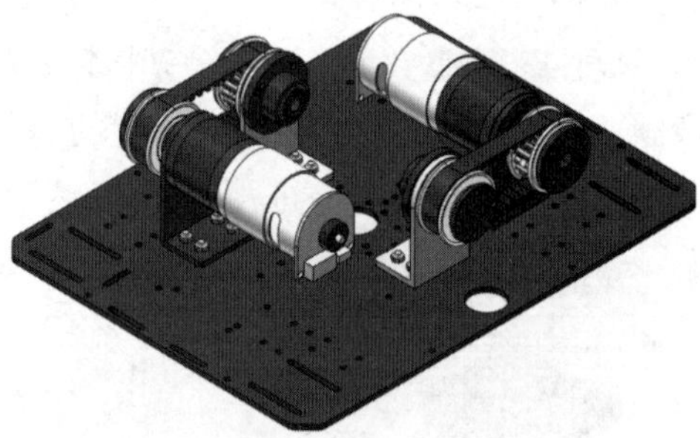

图 2.1.14　轮组与底板的装配效果

注意：使用 16 颗 M3×10mm 圆头螺钉配合 16 颗 M3 防松螺母固定。

步骤 7：胶轮的装配。装配主动胶轮时，按照六角联轴器→胶轮的装配顺序进行装配。其装配方法如图 2.1.15 所示，最终装配效果如图 2.1.16 所示。

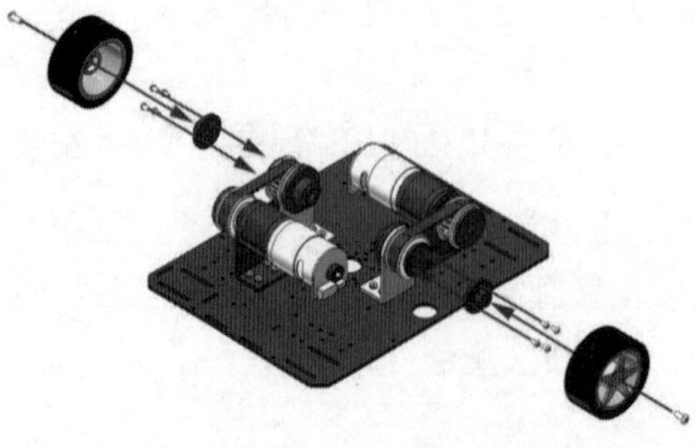

图 2.1.15　胶轮的装配

图 2.1.16　胶轮的装配效果

注意：

1）使用 8 颗 M3×6mm 圆头螺钉装配六角联轴器。

2）使用 2 颗 M4×8mm 圆头螺钉装配 65mm 胶轮与六角联轴器。

步骤 8： 万向轮与底板的装配。将万向轮与底板进行组装，注意找准对应孔位，其装配方法如图 2.1.17 所示，最终装配效果如图 2.1.18 所示。

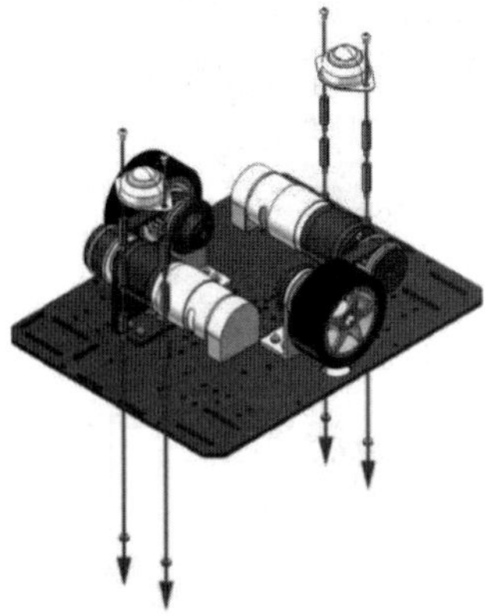

图 2.1.17　万向轮与底板的装配

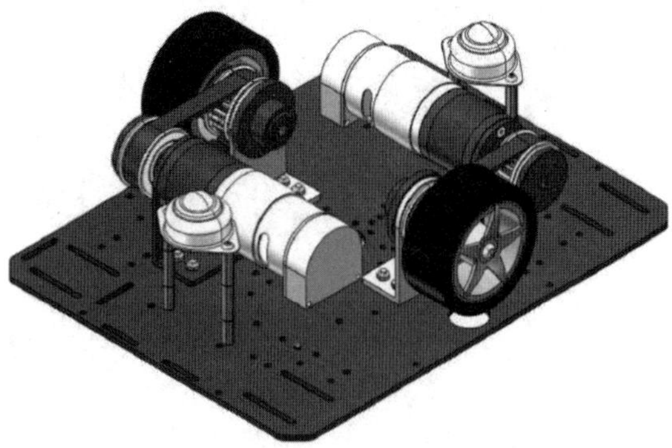

图 2.1.18　万向轮与底板的装配效果

注意：

1）使用 1 根 13mm、2 根 20mm 铁柱组合成 53mm 铁柱组，共组成 4 组。

2）使用 4 颗 M3×6mm 圆头螺钉配合 4 颗 M3 防松螺母将万向轮与 53mm 铁柱组固定在底板上。

3）轮组、万向轮与底板对应的安装孔位如图 2.1.19 所示。

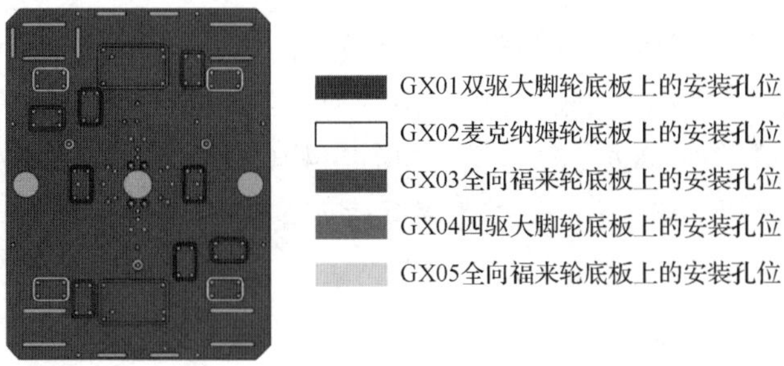

图 2.1.19　底板安装孔位说明

知识链接

1. 移动机器人底盘的构成

移动机器人的底盘主要由机架、动力源、运动执行机构、传动机构与避震机构五大部分构成，如图 2.1.20 所示。

1—机架；2—动力源；3—运动执行机构；4—传动机构；5—避震机构。

图 2.1.20　机器人底盘的构成

机架作为整个底盘的基体，起到支承、连接其余四大部分的作用，使各部件保持相对正确的位置，并承受机器人内外的各种载荷。因此，机架必须具有足够的强度和刚度以承受机器人的载荷和从运动执行机构传来的冲击。

动力源为整个机器人底盘的运动提供动力。机器人底盘的动力源一般指发动机或电动机，其中电动机较为普遍，而以发动机作为机器人底盘的动力源则比较罕见。

运动执行机构一般指的是轮胎、履带及仿生式机器人底盘的各种仿生运动机构，其将动力源提供的动力转化为机器人底盘的动能，从而使机器人底盘实现各种运动状态。

传动机构主要用于连接动力源与运动执行机构，其不但可以将动力源提供的动力转换为运动执行机构所需的动力形式，也可以改变动力源的输出转矩，以满足运动执行机构的要求。

避震机构的主要作用是产生阻尼，当机器人底盘经过不平整路面时，受路面起伏的影响，机器人底盘也会随着路面的起伏而上下运动，导致机器人底盘整体的上下震动，而避震机构可大大减小此类震动。

2．移动机器人底盘的分类

目前机器人底盘的种类较多，大致可以分为轮式、履带式与仿生式三大类，而这三大类又可细分为多种类型，具体如图 2.1.21 所示。

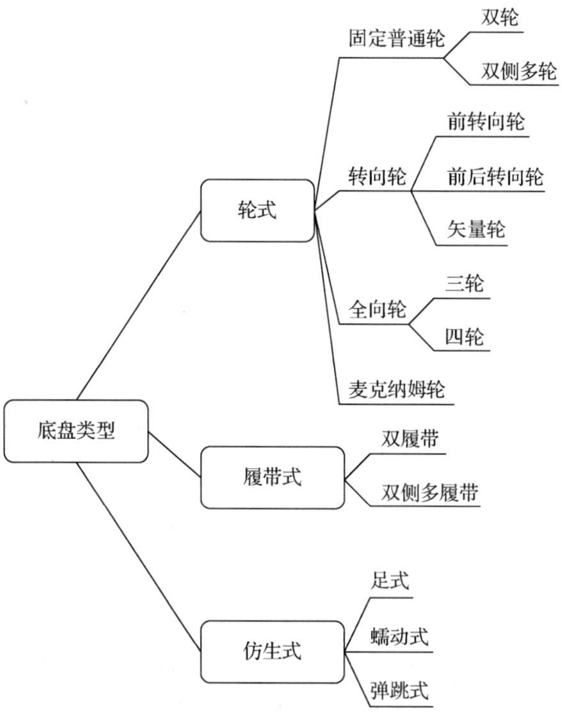

图 2.1.21　机器人底盘的分类

其中，轮式与履带式在工业与日常生活中的应用较为广泛，而仿生式由于其模型复杂，控制难度较大，相对少见。但是近几年随着以波士顿动力为代表的新型机器人公司的崛起，仿生式机器人底盘也逐渐为大家所关注，不过仿生式机器人底盘要实现真正意义上的推广使用还需要很长一段时间，因为目前仿生式机器人底盘的商业与工业应用场景不十分明确。

虽然从结构上来看机器人底盘的类型较多，但是从其运动模型来说多种底盘结构的运动模型是类似的，如固定普通轮式与履带式中的双轮结构、双侧多轮结构、双履带结构、双侧多履带结构都是类似的运动模型；四轮全向轮与四轮麦克纳姆轮（以下简称麦轮）也是类似的运动模型。

3．电动机的分类与选型

对于轮式机器人而言，其动力源一般采用电动机，而电动机的分类方式有很多种，如果按照工作电源种类划分，则可分为直流电动机与交流电动机两大类。直流电动机按照结构及工作原理可分为无刷直流电动机与有刷直流电动机，有刷直流电动机可分为永磁直流电动机与电磁直流电动机。交流电动机可分为同步电动机与异步电动机，异步电动机又可划分为交流换向器电动机与感应电动机。以电源种类与结构为依据，更加详细的分类如图 2.1.22 所示。

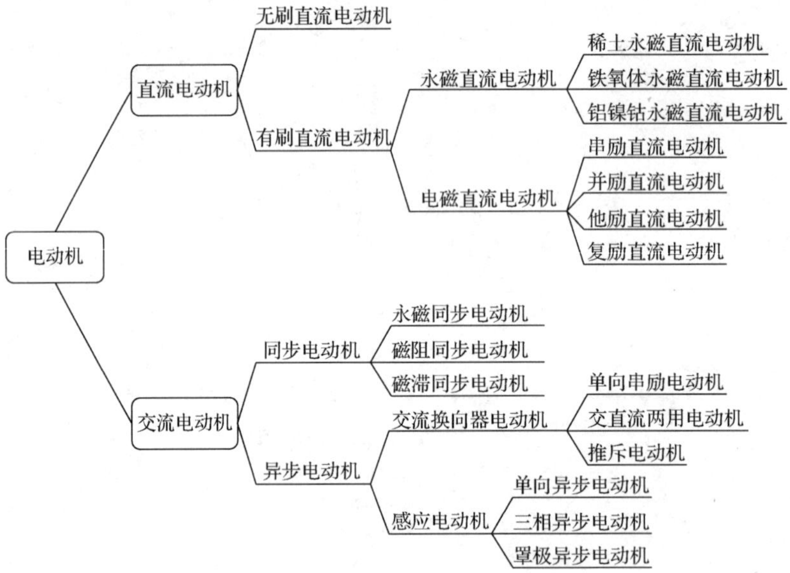

图 2.1.22　电动机的分类 1

如果根据电动机的用途进行分类，最有代表性、最常用、最基本的电动机是功率电动机、控制电动机及信号电动机，其大致的分类如图 2.1.23 所示。

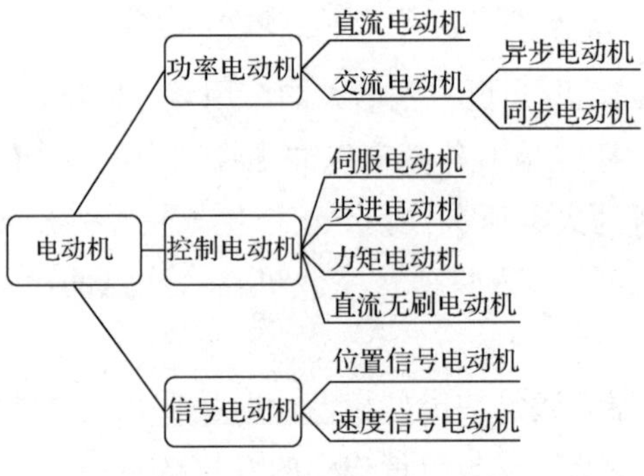

图 2.1.23　电动机的分类 2

由于底盘运动控制主要包括速度与位移的控制，而机器人主要靠电池供电，所以需要带速度与相对位置反馈的直流减速电动机作为底盘动力源。综合考虑成本、驱动难易程度、性能指标需求，最终选择带编码器的有刷直流减速电动机作为底盘动力电动机。

底盘直流电动机如图 2.1.24 所示。

图 2.1.24　底盘直流驱动电动机

图 2.1.24 中的①表示底盘直流电动机的供电接口，连接于底盘直流电动机驱动模块的驱动口。

图 2.1.24 中的②表示码盘接口，用于检测电动机圈数信号，连接于底盘直流电动机驱动模块的码盘接口。

直流减速电动机的转速控制一般分为开环控制和闭环控制两种，其中电动机转速的开环控制一般是直接调节脉冲宽度调制（pulse-width modulation，PWM）信号的占空比，从而实现电动机转速的控制。PWM 是通过将有效的电信号分散成离散形式来降低电信号所传递的平均功率的一种方式，所以根据面积等效法则，可以通过改变脉冲的时间宽度来等效地获得所需要合成的相应幅值和频率的波形，因此常用 PWM 信号控制电动机的转速。

但是同规格电动机的转速受到电动机本身参数差异及外界因素（如外加负载）的影响，开环控制下受相同参数 PWM 信号控制的电动机也会存在转速的差异，为此想要精确控制电动机的转速，则需要通过闭环控制模式来实现。该种控制方法通过编码器周期性地检测电动机的转速，并通过算法周期性调节 PWM 信号的占空比，从而实现电动机转速的精确控制。

4．两轮差速底盘运动模型

两轮差速底盘的两个动力轮位于底盘左右两侧，由两轮控制速度，通过给定不同的速度来实现转向控制，一般会添加 1～2 个辅助支撑轮。两轮差速底盘如图 2.1.25 所示，注意观察它的底盘结构。

视频：两轮运动底盘模型解析

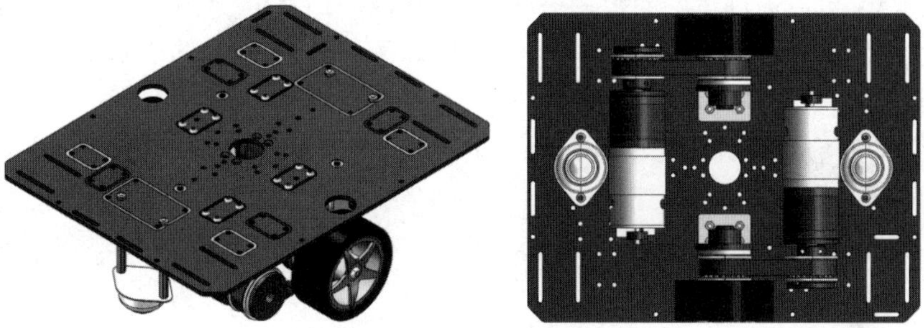

图 2.1.25　两轮差速底盘

固定胶轮小车的运动模型，理论上来说都是通过左、右两侧电动机的速度差实现转弯的。因此固定胶轮小车的经典模型应该是基于两轮固定胶轮小车的，其底部两个同构驱动轮的转动为其提供动力，但是四轮固定胶轮小车与履带小车也可近似地使用这一模型。

（1）运动模型正解

两轮差速驱动模型如图 2.1.26 所示。

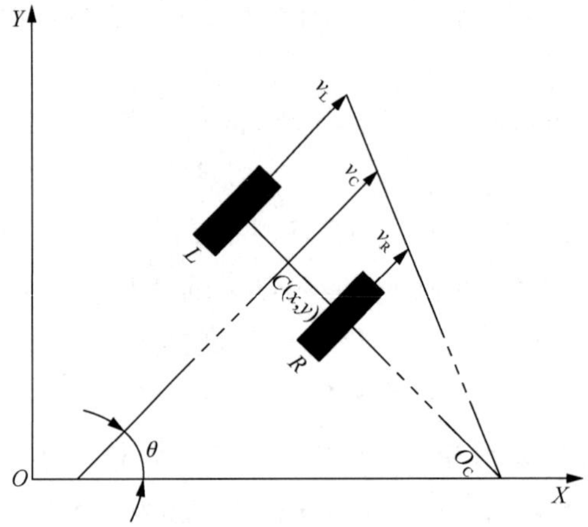

图 2.1.26　两轮差速驱动模型

两个驱动轮的中心点分别为 L 与 R，从而假定两个轮子的线速度为 v_L 与 v_R。通过驱动电动机的转速 ϕ_L、ϕ_R 及驱动轮的半径 r 可以求得线速度，即

$$v_L = \phi_L r \tag{2.1.1}$$

$$v_R = \phi_R r \tag{2.1.2}$$

令两个驱动轮的中心点为 C，C 点在大地坐标系 XOY 下的坐标为（x,y），小车的瞬时线速度为 v_C，姿态角 θ 即为 v_C 与 X 轴的夹角。v_C、v_R 与 v_L 的关系如下：

$$v_C = \frac{v_L + v_R}{2} \tag{2.1.3}$$

式（2.1.3）可以通过详细的数学推导获取，但是为了方便理解，我们假定左、右轮分别以 v_L、v_R 向前运动 Δt。当 Δt 极小时，前进距离非常有限，可近似认为左、右轮都是以直线前进的。此时，左轮前进距离用线段 S_L 表示，右轮前进距离用线段 S_R 表示，中心点前进距离用线段 S_C 表示，它们之间的关系可用一个梯形来表示，具体如图 2.1.27 所示。

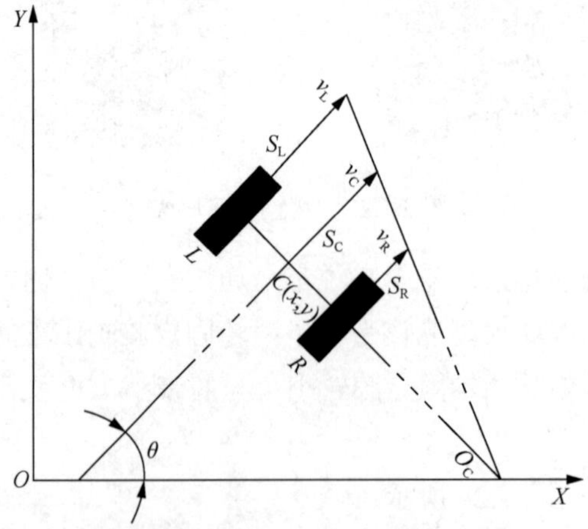

图 2.1.27　v_L、v_R 与 v_C 的关系图

从图 2.1.27 中可以发现，S_C 为梯形的中位线，根据梯形中位线定理可知

$$S_C = \frac{S_L + S_R}{2} \tag{2.1.4}$$

由于 $S_C = v_C \Delta t$，$S_L = v_L \Delta t$，$S_R = v_R \Delta t$，将其代入式（2.1.4）即可获得式（2.1.3）。

测量获取左、右轮间距 a，以及小车瞬时旋转中心 O_C。小车在做同轴圆周运动时，左、右轮中心 L 点、R 点及 C 点所处位置在该圆周运动中的角速度相同，即 $\omega_L = \omega_R = \omega_C$；到旋转中心的半径不同，$L$ 点的旋转半径为 d_L，R 点的旋转半径为 d_R，C 点的旋转半径为 d，具体如图 2.1.28 所示。（说明：此处不可混淆小车轮子的转速与小车绕旋转中心 O_C 做圆周运动的转速。举例说明，左胶轮的 ϕ_L 与 ω_L 是完全不同的量，ϕ_L 是左胶轮电动机的转速，ω_L 是 L 点绕旋转中心 O_C 做圆周运动的转速。）

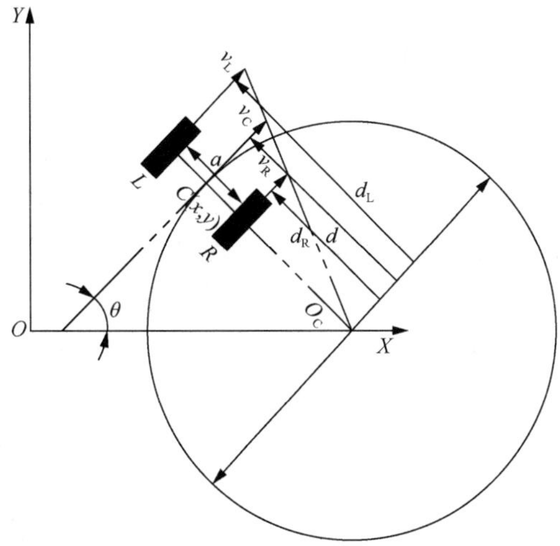

图 2.1.28　小车旋转半径图示

由于 $d_L - d_R = a$，而 $v_L = \omega_L d_L$，$v_R = \omega_R d_R$，所以 $v_L / \omega_L - v_R / \omega_R = a$。又由于 $\omega_L = \omega_C = \omega_R$，所以最终得到的小车旋转速度为

$$\omega_C = \frac{v_L - v_R}{a} \tag{2.1.5}$$

最后由式（2.1.3）和式（2.1.5）即可获得小车的旋转半径为

$$d = \frac{v_C}{\omega_C} = \frac{a}{2}\frac{v_L + v_R}{v_L - v_R} \tag{2.1.6}$$

由于我们直接能控制的是电动机的转速而不是线速度，所以可将电动机转速 ϕ 与胶轮半径 r 代入式（2.1.3）、式（2.1.5）、式（2.1.6）中，最终表述为

$$v_C = \frac{r}{2}(\phi_L + \phi_R) \tag{2.1.7}$$

$$\omega_C = \frac{r}{a}(\phi_L - \phi_R) \tag{2.1.8}$$

$$d = \frac{a}{2}\frac{\phi_L + \phi_R}{\phi_L - \phi_R} \tag{2.1.9}$$

由于式（2.1.5）与式（2.1.6），式（2.1.8）与式（2.1.9）并非独立公式，而在运动分析过程中我们比较关心的是小车前进速度与前进角度的变化，所以我们核心关注的公式为式（2.1.7）与式（2.1.8）。

（2）运动模型逆解

如果需要控制小车前进速度与其转弯速度（转弯速度即为单位时间内航向角的变化量），则可逆解出左、右轮的转速。由于 r 与 a 分别为小车的轮径与轮距（这在小车搭建完成后都是常数），所以当 v_C 与 ω_C 确定后，根据式（2.1.7）和式（2.1.8）便可以推导出

$$\phi_L = \frac{2v_C + a\omega_C}{2r} \tag{2.1.10}$$

$$\phi_R = \frac{2v_C - a\omega_C}{2r} \tag{2.1.11}$$

拓展训练

1）仔细观察履带式坦克底盘，分析其与两轮机器人底盘的异同。

2）进一步分析两轮式底盘在转弯时为何轮胎会有磨损。

3）通过同步带轮连接轮胎与电动机，以及电动机与轮胎直连，这两种方式各自的优缺点是什么？

任务 2.2 搭建底盘控制系统

任务目标

学习了底盘的机械结构，再来看看底盘控制系统的硬件构成。本任务通过学习底盘控制系统的搭建，掌握每个模块的功能与控制方法、模块之间的连接方式及所使用的线束种类，以及控制系统整体的控制方式。

任务实施

活动 2.2.1 连接控制系统的硬件电路

小车底盘控制系统接线所使用到的线束清单如表 2.2.1 所示。

表 2.2.1　线束清单

线束类型	实物图	数量
电源开关线		1
驱动模块供电线（12V）	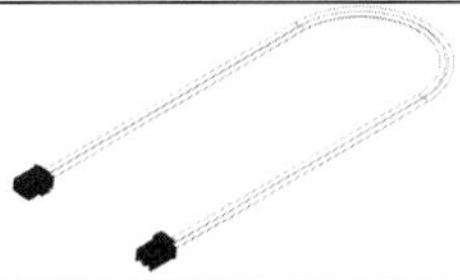	2
主控板、传感器电源线（5V）		1
通信线		2
底盘电动机驱动线（37mm 电动机用）	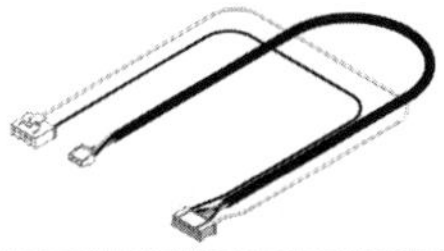	2

1．电源开关线

电源开关线如图 2.2.1 所示。

图 2.2.1　电源开关线

电源开关线：颜色为一红一黑。此线用于 5V 稳压模块连接外部电源。

XHB2.54-2P：连接 5V 稳压模块的任意一个输入插座。

船型开关 KCD1：在正极电源线中间加装此开关，便于小车调试。该开关的电气寿命不小于 10000 次。

电池接插件端头：用于连接同规格 T 插接头的 3S 航模电池。此接插件使用方便，可通过较大的电流，正常使用时安全不漏电。

2．驱动模块供电线（12V）

驱动模块供电线如图 2.2.2 所示。

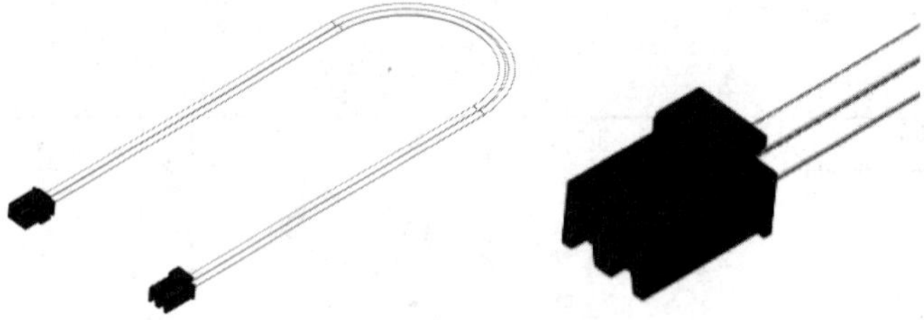

图 2.2.2　驱动模块供电线

XHB2.54-2P 转 XHB2.54-2P（30cm 白线-红头）线：均以 12V 供电的模块相互连接时使用。

该线束两头均为 XHB2.54-2P 接头。

3．主控板、传感器电源线（5V）

5V 电源线如图 2.2.3 所示。

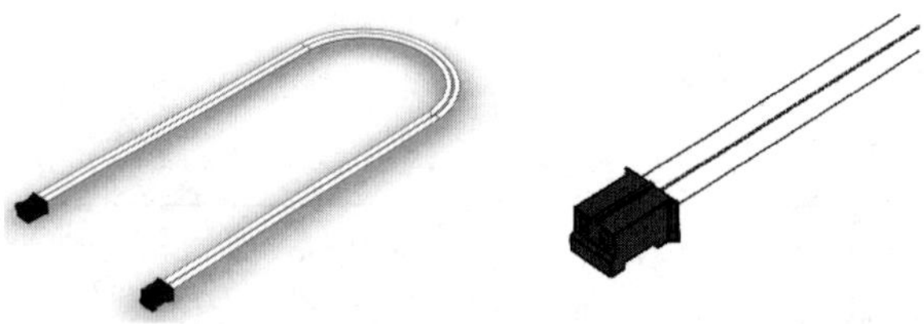

图 2.2.3　5V 电源线

PH2.0-2P 转 PH2.0-2P（30cm 白线-红头）线：用于主控板和传感器的 5V 电源连接。

该线束两头均为 PH2.0-2P 接头。

4．通信线

通信线如图 2.2.4 所示。

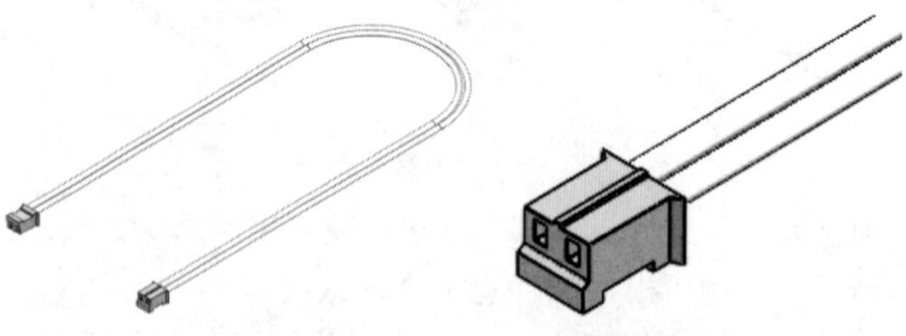

图 2.2.4　通信线

PH2.0-2P 转 PH2.0-2P（30cm 白线-黄头）线：用于各模块的通信。

该线束两头均为 PH2.0-2P 接头。

5．底盘电动机驱动线（37mm 电动机用）

底盘电动机驱动线（37mm 电动机用）如图 2.2.5 所示。

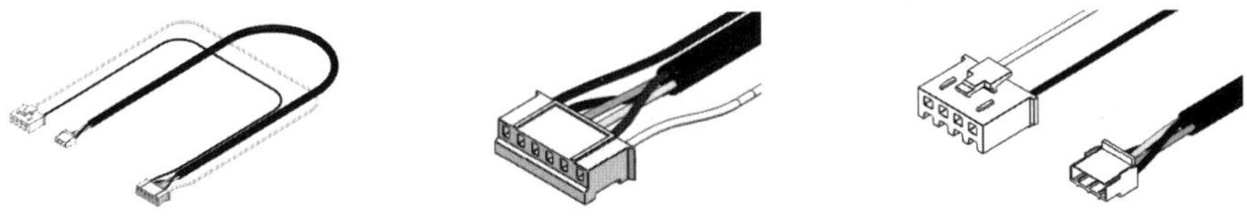

图 2.2.5　底盘电动机驱动线（37mm 电动机用）

1）PH2.0-6P 转 GH1.25-4P（红黄绿黑）+XHB2.54-4P（蓝白）线［图 2.2.5（a）］：用于连接底盘电动机驱动模块与电动机。

2）PH2.0-6P 线［图 2.2.5（b）］：此端连接于底盘电动机驱动模块的 PH2.0-6P 驱动接口。

3）GH1.25-4P+XHB2.54-4P 线［图 2.2.5（c）］：此端连接于底盘电动机的接口，其中 GH1.25-4P 为电动机的码盘接口，XHB2.54-4P 为电动机的驱动接口。

整个控制系统的原理如图 2.2.6 所示。

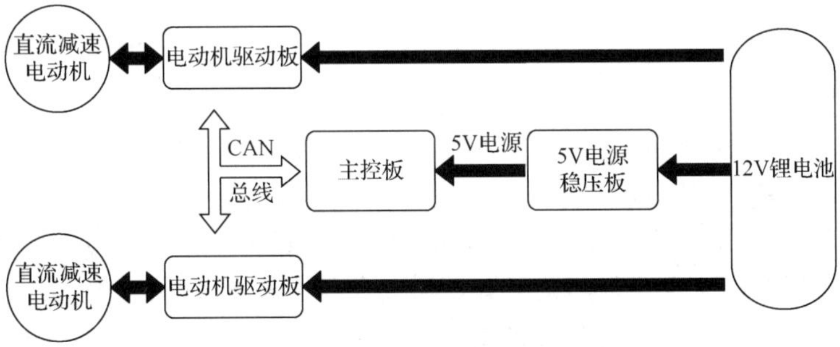

图 2.2.6　两轮直线行进机器人控制系统的原理

直流电动机驱动模块通过控制器局域网（controller area network，CAN）总线与主控板实现数据通信，电源采用 12V 的 3S（series，串联）锂电池（3S 锂电池表示电池里面有 3 节锂电池，一节锂电池的电压是 3.7V，3S 锂电池的电压是 11.1V），直流电动机驱动板电源接口与 5V 电源稳压模块的输入电压均为 12V，主控板的电源电压为 5V，连接时，将主控板的电源接口与 5V 电源稳压板的任意一个 5V 接口相连即可。

主控板的 CAN 接口与电动机驱动板的 CAN 接口相连，具体接线方式如图 2.2.7 所示。

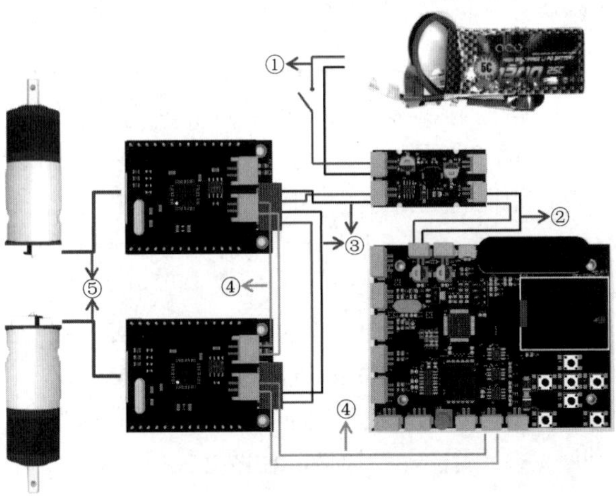

图 2.2.7　控制系统接线示意图

① 12V 电源输入：使用电源开关线 XHB2.54-2P 转航模电池 T 插（35cm）将锂电池连接于 5V 电源稳压模块的任意一个 12V 输入口。

② 主控模块 5V 供电：将主控板 S1 或 S2-电源接口（红色 2P）使用 PH2.0-2P 转 PH2.0-2P（30cm 白线-红头）线与电源板任意 5V 输出口连接。

③ 驱动模块 12V 供电：使用驱动模块供电线（12V）XHB2.54-2P 转 XHB2.54-2P（30cm 白线-红头）线将两个驱动模块的电源输入口并联，并使用同样的线束连接于 5V 电源稳压模块的任意一个 12V 输入口。

④ 各控制模块 CAN 通信：将 S8 或 S9-CAN 接口使用 PH2.0-2P 转 PH2.0-2P（30cm 白线-黄头）线与其他模块的任意一个 CAN 接口相连，并确保所有控制模块连接于一条 CAN 总线上。

⑤ 驱动模块与电动机连接：使用底盘电动机驱动线（37mm 电动机用）PH2.0-6P 转 GH1.25-4P（红黄绿黑）+XHB2.54-4P（蓝白）线将电动机驱动模块与 37mm 电动机相连。

活动 2.2.2　修改模块 ID 号

在混合模式下，不同的模块必须能够区分，如果同时存在几个完全相同的功能模块，也要能够区分。

视频：模块 ID 号修改教程

例如，移动机器人底盘有 4 个电动机，这样就必须同时有 4 个电动机驱动模块。由于存在对 4 个电动机的转速、转动角度有不同要求的情况，所以必须对 4 个电动机驱动模块分开控制。

为此必须以某种方式给各模块进行命名，而且每个模块的名称在本系统内是独一无二的，从而使该模块能被准确识别。

首先将本项目中的各种模块以模块种类命名，用以区分不同功能种类的模块，方便起见，这里约定使用两个阿拉伯数字来命名，具体模块种类名称如表 2.2.2 所示。

表 2.2.2　模块种类的名称

模块名称	模块种类号
主控模块	01
直流电动机驱动模块	02

由于在同一个系统中，同时存在多个相同种类的模块，所以需要区分相同种类的模块，给相同种类的模块赋予不同的 ID 号。由于本课程中的控制系统规模较小，所以约定 ID 号范围为 0～15，也就是说，相同种类的模块在控制系统中最多有 16 个。需要注意的是，模块种类号通常是约定好的，不能修改，但是本课程中为了使用方便，ID 号是可以修改的。

模块 ID 号的修改步骤如下。

步骤 1：将串口模块上的 RXD、TXD、GND、3.3V 引脚分别与模块上标注的 T、R、G、V 引脚一一对应相连（RXD-T、TXD-R、GND-G、3.3V-V）。

步骤 2：将 USB 转为 TTL（transistor-transistor logic，晶体管-晶体管逻辑）模块插入计算机的 USB 接口，并打开“DL.exe”软件，如图 2.2.8 所示。

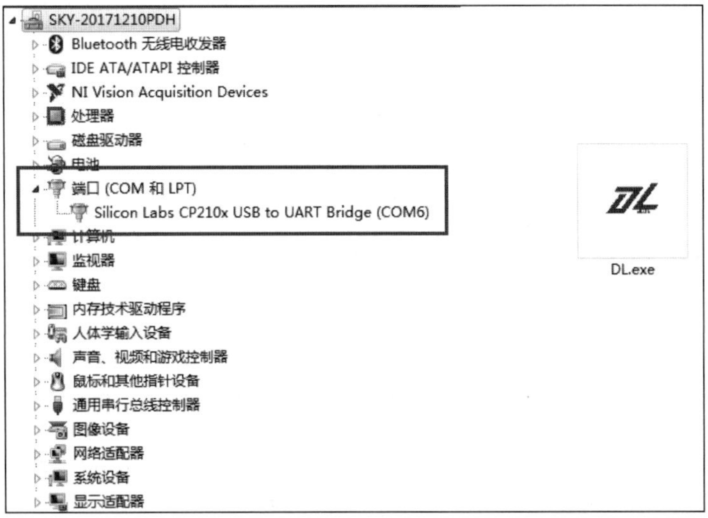

图 2.2.8　启动 DL.exe

步骤 3：在串口设置中选择相应的串口号，设置波特率为“115200”，并单击“打开串口”按钮，如图 2.2.9 所示。

步骤 4：输入模块种类号与 ID 号。由于此处以直流电动机驱动模块为例，因此模块种类号为 02，模块 ID 号初始默认为 1，所以输入“0201”。可以看出，这个 4 位数的前 2 位为模块种类号，后 2 位为 ID 号。然后单击“help”按钮，如图 2.2.10 所示。

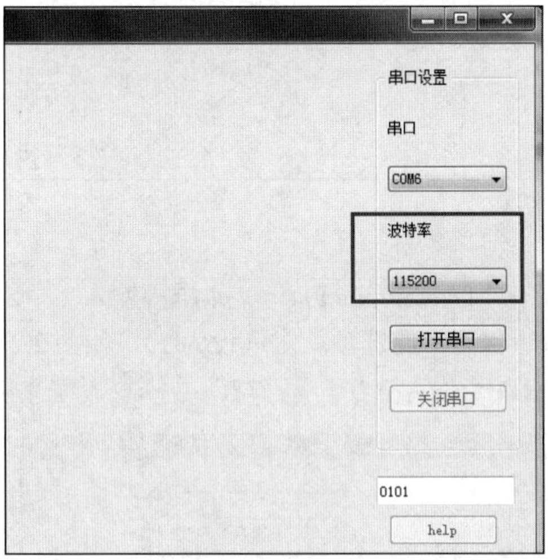

图 2.2.9　设置波特率

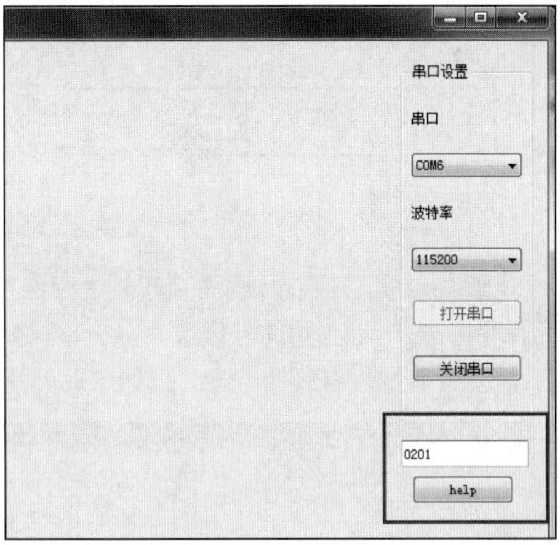

图 2.2.10　输入模块种类号与原始的 ID 号

步骤 5：单击“sequence”选项右侧的“get”按钮，获取模块本身的 ID 号。需要注意的是，此处的 ID 号是以 ASCII 码的形式表述的。其中，48 为 ASCII 码的 0，49 为 ASCII 码的 1，这是因为模块 ID 号是 01，如图 2.2.11 所示。

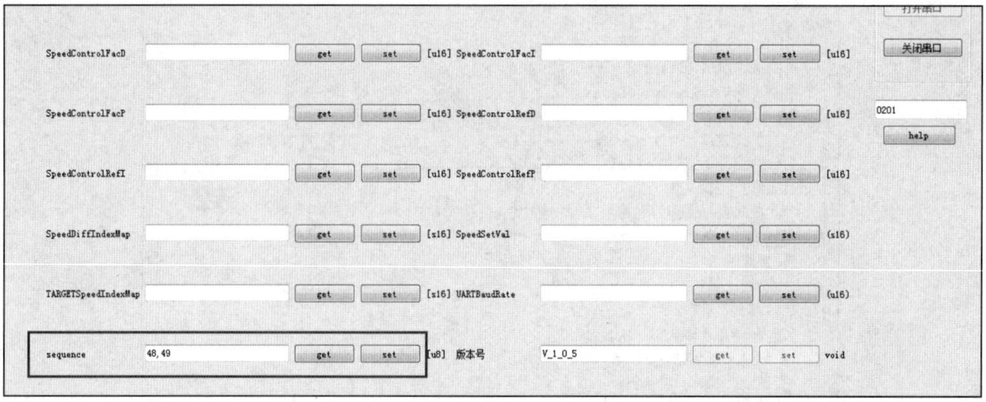

图 2.2.11　获取模块本身的 ID 号

步骤 6：假设将本模块的 ID 号修改为 02，则需要在“sequence”文本框中输入“48,50”，如图 2.2.12 所示，然后单击“sequence”选项右侧的“set”按钮。此时再次单击“sequence”选项右侧的“get”按钮获取模块本身的 ID 号，会发现 ID 号已经修改完毕，但是此时修改的 ID 号并未保存。

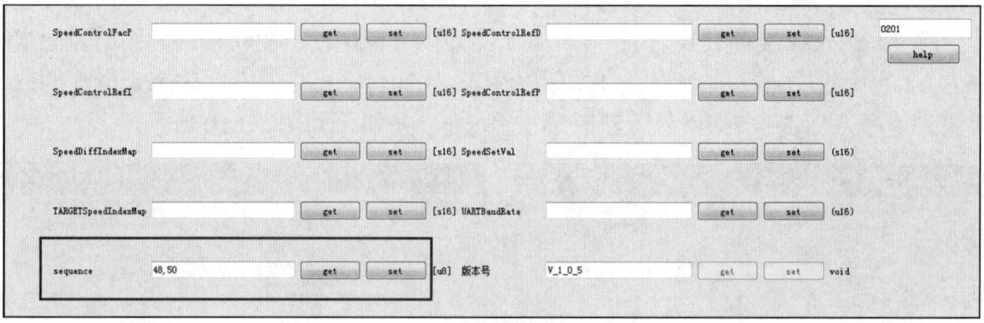

图 2.2.12　修改 ID 号

步骤 7：为了将刚才设置的 ID 号进行保存，在“DataStorageFlg”文本框中输入 1（这个 1 为保存标志，无论把 ID 号修改为多少，只要进行保存，此选项就永远设为 1），如图 2.2.13 所示，然后单击其右侧的“set”按钮。此时新的 ID 号保存完毕，整个 ID 号修改流程完毕。

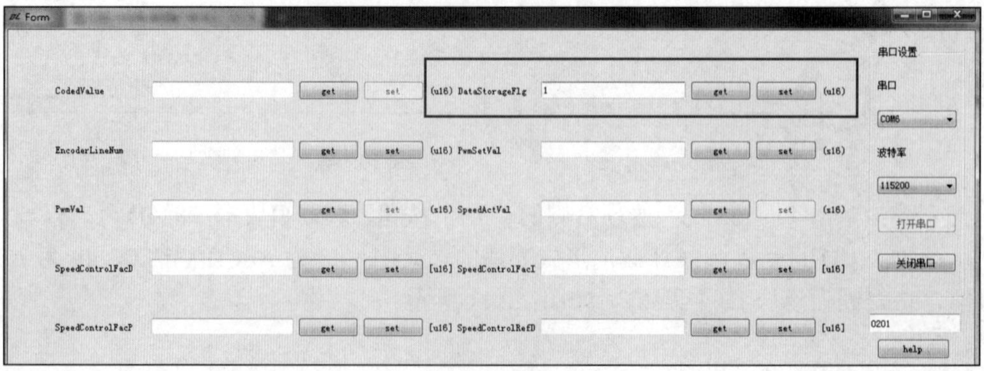

图 2.2.13　保存 ID 号

知识链接

1. 控制模式的分类

就控制系统而言，其控制模式一般可分为 3 类，即集中控制模式、集中管理分散控制模式和混合式控制模式。

（1）集中控制模式

整个控制系统的所有控制工作都由一个主控芯片来完成，该芯片直接与各类传感器、功率驱动芯片、按键、液晶显示屏等元器件相连，主控芯片直接接收传感器的信号，直接控制功率芯片从而驱动电动机、电磁阀等。集中控制模式的框架结构如图 2.2.14 所示。

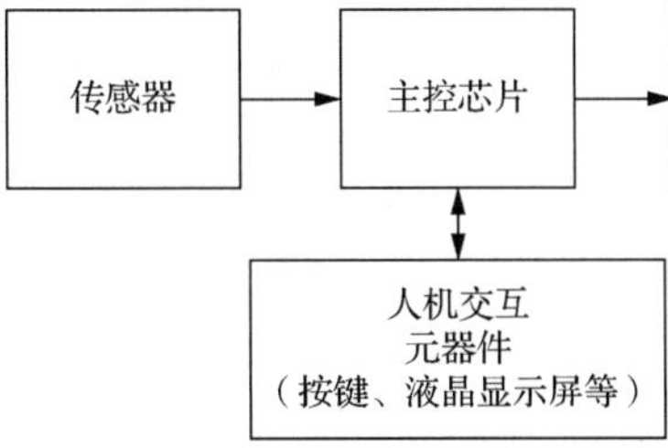

图 2.2.14　集中控制模式的框架结构

对于简单系统的控制，集中控制模式有着较大的优势：成本低、系统构成简单。集中控制模式的缺点也很明显：只能进行小规模的控制。对于复杂系统的控制，集中控制模式就“力不从心”了。

（2）集中管理分散控制模式

集中管理分散控制模式将整个控制系统进行模块化设计。其中，主控模块相当于厨房中的主厨，总领整个系统，各种具备具体功能的模块就是下属的各帮厨，如可以将电动机驱动模块、各类传感器模块、按键模块、显示模块等想象成主厨下面的专门负责洗菜、切菜、掌勺、摆盘的帮厨等。每个模块都是一个相对独立的个体，每个模块上都有一个主控芯片用于实现各自的功能。主控模块通过通信端口下发命令与参数，从而实现对下属各模块的控制。集中管理分散控制模式的框架结构如图 2.2.15 所示。

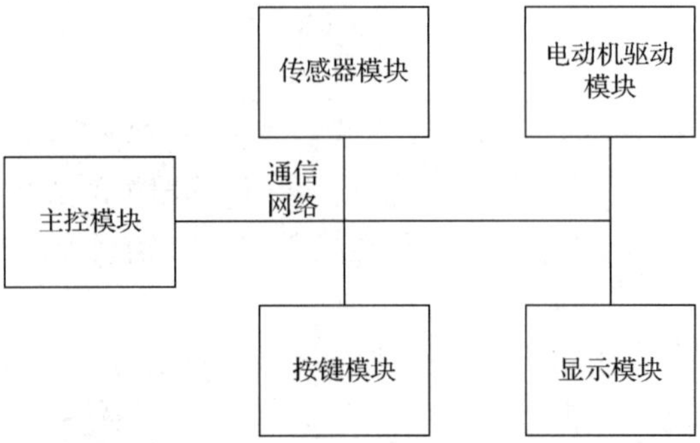

图 2.2.15　集中管理分散控制模式的框架结构

集中管理分散控制模式具有很多优点：当控制对象比较复杂时，各模块分工合作，将复杂系统分解成多个比较小的系统，从而可以降低系统控制的难度；方便扩展，如当前系统需要增加功能时，只需要增加对应的模块即可；局部功能出现故障时，可直接更换对应的控制模块。

但是对于简单的控制对象，这种模式并不具备优势，特别是在成本上。

（3）混合式控制模式

混合式控制模式集合了集中控制模式和集中管理分散控制模式的优点，对于部分简单的功能采用了集中控制，如按键、液晶显示屏等集成在了主控模块上，但是其他较为复杂的功能又由独立的模块通过主控模块发送命令与数据进行控制。混合式控制模式的框架结构如图 2.2.16 所示。

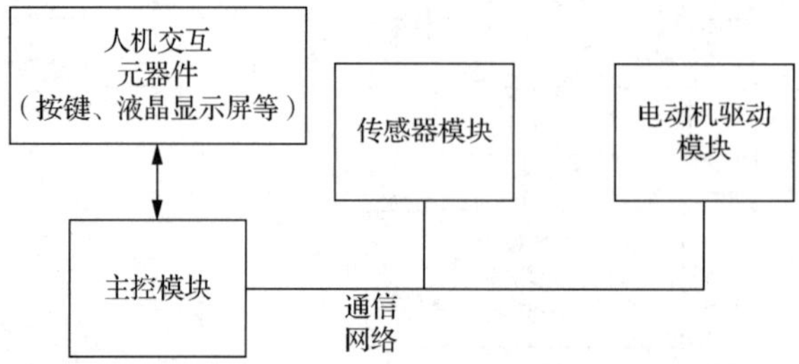

图 2.2.16　混合式控制模式的框架结构

这就类似办宴席，请了大师傅，也请了几个帮厨，但是大师傅并不是光指挥帮厨干活，他自己烧菜，同时指挥帮厨切菜、洗菜、摆盘、上桌等。这样的最大优点是充分发挥了大师傅的作用。同理，主控模块的主控芯片通常是高性能通用芯片，如果只是通过通信端口控制其他模块的运行，对于主控芯片而言会造成其资源浪费，所以可以把一些按键、液晶显示屏、开关量传感器直连到主控模块上，这样能将主控芯片的性能充分发挥出来，同时也能降低成本。

通过对以上 3 种控制模式的比较可以发现：机器人控制系统一般采用混合式控制模式。按键、指示灯、液晶显示屏等简单功能直接通过主控芯片实现，而传感器检测与数据采集、电动机控制等较为复杂的功能则通过模块上自带的单片机实现，并通过通信网络实现与主控模块的数据/命令交互。

2．模块硬件及功能

通过对比 3 种控制模式可以发现，混合式控制模式较为适合移动机器人控制系统，整个移动机器人控制系统由带人机交互的主控模块、传感器模块、电动机驱动模块、电源稳压模块等硬件模块构成，而本项目只涉及主控模块、电动机驱动模块与电源稳压模块。

（1）主控模块

主控模块的功能：采集下辖传感器模块的信息，通过通信接口下发命令与参数，实现对下辖驱动模块的控制。主控板外观图如图 2.2.17 所示，具体说明如下。

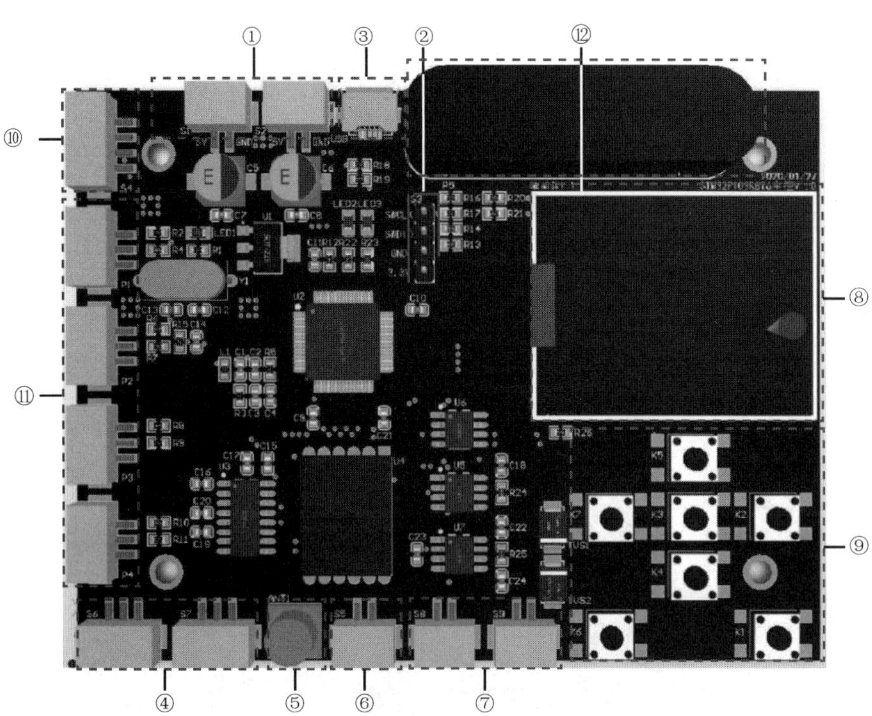

图 2.2.17　主控板外观图

① 主控板 5V 电源接口：连接于稳压模块 5V 输出接口，使用 PH2.0-2P 转 PH2.0-2P 线进行连接。

② 程序下载口：用于单片机烧录程序，推荐使用 DAP-LINK 烧录器。

③ USB OTG：可直接使用 Micro_USB 数据线给主控板供电。

④ 2 路 232 通信接口：可与外部 232 模块进行串口通信，可使用 XHB2.54-3P 转 XHB2.54-3P 线进行连接。

⑤ SMA 天线座：对应连接 SMA 天线，通过 SI4463 模块与外部无线通信。

⑥ 485 总线通信接口：可与外部 485 模块进行串口通信，使用 PH2.0-2P 转 PH2.0-2P 线进行连接。

⑦ CAN 总线通信接口：可与外部 CAN 模块进行通信，连接于各模块的相同 CAN 接口，一般直接连接于其他需进行通信模块的 CAN 接口，使用 PH2.0-2P 转 PH2.0-2P 线进行连接。

⑧ 人机交互系统——液晶显示屏：用于显示输出。

⑨ 按键：用于输入信号。

⑩ TTL 串口接口：用于连接外部 TTL 串口，使用 PH2.0-4P 转 PH2.0-4P 线进行连接。

⑪ 4 路 5V 电压供电的传感器接口：在此套件中用于采集步进电动机复位使用的接近开关。

⑫ 遥控器接收器接口：用于遥控器接收器的连接，可与外部遥控器进行无线通信。

主控板原理图如图 2.2.18 所示，具体说明如下。

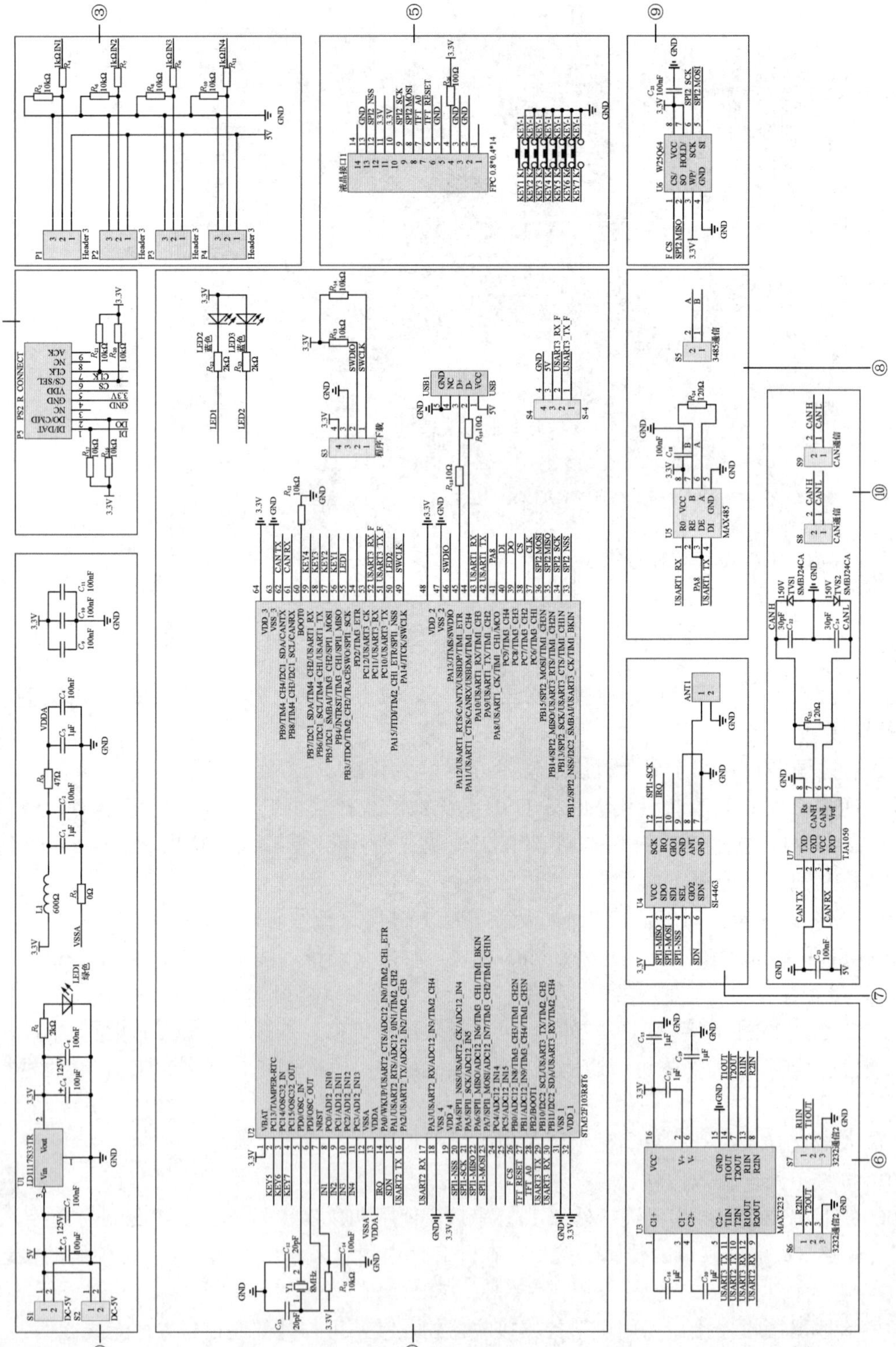

图 2.2.18 主控板原理图

① 电源稳压模块：稳压芯片采用 AMS1117-3.3V，主要功能是把输入电压 5V 稳压到 3.3V，给单片机、通信芯片和液晶显示屏等模块供电。

② 遥控器接收器接口：用于遥控器接收器的连接，遥控器使用 PS2。

③ 4 路 5V 电压供电的传感器接口：在此套件中用于采集步进电动机复位使用的接近开关状态信号。

④ 主控单元：采用 ST 公司旗下的 STM32F103R8T6 作为主控芯片，其中包括 2 路 LED 显示、USB 端口、1 路 TTL 串口，以及必需的程序烧录口。

⑤ 液晶显示屏及 7 路按键：人机交互界面。

⑥ 232 通信模块：这里采用的是 MAX3232 芯片，相较于 MAX232，MAX232 供电电压为 5V，而 MAX3232 的供电电压为 5V 或 3.3V，低功耗、高性能，主要用于航天领域及要求低功耗的场合。

⑦ 无线模块：这是一款高度集成的无线 ISM 频段收发模块，具有极高的接收灵敏度（-126dBm），再加上业界领先的+20dBm 的输出功率保证扩大范围和提高链路的性能。同时内置天线的多样性和对跳频的支持可用于进一步扩大范围，提高性能。

⑧ 485 通信模块：总线通信模块，在要求较长通信距离（如几千米）时，广泛采用 RS-485 串行总线标准。RS-485 采用平衡发送和差分接收，具有抑制共模干扰的能力。

⑨ 存储芯片：采用 W25Q16 存储芯片，可存储 2MB 数据。

⑩ CAN 通信模块：采用 TJA1050 CAN 总线通信芯片，CAN 属于现场总线的范畴，它是一种有效支持分布式控制或实时控制的串行通信网络。相较于 485 总线，CAN 总线在应用上最大的优势在于，它可以实现多主模式，并且总线的管理机制是自动的。

（2）直流电动机驱动模块

模块功能：控制与驱动直流减速电动机，拥有开环、速度闭环等多种模式，默认模式为速度闭环。直流电动机驱动模块的 3D 图如图 2.2.19 所示，具体说明如下。

视频：直流电机驱动模块使用

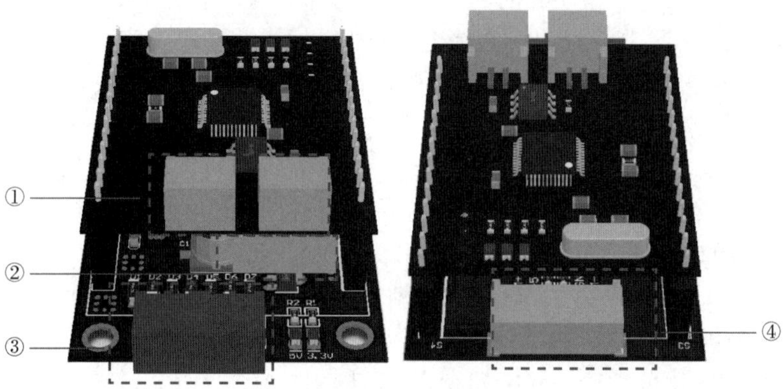

图 2.2.19　直流电动机驱动模块的 3D 图

① 双 CAN 总线通信接口：可用作转接口，与外部 CAN 模块进行通信。连接于各模块的相同 CAN 接口，一般直接连接于其他需进行通信模块的 CAN 接口，使用 PH2.0-2P 转 PH2.0-2P 线进行连接。

② 两路驱动模块 12V 电源接口：连接于稳压模块的输入端口或其他 12V 模块的电压输入口，使用 XHB2.54-2P 转 XHB2.54-2P 线进行连接。

③ TTL 串口接口：用于连接自制专用上位机软件，可改变模块内部的参数，它采用的是 USB 转 TTL 串口模块。

④ 电动机接口与编码器接口：主要用于与电动机电源线及电动机上安装的编码器电路相连。

直流电动机驱动模块包含 3 个发光二极管，用于指示当前电动机驱动模块的信息和状态，其状态说明如表 2.2.3 所示。

表 2.2.3　发光二极管的状态说明

灯标号	名称	现象	说明
L1	种类号指示灯	慢慢地连闪两下	电动机驱动模块的种类号为 2
L2	ID 号指示灯	快速地连闪或常灭	闪烁的次数对应的就是 ID 号，常灭时 ID 号为 0
L3	通信指示灯	常亮	没有在 CAN 通信时
		闪烁	开机或正在 CAN 通信时

直流电动机驱动模块通信协议说明如下。

扩展帧 ID 包含的信息如表 2.2.4 所示。

表 2.2.4　扩展帧 ID 包括的信息

页	目标地址	目标 ID 号	命令号	来源地址	来源 ID 号
1 位	8 位	4 位	4 位	8 位	4 位

页：预留。

目标地址：值为 0xff，指向所有电路板广播发送信息。

目标 ID 号：最大为 15。

命令号：用于区分两个模块之间的不同命令。命令号最大为 15。

主控板地址为 0x01，ID 号为 0；直流电动机驱动模块地址为 0x02，ID 号为 0x00～0x0f。

1）直流电动机数据反馈（直流电动机驱动模块发送数据给主控模块）。

传输循环率为 20ms，协议模式为广播模式，数据长度为 8 字节，使能状态为开机自使能。

CAN 通信模式为扩展帧模式，为方便起见，将目标地址、目标 ID 号、命令号、来源地址、来源 ID 号的信息直接体现在扩展帧 ID 中，具体信息构成如下：页为 0，目标地址为 0xff，目标 ID 号为 0，命令号为 0，来源地址为 0x02，来源 ID 号为 x。

扩展帧 ID 为 0x0ff0002x。

视情况变化的 8 字节指令详解 1 如表 2.3.5 所示。

表 2.3.5　视情况变化的 8 字节指令详解 1

<table>
<tr><th>数据域</th><th>内容</th><th>说明</th></tr>
<tr><td>DATA[0]</td><td>当前电动机速度低 8 位</td><td rowspan="2">Val=(DATA[1]<<8)|DATA[0]，当前速度值 speed=(Val/2−16000)；
speed：正数表示正转，负数表示反转</td></tr>
<tr><td>DATA[1]</td><td>当前电动机速度高 8 位</td></tr>
<tr><td>DATA[2]</td><td>保留</td><td rowspan="2">—</td></tr>
<tr><td>DATA[3]</td><td>保留</td></tr>
<tr><td>DATA[4]</td><td>编码值低 8 位</td><td rowspan="2">反馈编码值，两个时间段值的差的绝对值为走的编码值</td></tr>
<tr><td>DATA[5]</td><td>编码值高 8 位</td></tr>
<tr><td>DATA[6]</td><td>保留</td><td rowspan="2">—</td></tr>
<tr><td>DATA[7]</td><td>保留</td></tr>
</table>

2）运行控制接收（主控模块发送数据给直流电动机驱动模块）。

传输循环率为异步模式，协议模式为请求模式，数据长度为 8 字节。

CAN 通信模式为扩展帧模式，为方便起见，将目标 ID 号与来源地址的信息直接体现在扩展帧 ID 中，具体信息构成如下：页为 0，目标地址为 0x02，目标 ID 号为 x，命令号为 0，来源地址为 0x01，来源 ID 号为 0。

扩展帧 ID 为 0x002x0010。

视情况变化的 8 字节指令详解 2 如表 2.3.6 所示。

表 2.3.6　视情况变化的 8 字节指令详解 2

<table>
<tr><th>数据域</th><th>内容</th><th>说明</th></tr>
<tr><td>DATA[0]</td><td>目标电动机速度低 8 位</td><td rowspan="2">Val=(DATA[1]<<8)|DATA[0]，目标速度值 speed=(Val+16000)×2；
speed：正数表示正转，负数表示反转</td></tr>
<tr><td>DATA[1]</td><td>目标电动机速度高 8 位</td></tr>
<tr><td>DATA[2]</td><td>PWM 设定低 8 位</td><td rowspan="2">正数表示正转，负数表示反转
输入范围为-1000～+1000，-1000 或+1000 为占空比百分之百。此值不为 0 时，上述目标电动机的速度无效但保留</td></tr>
<tr><td>DATA[3]</td><td>PWM 设定高 8 位</td></tr>
<tr><td>DATA[4]</td><td>保留</td><td>—</td></tr>
<tr><td>DATA[5]</td><td>保留</td><td>—</td></tr>
<tr><td>DATA[6]</td><td>保留</td><td>—</td></tr>
<tr><td>DATA[7]</td><td>保留</td><td>—</td></tr>
</table>

3）驱动板 ID 号设置接收及响应。

① 接收（主控模块发送数据给电动机驱动模块）。

协议模式为请求模式，数据长度为 2 字节。

CAN 通信模式为扩展帧模式，为方便起见，将目标 ID 号与来源地址的信息直接体现在扩展帧 ID 中，具体信息构成如下：页为 0，目标地址为 0x02，目标 ID 号为 x，命令号为 2，来源地址为 0x01，来源 ID 号为 0。

扩展帧 ID 为 0x002x2010。

视情况变化的 2 字节指令详解 1 如表 2.3.7 所示。

表 2.3.7　视情况变化的 2 字节指令详解 1

数据域	内容	说明
DATA[0]	驱动板 ID 号低 8 位	可写为 0～15
DATA[1]	驱动板 ID 号高 8 位	

② 响应（直流电动机驱动模块发送数据给主控模块）。

协议模式为答应模式，数据长度为 2 字节。

CAN 通信模式为扩展帧模式，为方便起见，将目标 ID 号与来源地址的信息直接体现在扩展帧 ID 中，具体信息构成如下：页为 0，目标地址为 0x01，目标 ID 号为 0，命令号为 2，来源地址为 0x02，来源 ID 号为 x。

扩展帧 ID 为 0x0010202x。

视情况变化的 2 字节指令详解 2 如表 2.3.8 所示。

表 2.3.8　视情况变化的 2 字节指令详解 2

数据域	内容	说明
DATA[0]	驱动板 ID 号低 8 位	返回接收到的数据
DATA[1]	驱动板 ID 号高 8 位	

（3）电源稳压模块

模块功能：电源接口扩展；电源电压转换。

电源 5V 稳压模块的 3D 图如图 2.2.20 所示，具体说明如下。

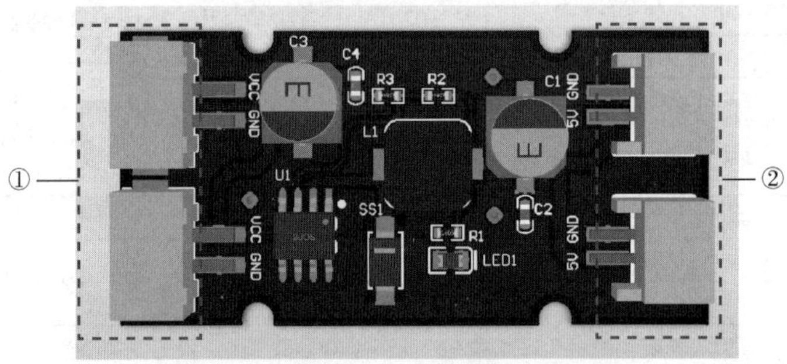

图 2.2.20　电源 5V 稳压模块的 3D 图

① XHB2.54-2P 插座：两个插座为并联，可任意连接。此插座为 12V 电源接口，连接于供电 12V 模块的电源接口，使用 XHB2.54-2P 转 XHB2.54-2P 线进行连接，其附带一根电源开关线，用于连接套件附带电池（外部电源可利用任意相同插座供电，V_{CC} 为正极，GND 为负极）。

② PH2.0-2P 插座：两个插座为并联，可任意连接。此插座为 5V 电源接口，连接于供电 5V 模块的电源接口，使用 PH2.0-2P 转 PH2.0-2P 线进行连接。

3. 串口通信

从控制模式的介绍中可以发现，集中管理分散控制模式和混合式控制模式两种控制中都涉及通信网络。通信技术的分类方式较多，常见的分类方法有串行通信和并行通信；单工通信、半双工通信、双工通信；同步通信和异步通信。

在机器人技术中较为常见的通信技术为串口通信与 CAN 通信。

串口根据通信信号的电平标准不同分为多种类型，目前比较常见的有 TTL、RS-232、RS-485、RS-422，它们属于串行通信或异步通信。

1）TTL：双极型晶体管逻辑电路，逻辑“1”为 2.4～5V，逻辑“0”为 0～0.5V（一般高电平为 5V 或 3.3V，低电平为 0），其电平信号通常直接来自单片机或芯片，不过单片机或芯片实际输出的不一定是 TTL 电平，因为现在大部分数字逻辑电路是由 CMOS 工艺制作的，只是沿用了 TTL 的说法。其接线方式如图 2.2.21 所示。

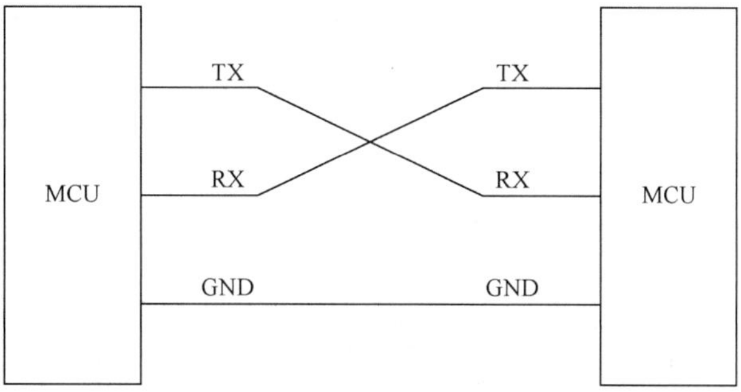

图 2.2.21 TTL 的接线方式

由于 TTL 模式的串口通信发送与接收线路是分离的，所以其可以实现全双工功能。

2）RS-232：美国电子工业协会制定的异步传输标准，同时对应电平标准和通信协议（时序），其电平标准为+3～+15V 对应“0”，-3～-15V 对应“1”。RS-232 的逻辑电平和 TTL 不一样，但是协议一样。RS-232 也可以实现全双工功能，其接线方式如图 2.2.22 所示。

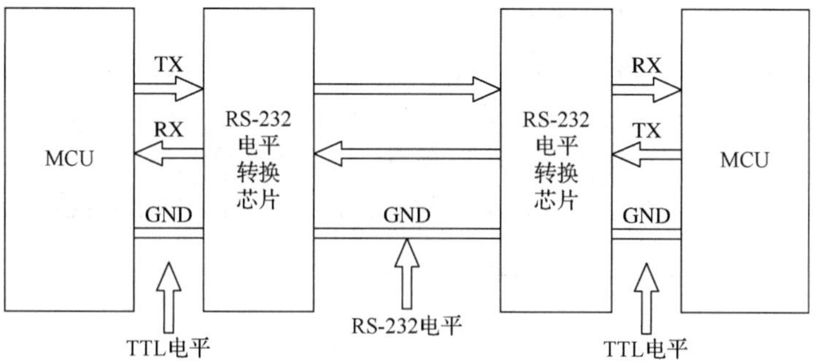

图 2.2.22 RS-232 的接线方式

3）RS-485：一种串口接口标准，可实现长距离传输，采用差分方式传输，传输的是差分信号，抗干扰能力比 RS-232 强很多。A、B 两线之间的电压差为-6～-2V 表示“0”，两线之间的电压差为+2～+6V 表示“1”。由于 RS-485 的收发都是通过 A、B 两线实现的，所以其只能实现半双工，其接线方式如图 2.2.23 所示。

4）RS-422：采用 4 线传输方式，进行差分传输，发送数据线为 T+\T-，接收数据线为 R+\R-。在 RS-422 总线中，数据“1”以两线之间的电压差为+2～+6V 表示；数据“0”以两线间的电压差为-6～-2V 表示。RS-422 能实现全双工，其接线方式如图 2.2.24 所示。

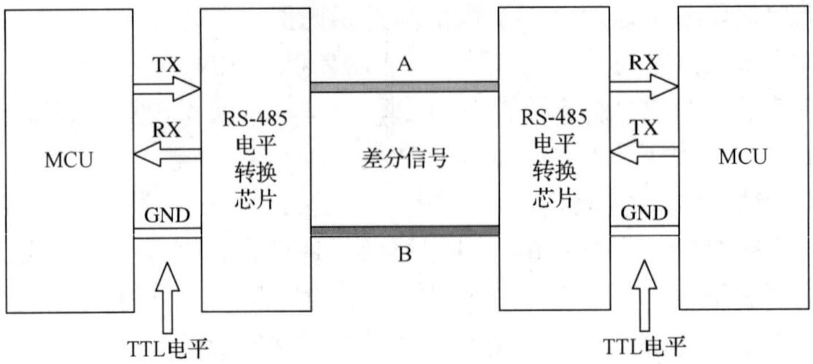

图 2.2.23　RS-485 的接线方式

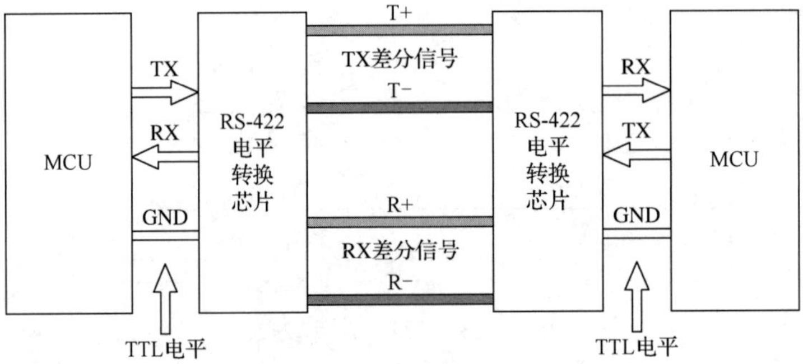

图 2.2.24　RS-422 的接线方式

这里需要注意的是，在串口中，TTL、RS-232 基本只能进行一对一通信，不能作为总线使用；而 RS-485、RS-422 可以作为总线使用，在一条总线中可以同时挂载多个设备，并可以实现总线内部各模块之间的通信，但是总线上的模块总数受到总线物理长度、通信速率、芯片驱动能力等多种因素的限制。以 RS-485 总线为例，其构成如图 2.2.25 所示。

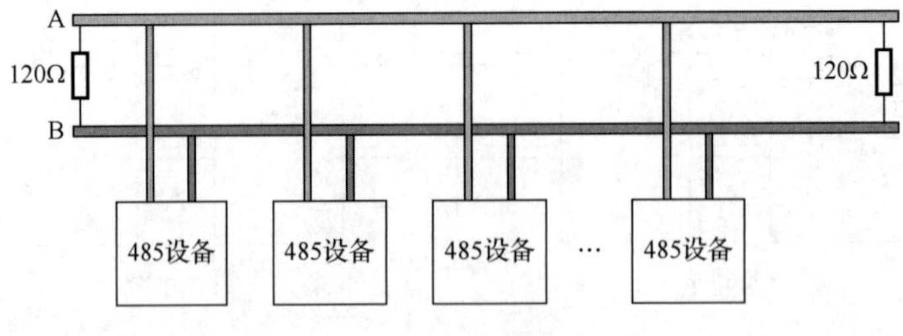

图 2.2.25　RS-485 总线的构成

4．CAN 通信

CAN 是由德国博世（BOSCH）公司开发的，并最终成为国际标准（ISO 11898），是国际上广泛应用的现场总线之一。在北美和西欧，CAN 总线协议已经成为汽车计算机控制系统和嵌入式工业控制局域网的标准总线，并且拥有以 CAN 为底层协议、专为大型货车和重工机械车辆设计的 J1939 协议。

CAN 总线在原理构成上与 RS-485 总线很相似，其构成如图 2.2.26 所示。

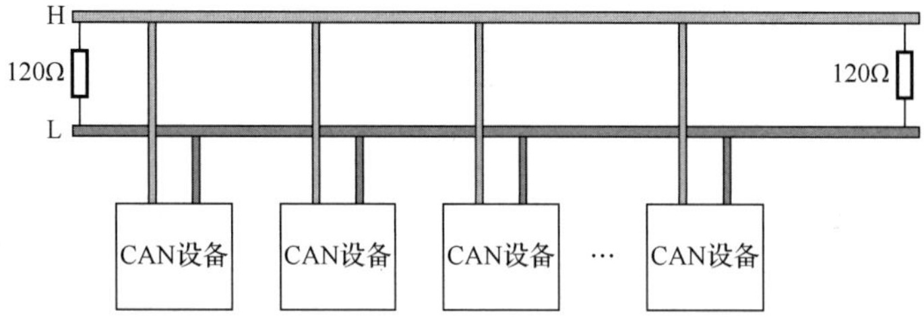

图 2.2.26　CAN 总线的构成

实际上，CAN 总线与 RS-485 总线有较大区别，其优势主要体现在以下几个方面。

1）可以有多种工作方式，网络上任意一个节点均可以在任意时刻主动地向网络上的其他节点发送信息，而不分主从，通信方式灵活。

2）网络上的节点可分成不同的优先级，可以满足不同的实时要求。

3）采用非破坏性位仲裁总线结构机制，当两个节点同时向网络上传送信息时，优先级低的节点主动停止数据发送，而优先级高的节点可不受影响地继续传送数据。

4）可以使用点对点、一点对多点及全局广播几种传送方式接收数据。

5）直接通信距离最远可达 10km（速率为 4kb/s 以下）。

6）通信速率最高可达 1Mb/s（通信距离小于 40m）。

7）节点数最多可达 110 个。

8）采用短帧结构，每一帧的有效字节数为 8 字节。

9）每帧信息都有 CRC 校验及其他检错措施，数据错误率极低。

10）通信介质可以采用双绞线、同轴电缆和光纤，一般采用廉价的双绞线即可。

11）节点在错误严重的情况下，具有自动关闭总线的功能，切断它与总线的联系，以使总线上的其他操作不受影响。

拓展训练

1）请根据直流电动机驱动模块的通信控制协议，分析一个控制系统中最多可连接的直流电动机驱动模块的数量。

2）请根据图 2.2.6 选择合适的模块与线束，进行底盘控制系统实物搭建。

3）请分析在电磁环境较为恶劣的情况下，TTL、RS-232、RS-485、CAN 这 4 种通信方式哪几种更为合适，并说明原因。

任务 2.3 编写机器人直线行进程序

任务目标

利用真实代码熟悉 Keil MDK 软件的使用，了解机器人直行程序，掌握代码中的关键子函数，以及与之相关的入口参数的含义。

任务实施

活动 下载程序并运行

步骤 1：找到程序文件所在的文件夹，然后进入“MDK-ARM”文件夹，双击带有 Keil 图标且扩展名为.uvprojx 的文件，使用 Keil MDK 软件打开相关程序。

步骤 2：编译程序。如果是首次编译，则可单击图 2.3.1 中 2 号箭头标注的“编译所有文件”按钮；如果是修改程序后的编译，则可单击图 2.3.1 中 1 号箭头标注的“编译当前文件”按钮。

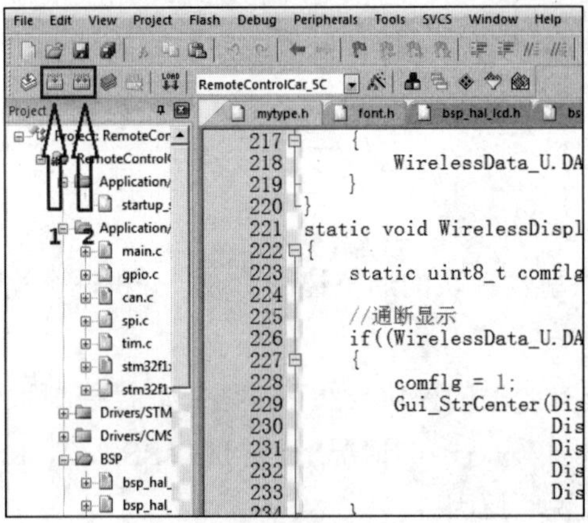

图 2.3.1 编译程序

步骤 3：编译结束后，Keil MDK 会在信息提示栏给出编译结果。如果没有错误，则会提示“0 Error(s), 0 Warning(s)”，如图 2.3.2 所示。

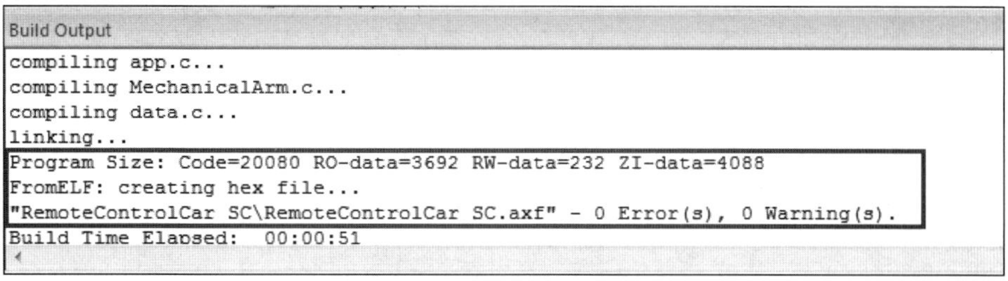

图 2.3.2　编译结果

步骤 4：将 DAP-LINK 下载/仿真器插入计算机的 USB 接口，并单击“目标选项”按钮，如图 2.3.3 所示。

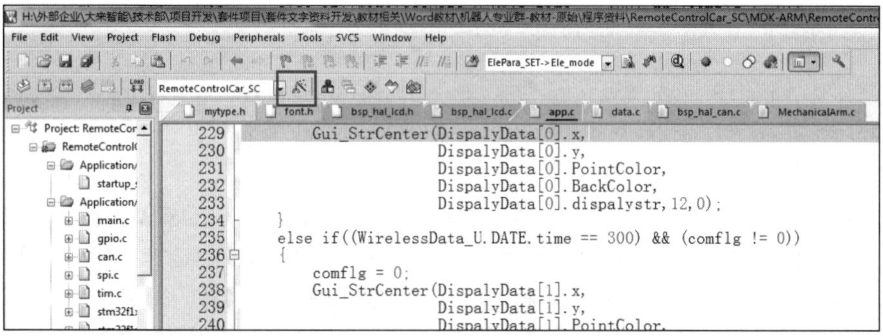

图 2.3.3　“目标选项”按钮

步骤 5：在硬件上，将 DAP-LINK 下载/编译器的 3.3V、GND、DIO、CLK 这 4 个引脚通过下载线与主控模块上对应的 4 个引脚连接，主控模块上标注了 V、G、D、C（3.3V 引脚对应 V 引脚、GND 引脚对应 G 引脚、DIO 引脚对应 D 引脚、CLK 引脚对应 C 引脚）。DAP-LINK 下载/编译器硬件接口实物如图 2.3.4 所示。

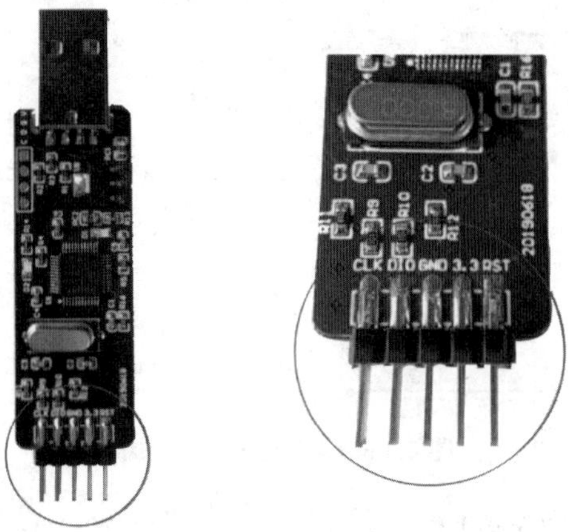

图 2.3.4　DAP-LINK 下载/编译器硬件接口实物

步骤 6：出现目标选项后，选择“Debug”选项卡，如果下载器为 DAP-LINK，则在“Use”下拉列表中选择“CMSIS-DAP Debugger”选项，然后单击“Settings”按钮，如图 2.3.5 所示。

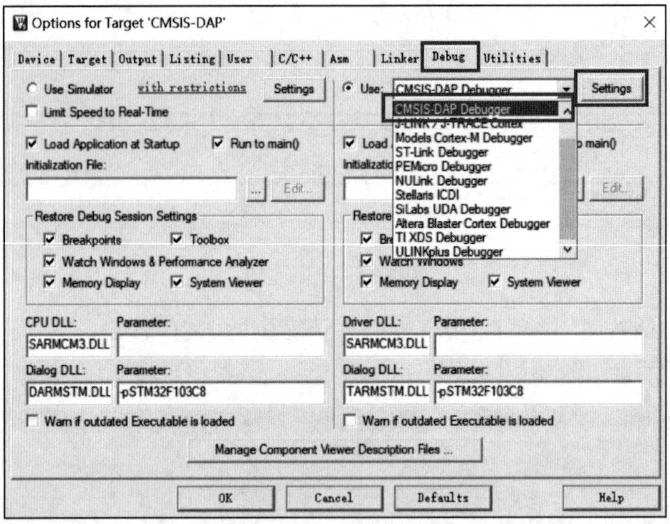

图 2.3.5　选择目标选项

步骤 7：选择“Debug”选项卡，系统会在“CMSIS-DAP-JTAG/SW Adapter”文本框中显示 DAP-LINK 下载/仿真器的相关信息，在“Port”下拉列表中选择“SW”模式。如果需要下载程序的芯片处于正常的工作状态，那么“SW Device”选项组中就会显示其相关信息；如果该选项组中不显示信息，则表明芯片未处于正常的工作状态，如图 2.3.6 所示。

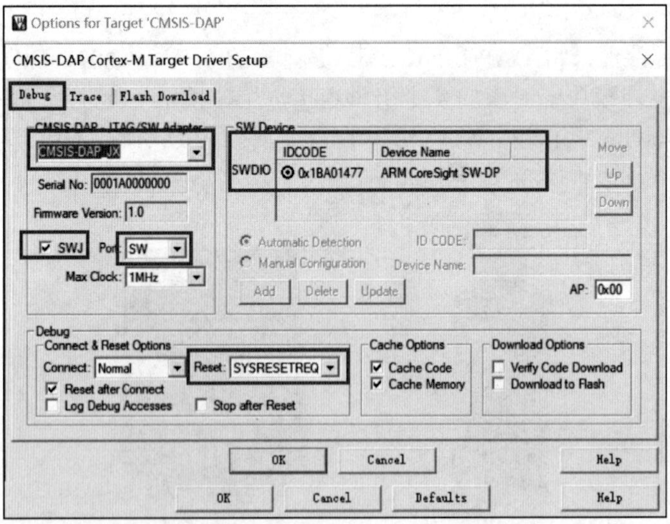

图 2.3.6　“Debug”选项卡

步骤 8：选择“Flash Download”选项卡，并在“Download Function”选项组中进行相应的设置，也可以设置成下载时块擦除，具体如图 2.3.7 所示。

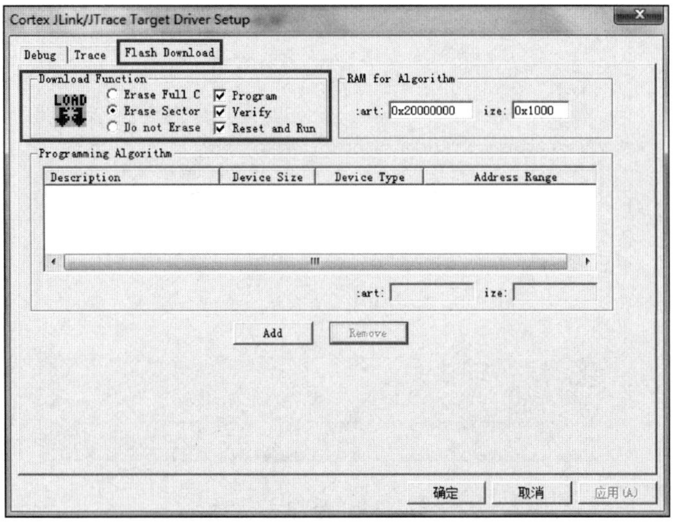

图 2.3.7　“Flash Download”选项卡

步骤 9：单击“Programming Algorithm”选项组下方的“Add”按钮。

步骤 10：在打开的对话框中找到对应的芯片，由于主控板芯片为 STM32F103R8T6，因此选择中等密度 Flash，即 STM32F10x Med-density Flash，然后单击“Add”按钮，如图 2.3.8 所示。

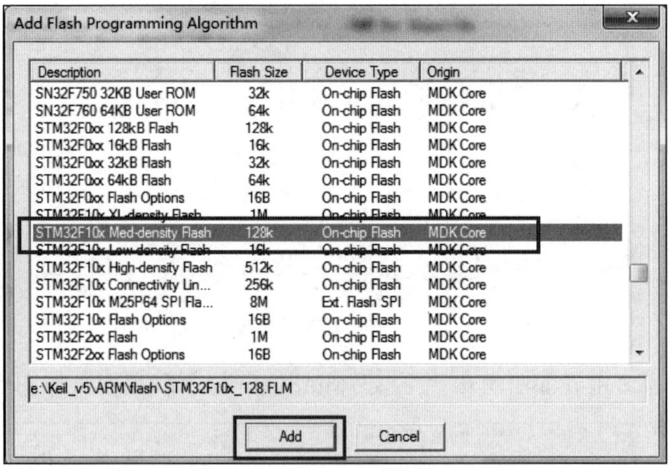

图 2.3.8　选择主控板芯片

步骤 11：添加完成后，在返回的对话框中单击“确定”按钮，如图 2.3.9 所示。

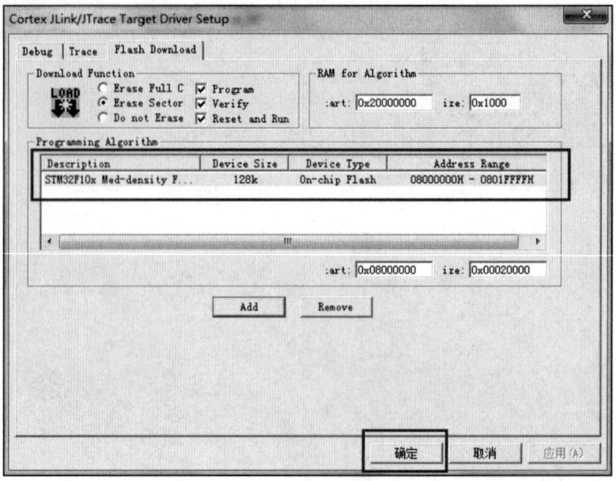

图 2.3.9　添加完成

步骤 12：下载设置完成后单击“OK”按钮，如图 2.3.10 所示。

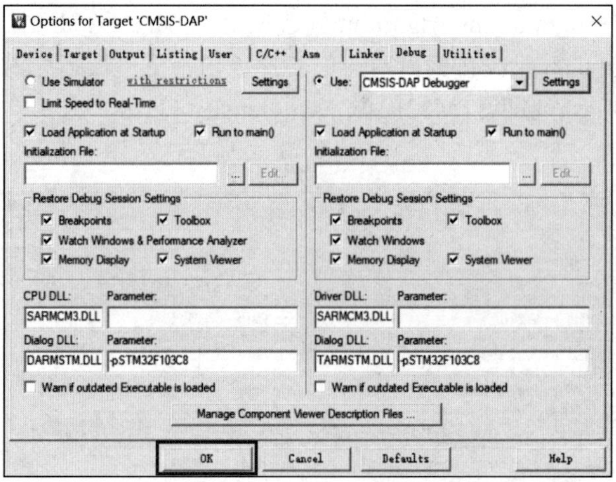

图 2.3.10　下载设置完成

步骤 13：在窗口主界面中单击“下载”按钮，等待下载完成，如图 2.3.11 所示。

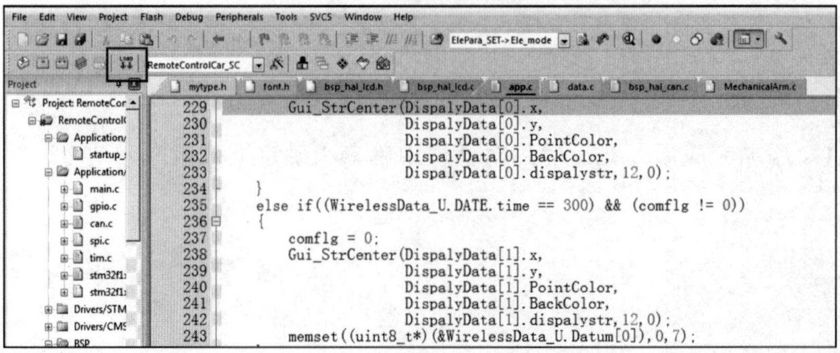

图 2.3.11　“下载”按钮

步骤 14：程序下载完成后，系统依次提示：擦除完成，编程完成，校验合格，程序运行中。具体如图 2.3.12 所示。

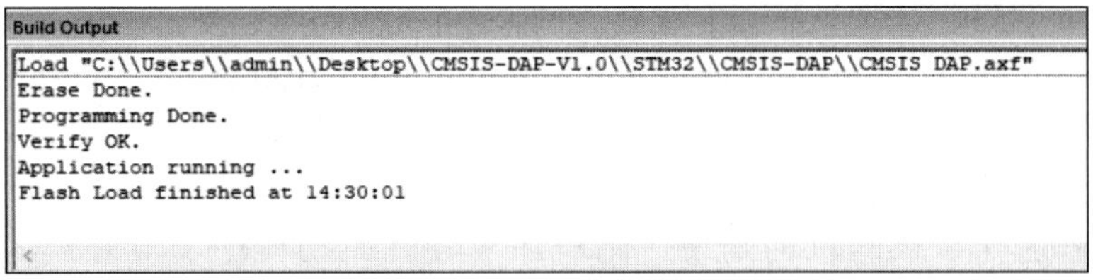

图 2.3.12　程序下载完成

知识链接

1．程序框架介绍

这里不讲解使用 Keil MDK 软件实现从 0 开始的程序编写，而是通过现有的例程框架实现机器人的直线行进。由于例程框架已经完成本应用所需的所有底层驱动程序，因此只需添加应用层的程序代码即可。打开例程文件夹下子文件夹“MDK-ARM”中的扩展名为.uvprojx 的工程文件，可以看到例程工程目录，如图 2.3.13 所示。

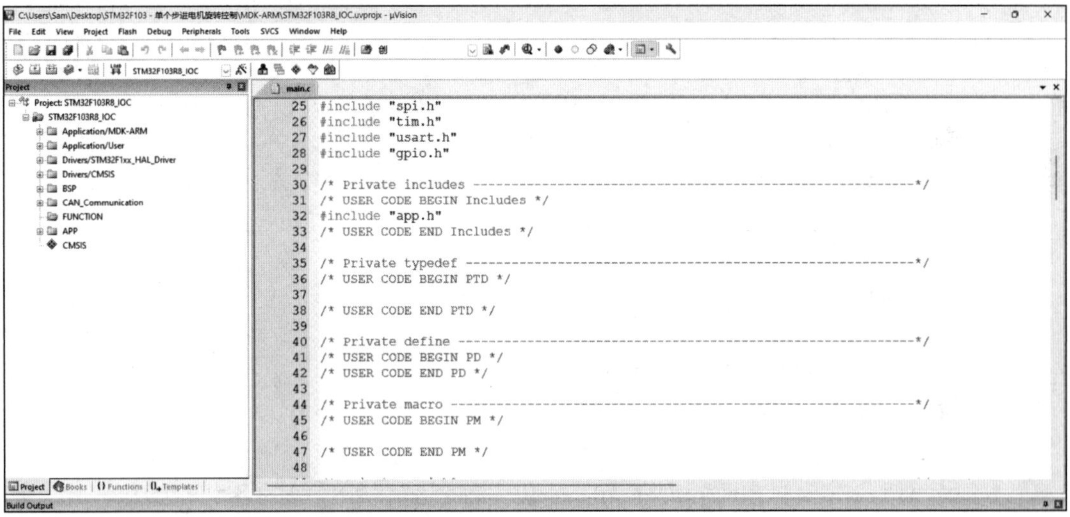

图 2.3.13　例程工程目录

例程工程目录下的分组及重要文件描述如下。

1）Application/MDK-ARM 组：存放的是 stm32f103 启动文件。

2）Application/User 组：存放的是用户外设配置代码文件，main.c 文件中主要是 main 函数，stm32f1xx_it.c 文件中是部分中断服务函数。

3）Drivers/STM32F1xx_HAL_Driver 组：存放的是 HAL 固件库源文件。

4）Drivers/CMSIS 组：存放的是硬件底层配置文件（定义核心时钟变量、设置系统时钟和总线时钟等的源文件和头文件）。

5）BSP 组：目前存放了 GPIO（LED 和按键）、定时器、CAN 的板级支持包。

6）FUNCTION 组：存放了底盘运动解析源文件和独立按键功能实现源文件（本次实验独立按键部分没有用到）。

7）APP 组：存放了 app.c 和 data.c 文件，其中 app.c 文件为整个工程的应用部分，data.c 和 data.h（图中已隐藏）文件中放了板级支持包的头文件和一些整个工程需要的变量，使 app.c 和 BSP 关联起来，也可以使组 FUNCTION 和组 BSP 关联起来。

整个工程这样设置的目的是使应用程序和硬件驱动程序隔离开来，从而在使用 STM32CubeMX 软件时更加方便，并能在应用程序初始化过程中就能清楚地知道用了哪些硬件层的资源。

由于 C 语言编写的程序必定包含一个主程序，所以阅读 C 语言程序可以从阅读主程序开始，具体程序如下。

```
int main(void)
{
  HAL_Init();
  SystemClock_Config();
  MX_GPIO_Init();
  MX_DMA_Init();
  MX_CAN_Init();
  MX_SPI1_Init();
  MX_SPI2_Init();
  MX_TIM2_Init();
  MX_TIM3_Init();
  MX_USART1_UART_Init();
  MX_USART2_UART_Init();
  MX_USART3_UART_Init();
  while(1)
  {
    ApplicationProgram_main();
  }
}
```

主程序中的 while(1)之前的程序为时钟、内部资源、外设等的各种初始化程序，而 while(1)之内只包含 ApplicationProgram_main()子程序，这种编写方式便可将所有的功能代码在 ApplicationProgram_main()子程序中实现，该子程序的具体内容包含在“app.c”中，具体内容如下。

```
void ApplicationProgram_main(void)
{
    ApplicationProgram_Iint();
    while(1)
    {
```

```
        }
    }
```

其中，ApplicationProgram_Iint()为应用层的初始化程序，而具体应用功能则在ApplicationProgram_main()的 while(1)中实现。为了方便初学人员对机器人的正常控制，例程已经将必要的硬件底层初始化程序和应用层初始化程序添加完毕，学习人员只需在ApplicationProgram_main()的 while(1)中添加具体的功能控制代码即可完成对机器人的功能控制。

2．核心函数介绍

本项目主要实现两轮机器人的直线行进控制，为此只需要让本项目中机器人底盘中的两个轮子以同样的速度转动即可。本项目例程中已经提供与直流减速电动机控制相关的应用程序，具体包含在 SLAVE_DCMotorMiniwatt.c\h（直流电动机模块通信控制源文件）中。

为了方便对电动机的控制，SLAVE_DCMotorMiniwatt.c\h 中设置了一个结构体，其具体数据说明如表 2.3.1 所示。

表 2.3.1　电动机控制结构体的说明

<table>
<tr><td>类型名</td><td>DCMotorMiniwattDef_t</td></tr>
<tr><td>类型定义</td><td><pre>typedef struct DCMotorMiniwatt_T
{
    uint8_t CAN_Number;
    union
    {
        #define PG_RXMOTOR_SERIAL_NUMBER_LEN 2
        uint8_t Datum[PG_RXMOTOR_SERIAL_NUMBER_LEN];
        struct{
            uint16_t Serial_Number;
        }DATE;
    }Motor_SerialNumber;
    union
    {
        #define PG_TXMOTORDATA_LEN 8
        uint8_t Datum[PG_TXMOTORDATA_LEN];
        struct
        {
            uint16_t Speed;
            uint16_t EncoderNum;
            uint16_t Coded_Value;
            uint16_t Fault;</pre></td></tr>
</table>

续表

<table>
<tr><td>类型定义</td><td><pre>
        }DATE;
    }Motor_UploadData;
    union
    {
        #define PG_RXMOTORDATA_LEN 8
        uint8_t Datum[PG_RXMOTORDATA_LEN];
        struct
        {
            uint16_t SetSpeed;
            int16_t PwmSet;
            uint16_t Retain2;
            uint16_t Retain3;
        }DATE;
    }Motor_ControlData;
    struct DCMotorMiniwatt_T* next;
} DCMotorMiniwattDef_t;
</pre></td></tr>
<tr><td>类型描述</td><td>该结构体用于与直流有刷电动机控制模块进行通信</td></tr>
<tr><td>取值说明</td><td>CAN_Number：对应直流有刷电动机控制模块的 ID 号；
Motor_SerialNumber：ID 号修改数据的联合体；
Motor_UploadData：直流有刷电动机控制模块上传数据的联合体；
Motor_ControlData：直流有刷电动机控制模块控制数据的联合体；
next：指向下一个链表节点的指针</td></tr>
</table>

SLAVE_DCMotorMiniwatt.c 中包含的与电动机控制有关的子程序说明，具体如表 2.3.2～表 2.3.7 所示。

表 2.3.2　电动机控制模块初始化程序

函数原型	`uint8_t SLAVE_DCMotorMiniwatt_Init(DCMotorMiniwattDef_t* handle, uint8_t list);`
功能概述	声明并初始化直流有刷电动机控制模块的通信数据
参数说明	handle：指向直流有刷电动机控制模块通信数据的指针； list：直流有刷电动机控制模块对应的 ID 号
返回值	1：成功； 0：失败（数据已经声明过）

表 2.3.3　电动机控制模块 ID 号的设置程序

函数原型	`void SLAVE_DCMotorMiniwatt_NumberSet(DCMotorMiniwattDef_t* handle, uint8_t number);`
功能概述	修改对应直流有刷电动机控制模块的 ID 号
参数说明	handle：指向直流有刷电动机控制模块通信数据的指针； number：要修改成的 ID 号
返回值	无

表 2.3.4　电动机编码值的读取程序

函数原型	`uint16_t SLAVE_DCMotorMiniwatt_PlaceRead(DCMotorMiniwattDef_t* handle);`
功能概述	读取直流有刷电动机控制模块的直流电动机编码值，这里的编码值是一直增加的，没有方向
参数说明	handle：指向直流有刷电动机控制模块通信数据的指针
返回值	编码值数据

表 2.3.5　电动机转速的读取程序

函数原型	`uint16_t SLAVE_DCMotorMiniwatt_SpeedRead(DCMotorMiniwattDef_t* handle);`
功能概述	读取直流有刷电动机控制模块的直流电动机速度值，正数为正转，负数为反转
参数说明	handle：指向直流有刷电动机控制模块通信数据的指针
返回值	电动机速度值

表 2.3.6　电动机转速的设置程序

函数原型	`void SLAVE_DCMotorMiniwatt_SpeedSet(DCMotorMiniwattDef_t* handle, int16_t val);`
功能概述	修改对应直流有刷电动机控制模块的速度值
参数说明	handle：指向直流有刷电动机控制模块通信数据的指针； val：电动机速度值，正数为正转，负数为反转，速度范围是-300～300
返回值	无

表 2.3.7　电动机控制 PWM 信号占空比的设置程序

函数原型	`void SLAVE_DCMotorMiniwatt_PWMSet(DCMotorMiniwattDef_t* handle,int16_t val);`
功能概述	修改对应直流有刷电动机控制模块的 PWM 值
参数说明	handle：指向直流有刷电动机控制模块通信数据的指针 val：模块 PWM 值，正数为正转，负数为反转，值范围是-1000～1000
返回值	无

3．两轮机器人控制程序

打开例程的工程，可以发现在 app.c 文件中，已经用 DCMotorMiniwattDef_t 声明了 4 个电动机驱动模块相关的数据，具体如下。

```
DCMotorMiniwattDef_t DCMotorMiniwatt1_S;  //1 号电动机
DCMotorMiniwattDef_t DCMotorMiniwatt2_S;  //2 号电动机
DCMotorMiniwattDef_t DCMotorMiniwatt3_S;  //3 号电动机
DCMotorMiniwattDef_t DCMotorMiniwatt4_S;  //4 号电动机
```

但是由于两轮机器人底盘只需要用到两个电动机，所以这里只需要用到两个结构体变量，分别为 DCMotorMiniwatt1_S 和 DCMotorMiniwatt2_S。需要注意的是，对应电动机控制程序的初始化本质上就是控制数据的初始化，该数据初始化已经在 void ApplicationProgram_Iint()

子程序中通过 SLAVE_DCMotorMiniwatt_Init(DCMotorMiniwattDef_t* handle,uint8_t list)子程序完成，具体初始化程序如下。

```
static void ApplicationProgram_Iint(void)
{
    /**********************数据初始化*************************/
    SLAVE_DCMotorMiniwatt_Init(&DCMotorMiniwatt1_S,1);//ID 号为 1
    SLAVE_DCMotorMiniwatt_Init(&DCMotorMiniwatt2_S,2);//ID 号为 2
    /**********************CAN 初始化**************************/
    CANCommunication_Init();
    /*******************定时器初始化*************************/
    /*
    把 TimeBreakExecution_Handler 传递到定时器中断函数内执行,
    这里已经把定时器设置成 1ms 执行一次触发中断,
    说明 TimeBreakExecution_Handler 也被 1ms 执行一次
    */
    Timer_SetHandler(TimeBreakExecution_Handler);//1ms
}
```

同时需要注意，由于应用程序主要用于修改相关电动机的控制参数，而实际需要改变的是电动机的运动状态，所以需要借助 CAN 通信将相关参数下发给对应的电动机驱动模块，该部分功能主要在定时器中断周期执行。定时器中断程序的具体内容如下。

```
static void TimeBreakExecution_Handler(void)
{
  //=========CAN 通信协议=============================
  Tim_GetCurrentTimeAdd_Scan1MS();     //必须 1ms 进行此函数的扫描
  CANCommunication_Scan();             //最好也 1ms 进行扫描
}
```

机器人直线行进功能程序的举例如下。

```
void ApplicationProgram_main(void)
{
    ApplicationProgram_Iint();
    SLAVE_DCMotorMiniwatt_PWMSet(&DCMotorMiniwatt1_S,500);  //1 号电动机
    SLAVE_DCMotorMiniwatt_PWMSet(&DCMotorMiniwatt2_S,-500); //2 号电动机
    HAL_Delay(5000);  //延时 5s
    while(1)
    {
    }
}
```

该功能程序的功能是以占空比为 50%的 PWM 信号控制底盘的两个电动机转动，使机器人前进 5s。

这里需要注意，由于两个电动机安装于小车两侧，一个电动机正转，另一个电动机反转才可以实现机器人的前进，因此 1 号电动机设置的 PWM 占空比参数为+500，而 2 号电动机设置的 PWM 占空比参数为−500。

拓展训练

1）请通过修改占空比参数，实现底盘的直线行进，比一比在规定行进距离末端，哪种修改的偏移量最小。

2）小车在进行直线运动时，起动瞬间往往偏移量较大，请问引起这一现象的原因是什么？有什么方法可以减小起动时的偏移？

思考与练习

1．同规格的电动机由于多种原因也存在起动时间差异，请思考可采用何种控制思路解决由于电动机起动时间差异导致的机器人底盘起动瞬间出现的行进方向偏向的问题。

2．在平坦地面上绘制一条长度为 10m 的直线，用于参考观察机器人的前进方向，将机器人沿地面直线正向放置，上电后机器人会根据控制程序前进 5s，记录 5s 后机器人中心点与参考线的偏移距离。根据偏移距离记录结果，修改控制程序中的右轮 PWM 参数值，使该偏移值最小。将偏移距离及对应参数填入下表中。

偏移距离记录表

偏移距离/cm									
左轮 PWM 参数									
右轮 PWM 参数									

项目 3 两轮循迹机器人

◎ 项目导读

本项目主要在项目 2 的基础上进行了控制系统的升级，从而使两轮机器人能实现循迹功能。由于循迹功能的实现涉及循迹传感器和底盘运动控制，所以本项目首先介绍循迹功能实现的原理，包括循迹传感器介绍、两轮机器人底盘的循迹运动控制模型介绍及相关控制算法介绍；然后介绍比例积分微分（proportional integral derivative，PID）算法的程序实现；最后介绍与循迹控制相关的核心函数及循迹功能的具体应用例程。

◎ 学习目标

通过对本项目的学习，应达成如下学习目标。

知识目标	能力目标	思政素养目标
1. 了解两轮循迹机器人的基本架构。 2. 了解机器人的循迹原理、循迹模型。 3. 了解 PID 算法及软件的实现原理。 4. 了解两轮循迹机器人运动的相关控制原理及函数	1. 能够搭建两轮循迹机器人的硬件。 2. 能够设计两轮循迹机器人的循迹控制软件	1. 培养一丝不苟的工作态度和善于分析问题、解决问题的能力。 2. 发扬吃苦耐劳、专注执着的工匠精神，提升职业素养和信息素养

视频：循迹传感器板使用

任务 3.1

了解两轮循迹机器人的硬件部分

任务目标

对比项目 2，找到两个机器人机械硬件的不同之处，学习循迹原理，掌握循迹传感器的自校准方法及接线方法。

任务实施

活动 3.1.1　学习两轮循迹机器人的基本架构

两轮循迹机器人控制系统是在两轮直线行进机器人控制系统的基础上增加了两个循迹传感器。循迹传感器的供电电压为 DC 5V，需要通过稳压模块获取，这种传感器与主控板的数据交互是通过 CAN 总线实现的。两轮循迹机器人控制系统的具体构成框图如图 3.1.1 所示。

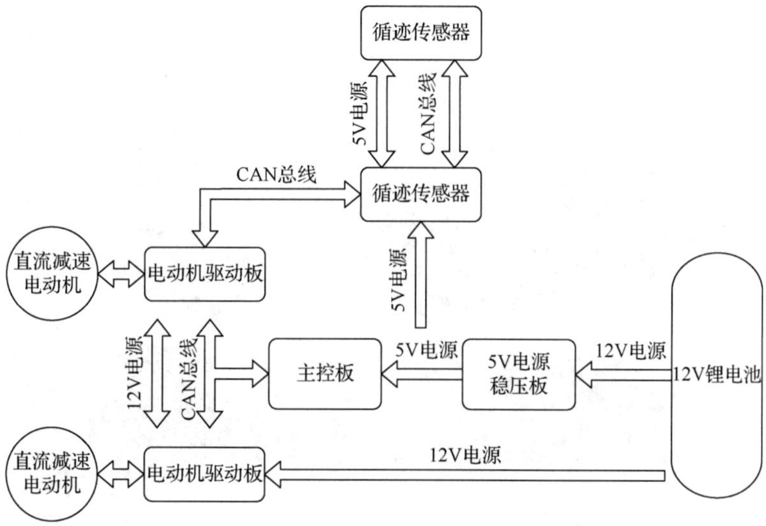

图 3.1.1　两轮循迹机器人控制系统的具体构成框图

两轮循迹机器人控制系统的接线图如图 3.1.2 所示。

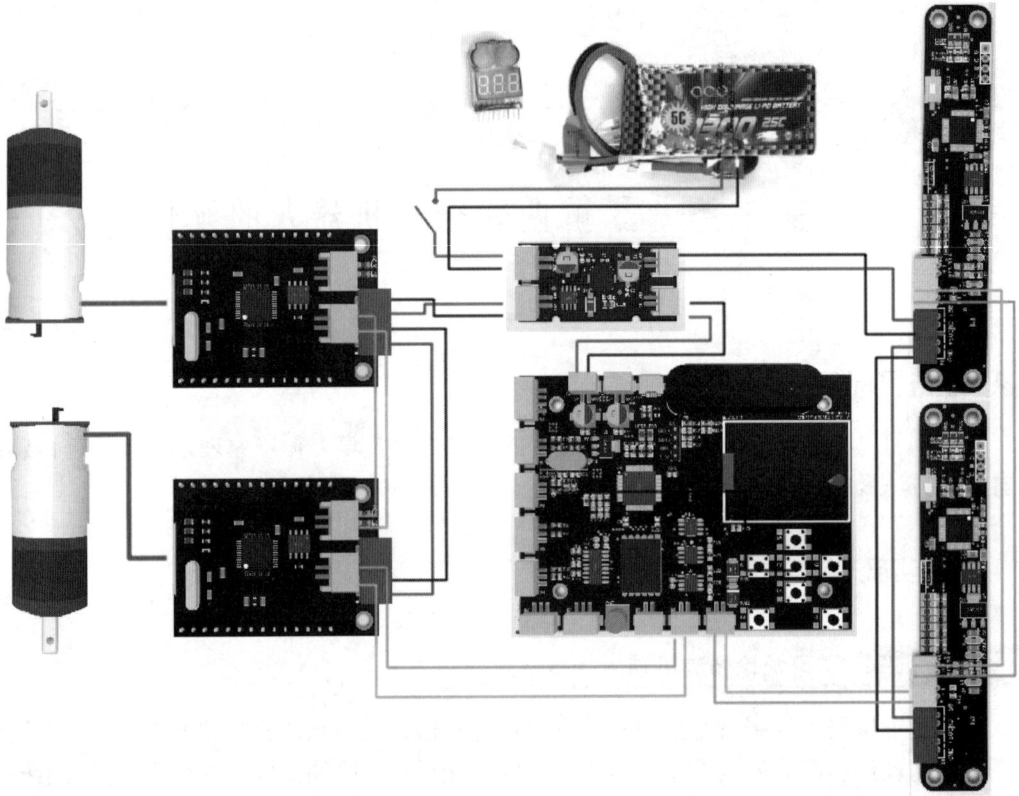

图 3.1.2　两轮循迹机器人控制系统的接线图

活动 3.1.2　学习循迹传感器

循迹传感器板的 3D 图如图 3.1.3 所示，具体说明如下。

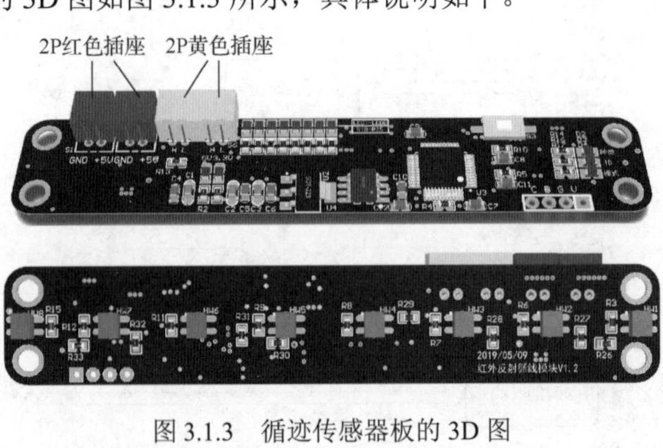

图 3.1.3　循迹传感器板的 3D 图

1）2P 红色插座：两个 2P 红色插座为并联，可任意连接。此插座为 5V 电源接口，连接于 5V 稳压模块的 PH2.0-2P 接口，使用 PH2.0-2P 转 PH2.0-2P 线进行连接。

2）2P 黄色插座：两个 2P 黄色插座为并联，可任意连接。此插座为 CAN 总线接口，一般直接连接于其他需要进行通信模块的 CAN 接口，使用 PH2.0-2P 转 PH2.0-2P 线（线长一般为 30mm）进行连接。

用户对单个循迹模块进行 ID（支持范围为 0～8）设置的具体操作步骤如下。

1）在模块正常工作状态下，快速双击（双击指的是一个时间段按下两次）SET 按键，进入 ID 设置模式，模式指示灯进行 200ms 频率的闪烁。

2）单击（单击指的是一个时间段就按下一次）SET 按键，此时的 ID 号可由 8 路指示灯看出（亮灯数目对应当前 ID 值）。

3）设置完 ID 后，长按 SET 按键 2.5s，恢复至工作模式，模式指示灯进行 1s 频率的闪烁，此时可通过观察 ID 号指示灯来查看 ID 号的设置是否正确。

循迹模块检测阈值自动校准的步骤如下：在模块正常工作状态下，长按 SET 按键 2.5s，进入检测阈值自动校准模式，模式指示灯进行 50ms 频率的闪烁。

使模块板子在场地中的色差带上进行 1.5cm 的来回扫描，让每一路都能扫到场地上的颜色。大约 10s 后，模块自动恢复至工作模式，模式指示灯进行 1s 频率的闪烁，此时可观察 8 路指示灯来查看检测阈值的设置是否正确。

另外特别提醒，循迹传感器在使用时需要注意如下几点。

1）两轮循迹机器人需要安装两个循迹模块，具体的 ID 分配为车头为 1 号、车尾为 2 号。

2）循迹模块是有方向的，两根循迹条的安装方向需要一致，一般是统一将接插件朝向小车内部安装或统一将接插件朝向小车外部安装（朝内或朝外需要修改程序配合）。

3）务必将带有红外反射传感器的那一面向下安装。

4）场地凹凸不平可能导致循迹模块不能正常工作。

5）循迹模块安装时不可将循迹模块与地面距离过高或过近（一般距离地面 1.5cm）。

6）电池电压不可过低，否则可能导致循迹模块与主控板的通信异常。

循迹模块进入新的场地使用，或者场地灯光条件变化时，必须重新进行阈值校准，校准无误后方可正常使用。

知识链接

1．机器人循迹原理介绍

循迹传感器的原理与红外反射传感器的结构类似。红外反射传感器主要由发射光源与光强检测两部分组成。其中，发射光源可采用可见光源或红外光源；光强检测部分由光敏元件和检测电路组成。光敏元件可采用光敏电阻、光电二极管或光电晶体管，检测电路主要采用电压比较电路（开关量）或输出电压的 AD（数模）转换（模拟量）进行检测。发射光源向导航条发射光线，由于导航条与地面环境存在光线反射强度的差异，所以通过检测反射光的强度便可知道当前循迹传感器下方是否存在导航条。为了加大检测范围，可以将多组发射光源与光强检测部分集成到一个模块中，由此构成了循迹传感器。

本项目中所采用的循迹传感器包含 8 组发射光源与光强检测，并且可以通过模块自带的 STM32 芯片实现 8 路输出电压的 AD 检测，同时利用对应算法还可实现开关量的输出或模拟量的输出。循迹模块的具体功能为：检测路面导航条的位置，并将获取的信息通过 CAN

总线发送给主控模块；ID 号可通过自身的按键进行设置；可进行检测信号阈值自校准。

循迹模块包含 3 个发光二极管，用于指示当前模块的信息和状态，其状态说明如表 3.1.1 所示。

表 3.1.1　发光二极管的状态说明

灯标号	名称	现象	说明
L1	种类号指示灯	慢闪 3 下	循迹模块的种类号为 3
L2	ID 号指示灯	快闪或常灭	闪烁的次数对应的就是 ID 号，常灭则 ID 号为 0
L3	模式指示灯	1.1s 周期的闪烁	工作模式
		2.20ms 周期的闪烁	ID 设置模式
		3.50ms 周期的闪烁	布尔量分析系数设置模式

循迹模块通信协议说明如下。

（1）循迹模块数据反馈（循迹模块发送数据给主控模块）

传输循环率为 10ms，协议模式为广播模式，数据长度为 4 字节，使能状态为开机自使能。

CAN 通信模式为扩展帧模式，为方便起见，将目标 ID 号与来源地址的信息直接体现在扩展帧 ID 中，具体信息构成如下：页为 0，目标地址为 0xff，目标 ID 号为 0，命令号为 0，来源地址为 0x03，来源 ID 号为 x。

扩展帧 ID 为 0x0ff0003x。

视情况变化的 4 字节指令详解如表 3.1.2 所示。

表 3.1.2　视情况变化的 4 字节指令详解

数据域	内容	说明
DATA[0]	循迹信号值	循迹板 8 路采集到的布尔量
DATA[1]	模式状态值	0：工作模式； 1：系数设置初始化； 2：系数设置读取计算； 3：进行 Flash 存储； 4：ID 号设置模式
DATA[2]	预留	—
DATA[3]	预留	—

（2）循迹模块 8 路 AD 值数据反馈（循迹模块发送数据给主控模块）

传输循环率为 10ms，协议模式为广播模式，数据长度为 8 字节，使能状态为被动使能。

CAN 通信模式为扩展帧模式，为方便起见，将目标 ID 号与来源地址的信息直接体现在扩展帧 ID 中，具体信息构成如下：页为 0，目标地址为 0xff，目标 ID 号为 0，命令号为 1、来源地址为 0x03，来源 ID 号为 x。

扩展帧 ID 为 0x0ff0103x。

视情况变化的 8 字节指令详解如表 3.1.3 所示。

表 3.1.3　视情况变化的 8 字节指令详解

数据域	内容	说明
DATA[0]	第 1 路 AD 值	AD 值的精度为 8bit
DATA[1]	第 2 路 AD 值	AD 值的精度为 8bit
DATA[2]	第 3 路 AD 值	AD 值的精度为 8bit
DATA[3]	第 4 路 AD 值	AD 值的精度为 8bit
DATA[4]	第 5 路 AD 值	AD 值的精度为 8bit
DATA[5]	第 6 路 AD 值	AD 值的精度为 8bit
DATA[6]	第 7 路 AD 值	AD 值的精度为 8bit
DATA[7]	第 8 路 AD 值	AD 值的精度为 8bit

（3）循迹模块设置接收及响应

1）接收（主控模块发送数据给循迹模块）。

传输循环率为异步模式，协议模式为请求模式，数据长度为 2 字节。

CAN 通信模式为扩展帧模式，为方便起见，将目标地址、目标 ID 号、命令号、来源地址、来源 ID 号的信息直接体现在扩展帧 ID 中，具体信息构成如下：页为 0，目标地址为 0x03，目标 ID 号为 x，命令号为 0，来源地址为 0x01，来源 ID 号为 0。

扩展帧 ID 为 0x003x0010。

2）响应（循迹模块发送数据给主控模块）。

协议模式为答应模式，数据长度为 2 字节。

CAN 通信模式为扩展帧模式，为方便起见，将目标 ID 号与来源地址的信息直接体现在扩展帧 ID 中，具体信息构成如下：页为 0，目标地址为 0x01，目标 ID 号为 0，命令号为 0，来源地址为 0x03，来源 ID 号为 x。

扩展帧 ID 为 0x0010003x。

视情况变化的 2 字节指令详解如表 3.1.4 所示。

表 3.1.4　视情况变化的 2 字节指令详解

数据域	内容	说明
DATA[0]	设置模式	0：开启循迹板 8 路 AD 值反馈（记忆模式，下次上电还是保持此操作）； 1：设置 ID 号； 2：布尔量分析系数设置； 3：关闭循迹板 8 路 AD 值反馈（记忆模式，下次上电还是保持此操作）
DATA[1]	ID 号	当 DATA[0]为 1 时，此参数为 ID 号的值范围（0～15）

2．循迹控制模型介绍

机器人循迹初级控制模型简单来讲就是：当机器人底盘沿导航条前进时，若机器人底盘右偏，则让机器人底盘的右侧轮子转速比左侧轮子转速快，从而实现向左回正的效果；若机器人底盘左偏，则让机器人底盘的左侧轮子转速比右侧轮子转速快，从而实现向右回正的效果。

从上述描述中可以发现，想要做到循迹控制，需要满足两个条件：①机器人底盘的左、右侧电动机的转速可精确控制；②机器人行进的偏移方向可检测并获取。

条件①的达成较为简单，可通过电动机驱动模块对电动机的速度闭环控制来实现。需要说明的是，电动机驱动模块自带速度闭环控制功能，并可由主控板通过 CAN 总线直接下发速度控制命令来实现。

条件②可通过循迹传感器的检测导航条来实现，这里以单循迹传感器的应用为例进行说明。循迹传感器通常与导航条一起安装在车头位置，如图 3.1.4 所示。

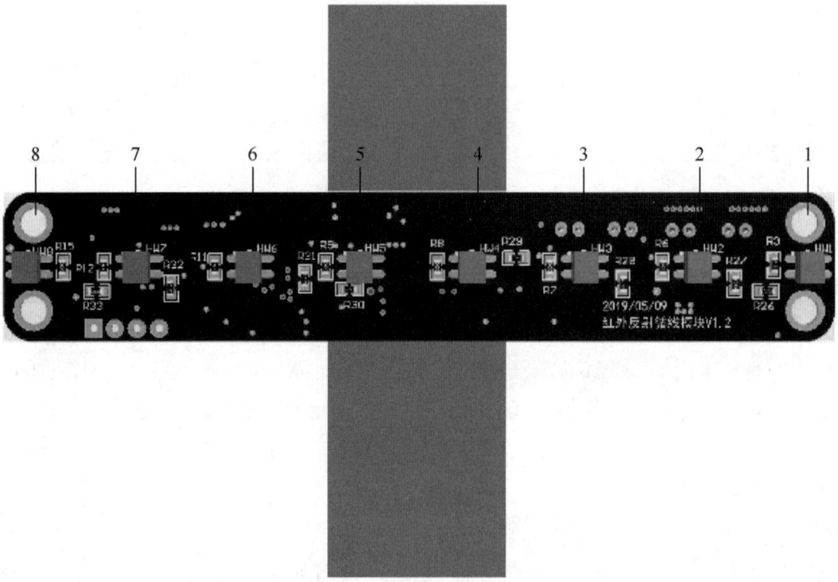

图 3.1.4　循迹传感器与导航条

图中从右至左的传感器序号分别为 1～8，分别用于表示传感器当前的位置值。例如：若 2 号传感器单独被触发，则当前位置值为 N_2；若 4 号与 5 号传感器被同时触发，则位置值取其平均值为 $N_{4.5}$；若 5 号传感器被单独触发，则位置值为 N_5；以此类推。

根据生活经验，如果能预判机器人底盘的偏向情况，往往能实现更好的控制效果。这就好比驾驶员开车，如果驾驶员能预判汽车的偏向情况，往往就可以提前调整转向盘，从而更好地控制车辆前进的方向。

中级循迹控制模型是指在初级循迹控制模型的基础上增加了变化趋势的概念，简单来说就是，机器人底盘偏向后，在调整轮子速度后机器人底盘偏向问题是否有改善。如果没有改善，则继续加大左、右轮的转速差；如果有改善，则减小左、右轮的转速差：以避免机器人底盘调向过程中出现“过冲”。

实际上，初级循迹控制模型是只带比例项的 PID 算法，而中级循迹控制模型是带有比例项和微分项的 PID 算法。

3．基于 PID 算法的循迹控制模型分析

机器人循迹控制的核心是机器人前进方向的调整，即在 PID 算法中控制机器人的输出量，而不是控制其变化量，因此选择位置式 PID 较为合适。此外，需要注意的是，机器人前进方向的控制是可忽略静态误差的，此时 PID 算法中不需要出现积分项，可采用 PD 算法。

以现实生活中车辆偏向后回正方向为例，首先我们希望转向盘的转动角度与车头的转向角度成正比，确保控制输出与执行机构的转动角度之间存在直接对应的关系。然后当汽车回正后，是不需要保持这个输出的，也就是不需要让车头持续维持在某个回正的偏向角度。汽车前进方向回正后，转向盘的转动角度应该直接归零，这意味着该系统可忽略静态误差。所以上述例子的控制模型与直升飞机的控制模型有较大的不同：直升飞机的控制模型由于受到重力的作用，因此存在不可忽略的静态误差；而汽车调向的控制模型，其静态误差是可忽略的。

如图 3.1.5 所示，循迹传感器的值 $N_{4.5}$ 为目标值，可计算出目标值与当前反馈值之间的差值 $a = N_{4.5} - N_{当前反馈}$，这就是 PID 算法中的 $e(t)$，此处用 N_t 来代替 $N_{当前反馈}$，可得

$$e(t) = a = N_{4.5} - N_t \tag{3.1.1}$$

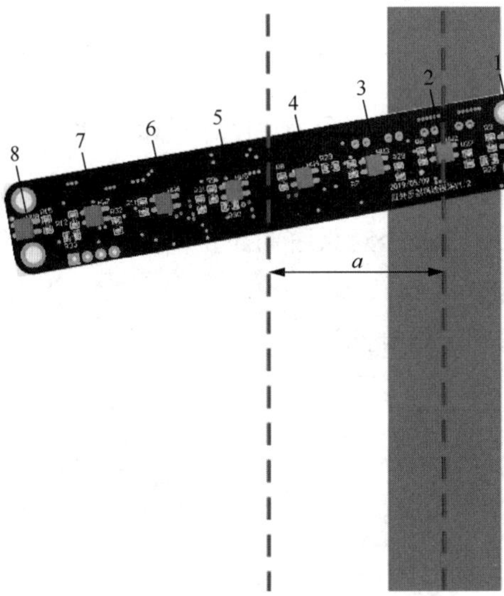

图 3.1.5　单循迹传感器的偏移量检测

根据图 3.1.5，循迹传感器当前反馈位置值为 N_2，而目标值为 $N_{4.5}$，因此可得

$$e(t) = N_{4.5} - N_2$$

需要注意的是，由于没有积分项，所以实际上采用的是 PD 算法，其计算公式为

$$u(t) = K_P e(t) + K_D[e(t) - e(t-1)]$$

如果计算值为正，则表明机器人左偏，需要向右调整，具体调整方法需要根据机器人本身的机构确定。如果机器人采用的是两轮差速模型，则通过左、右轮速度差实现方向调整；如果机器人是前轮舵机调向，则修改舵机的方向进行方向调整。

以两轮差速模型为例，这里需要注意的是，采用 PID 算法计算得到的是左、右轮的转速差。具体如何应用这个转速差又有 3 种方法：第一种是将左轮的转速加上这个转速差的某个比例 X，右轮的转速减去这个转速差的某个比例 $1-X$（比例值可以采用 50%）；第二种方法是左轮的转速加上这个转速差，右轮的转速不变；第三种方法是左轮的转速不变，右轮的转速减去这个转速差。这里推荐第一种方法，推荐比例为 50%。

至此可以发现，以上内容未详细讨论由 PID 计算得到的值 $u(t)$ 与电动机的转速到底应该以什么样的关系呈现比较合适，这就是 PID 算法的另一个高明之处。因为这根本不需要

讨论，只需要调节 K_P 和 K_D 这两个参数，然后直接观察机器人的循迹性能是否满足要求即可。当然，如果能明确知道 $u(t)$ 与电动机转速的对应关系，那对参数的调整更加有利。

4．模拟 PID 算法

在工业应用中，PID 算法及其衍生算法是应用广泛的算法之一，是当之无愧的万能算法，如果能够熟练掌握 PID 算法的设计与实现过程，一般可轻松应对一般的研发问题。

模拟 PID 算法的控制回路包括 3 个部分：反馈（传感器得到的测量结果）、控制器（做出决定）、受控体（执行机构，通过一个输出设备来做出反应）。其构成如图 3.1.6 所示。

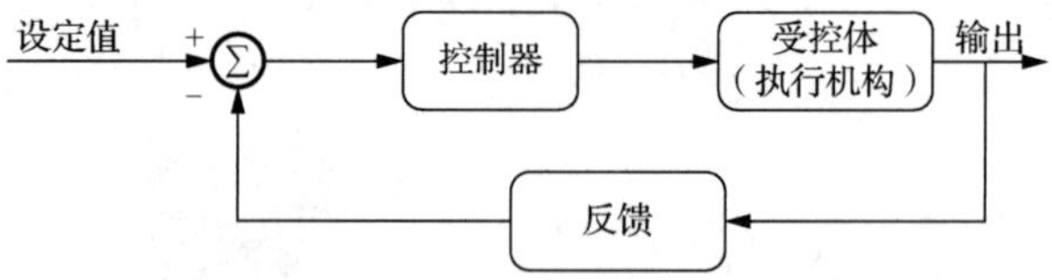

图 3.1.6　PID 算法控制回路的构成

控制器从传感器获取测量结果，然后用设定值（需求结果）减去反馈值（测量结果）来得到误差值，用误差值来计算一个对系统的纠正值并以它作为输入结果，这样系统就可以从它的输出结果中消除误差。

模拟 PID 算法控制系统的原理框图如图 3.1.7 所示。

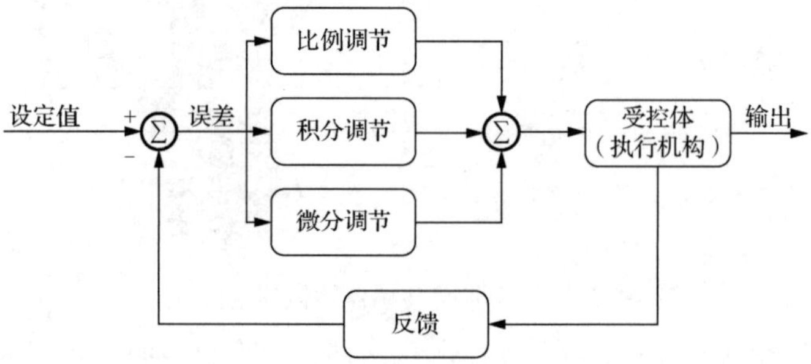

图 3.1.7　模拟 PID 算法控制系统的原理框图

PID 算法是以它的 3 种纠正算法命名的。受控变数是 3 种纠正算法（比例、积分、微分）相加后的结果，此结果即模拟 PID 算法的输出，其输入为误差值（设定值减去测量值后的结果）或是由误差值衍生的信号。若定义 $u(t)$ 为控制输出，则模拟 PID 算法可以表示为

$$u(t) = K_P\left[e(t) + \frac{1}{T_I}\int_0^t e(\tau)\mathrm{d}\tau + T_D\frac{\mathrm{d}}{\mathrm{d}t}e(t)\right] \tag{3.1.2}$$

若令 $\frac{K_P}{T_I} = K_I$，$K_P T_D = K_D$，则可得

$$u(t) = K_P e(t) + K_I\int_0^t e(\tau)\mathrm{d}\tau + K_D\frac{\mathrm{d}}{\mathrm{d}t}e(t) \tag{3.1.3}$$

式中，K_P 为比例增益；K_I 为积分增益；K_D 为微分增益；$e(t)$ 为设定值与反馈值的差值；t 为当前时间；τ 为积分变数，数值从 0 到当前时间。

直接通过式（3.1.3）比较难理解模拟 PID 算法中 3 个纠正参数的功能作用，下面用一个简单的实例来说明。

假设有一架玩具直升机要飞到距离地面 10m 的房顶位置并保持悬停，直升机的升力是由螺旋桨的转动提供的，而高度则由安装在直升机上的高度传感器获取。

首先只采用比例控制，也就是将 K_I 与 K_D 都取 0，这直接导致 PID 算法公式变为 $u(t)=K_P e(t)$，其中 K_P 为一个正的常数。直升机起飞时与房顶的高度差 $e(t)$ 为 10m，此时螺旋桨转动为直升机提供升力，而且距离房顶越近这个升力会越小。当直升机到达房顶位置时，$e(t)$ 为 0，此时直升机的螺旋桨停止转动。由于没有了螺旋桨提供的升力，直升机就会下降，一旦下降又会产生误差，螺旋桨又重新打开，直升机会在一定高度范围内上下起伏，当直升机的升力等于重力时，直升机就开始悬停在距房顶一定距离的某个位置。

在这种情况下，只有比例项无法让直升机到达预定的位置，而添加积分项则会累加过去所有的 $e(t)$ 值，PID 算法公式变为了 $u(t)=K_P e(t)+K_I\int_0^t e(\tau)\mathrm{d}\tau$，直升机将会慢慢趋近设定值 10m 的高度，然后在 10m 高度上下波动一段时间，最后悬停在 10m 的高度。此时由于 $e(t)$ 为 0，所以比例项的贡献为 0，直升机稳定在 10m 高度的输出全部来自积分项。

但是在直升机趋近 10m 高度时，存在上下波动的现象，这是由于在积分项作用下直升机存在“过冲”现象，为了缩短这段波动的时间，可以添加微分项，PID 算法公式变为式（3.1.3）。微分项的作用相当于添加了“阻尼”效果，这样可以阻碍“过冲”的发生，从而有效抑制“过冲”幅度，缩短波动时间，而当直升机稳定在 10m 高度时，微分项的值也为 0，因为稳定后 $e(t)$ 的变化率为 0。

5．数字 PID 算法

连续的 PID 算法若要通过软件实现，则需要离散化，式（3.1.3）离散化后变为

$$u(t)=K_P e(t)+K_I\sum_{\tau=0}^{t}e(\tau)+K_D[e(t)-e(t-1)] \tag{3.1.4}$$

通常称式（3.1.4）为位置式 PID 算法公式，K_P、K_I、K_D 参数的含义与式（3.1.3）一样，这里不再赘述，$e(t)$ 为当前设置值与反馈值的差值，$e(t-1)$ 为设置值与上一次反馈值的差值。也就是说，位置式 PID 是采集当前系统的实际位置，并与预期位置进行位置比较，从而进行 PID 控制。

积分项通过对 $e(t)$ 累加实现，也就是当前的输出 $u(t)$与过去的所有状态都有关系。输出的 $u(t)$对应的是执行机构的实际位置，一旦控制输出出错（控制对象的当前状态值出现问题），$u(t)$的大幅变化会引起系统的大幅变化。

另外，由于输出有可能超过允许值（超过执行机构的输出极限），所以需要对输出进行限幅，而当输出限幅时，积分累加部分也应同时进行限幅，以防输出不变而积分项继续累加，也即所谓的积分饱和过深。

将式（3.1.4）中的 t 修改为 $t-1$，则可获得式（3.1.5），具体如下。

$$u(t-1)=K_P e(t-1)+K_I\sum_{\tau=0}^{t-1}e(\tau)+K_D[e(t-1)-e(t-2)] \tag{3.1.5}$$

将式（3.1.4）与式（3.1.5）相减，便可获取本次控制输出与上次控制输出的差值，具

体如式（3.1.6）所示。

$$\Delta u(t) = K_{\mathrm{P}}[e(t)-e(t-1)] + K_{\mathrm{I}}e(t) + K_{\mathrm{D}}[e(t)-2e(t-1)+e(t-2)] \quad (3.1.6)$$

通常称式（3.1.6）为增量式 PID 算法公式，但是这里需要注意的是，增量式 PID 算法最终的控制输出为 $u(t) = u(t-1) + \Delta u(t)$。

从上述的推导公式可以发现，位置式 PID 与增量式 PID 在本质上没有任何区别，只是同一个公式的两种表述方式。但是这里有一个前提，即未发生积分饱和现象，也就是计算得到的控制输出未超过执行机构的输出极限，因为一旦超过输出极限，真实的输出值 $u(t)$ 与通过 PID 计算得到的值将不一致。

积分饱和时，位置式 PID 需要对控制输出与积分项同时限制上下限；而增量式 PID 的计算值只与最后 3 个 $e(t)$有关，不存在积分项的说法，其积分效果已经体现在输出中了（增量式 PID 算法连续执行，其输出值已经包含积分效果），因此可直接对控制输出设置上下限。

如果位置式 PID 只对控制输出限制上下限，而不对积分项进行限制，则会导致积分项不停地累加差值，积分过饱和现象加深，系统需要更长的时间去退出积分饱和，直接导致系统的波动加剧、波动时间变长。为了加深大家的理解，就这种情况进行举例说明。

这里还是以直升机为例，同时假定控制周期为 1s。当直升机起飞时，$e(0)$为 10，此时直升机的螺旋桨以最大的转速输出。1s 后 $e(1)$为 6，此时直升机的螺旋桨以最大的转速输出。以此类推，经时间 k（单位为 s）后 $e(k)$为 0，此时直升机螺旋桨还是以较大的转速输出，因为比例项虽然为 0，但是积分项是累加的，它前面的差值一直为正，这导致累加值还是非常大，从而导致直升机还在上升。k+1s 后，$e(k+1)$为−2m，也就是整体高度已经达到 12m，超过了设置值 10m，此时螺旋桨提供的升力应该小于重力，使直升机向下，但是积分项的累加值还是非常大，计算得出的螺旋桨输出值还是提供了大于重力的升力，这会导致直升机继续上升。而后续几个周期由于 $e(t)$持续为负，所以积分项的累加值会不断减小，直到直升机开始下降，但是这已经导致了直升机上升过高，而且持续时间很长。这种现象就是所谓的积分饱和过深，它会导致退出积分饱和区所花的时间较长，最终导致系统振荡（超调）幅度大、振荡时间长。

综上所述，直接认为增量式 PID 比位置式 PID 更好用是完全错误的。因为前面已经提及，位置式 PID 与增量式 PID 在本质上没有任何区别，位置式 PID 哪怕出现积分饱和，只要做好控制输出与积分项的限制，则其与增量式 PID 在效果上就无差别。因此，改进型的 PID 算法中就有“抗积分饱和 PID”等。

具体应用时是选择增量式 PID 还是位置式 PID 算法，主要看被控制的对象，也就是执行机构的动作与输出控制到底是需要一个直接对应量还是只需要增加量（或减少量）。再次强调，PID 算法是实践型的算法，如果通过添加逻辑判断、中间值保存及各种限制，位置式 PID 与增量式 PID 没有任何区别。

6．PID 算法程序实现

（1）位置式 PID 算法程序实现

根据位置式 PID 算法公式（3.1.3），可直接写出带积分项限制的 C 语言程序，具体如下。

```
1. typedef struct PID
2. {
3.     float P,I,D,limit;//P 为比例项,I 为积分项,D 为微分项,limit 为积分限幅
4. }PID;
5. typedef struct Diff
6. {
7.     float total_Diff;//误差累加值
8.     float Last_Diff;//上一次的误差
9.     float Previous_Diff;//上上次误差
10. }Diff;
11. float PID_Realize(Diff *sptr,PID *pid, int32 NowPlace, float Point)
12. {
13.     int32 iDiff, //当前误差
14.     Realize; //实际输出
15.     iDiff=Point - NowPlace; //计算当前误差
16.     sptr->total_Diff += iDiff; //误差积分
17.     if(sptr->total_Diff > pid->limit)//积分限幅
18.        sptr->total_Diff=pid->limit;
19.     Else if(sptr->total_Diff < -pid->limit)//积分限幅
20.        sptr->total_Diff=-pid->limit;
21.     Realize=pid->P * iDiff + pid->I * sptr->total_Diff
22.     + pid->D * (iDiff - sptr->Last_Diff);  //PID 计算
23.     sptr->Last_Diff=iDiff; //更新上次的误差
24.     return Realize; //返回实际值
25. }
```

位置式 PID 算法程序中有两个结构体类型，类型名为 PID 和 Diff，PID 算法内部的 P、I、D 分别表示 K_P、K_I、K_D 参数，limit 用于积分最大最小值限制，也就是积分限幅。由于积分值存在正负，所以限幅时需要注意，限幅的程序实现具体如程序的第 17～20 行所示；Diff 内部包含 total_Diff、Last_Diff 和 Previous_Diff，total_Diff 为位置式 PID 中的积分值，在程序中以累加的方式实现，程序具体实现如程序的第 15 行和第 16 行所示。具体的 PID 计算程序如程序的第 21 行和第 22 行所示。

（2）增量式 PID 算法程序实现

根据增量式 PID 算法公式（3.1.6），可直接写出 C 语言程序，具体如下。

```
typedef struct PID
{
    float P,I,D,limit;//P 为比例项,I 为积分项,D 为微分项,limit 为积分限幅
}PID;
typedef struct Diff
{
    float total_Diff;//误差累加值
```

```
    float Last_Diff;//上一次的误差
    float Previous_Diff;//上上次误差
}Diff;
int32 PID_Increase(Diff *sptr, PID *pid, int32 NowPlace, int32 Point)
{
    int32 iDiff, //当前误差
        Increase; //最后得出的实际增量
    iDiff=Point - NowPlace; //计算当前误差
    Increase=pid->P * (iDiff - sptr->Last_Diff) + pid->I * iDiff
   + pid->D * (iDiff - 2 * sptr->Last_Diff + sptr->Previous_Diff);//PID计算
    sptr->Previous_Diff=sptr->Last_Diff; //更新前次的误差
    sptr->Last_Diff=iDiff; //更新上次的误差
    return Increase; //返回增量
}
```

虽然在本节中的增量式 PID 算法程序中也有与位置式 PID 算法程序一样的两个结构体类型，但是实际上增量式 PID 算法程序的 PID 结构体中不需要 limit，Diff 结构体中也不需要 total_Diff，因为增量式 PID 算法程序中无积分项。但是由于这两个 PID 算法程序其实可以在同一个工程中实现，可以采用同一种结构体类型，所以为了统一，在增量式 PID 算法程序中采用了与位置式 PID 算法程序中一样的两个结构体类型。

拓展训练

1）请根据循迹传感器自校准操作步骤，完成循迹传感器特定高度与光强环境下的自校准，并相互检测校准结果是否准确。

2）请思考当循迹传感器在循迹过程中完全脱离导航条时，哪一种控制策略有可能实现小车（循迹传感器）回归至导航条上方。

3）请用流程图描述位置式 PID 算法/增量式 PID 算法的程序实现步骤。

任务 3.2 编写两轮循迹机器人软件代码

任务目标

熟悉 Keil MDK 软件的使用，了解循迹机器人程序，掌握代码中的关键子函数、入口参数及各种结构体，能自行调整参数并观察与执行程序的区别。

任务实施

活动　学习循迹控制程序

由于两轮循迹机器人的循迹控制程序需要用到循迹传感器、底盘运动控制程序、循迹控制程序，所以在两轮直线行进机器人控制程序的基础上需要将 pid.c\h 文件、SLAVE_Tracking.c\h 文件、UnderpanControl_Motor.c\h 文件、TWO_DRIVE_COMMONWHEEL_LinePatrol.c/h 文件添加到工程中，并修改数据声明、定时器中断程序、应用初始化程序、应用程序 4 处。

需要声明的数据有循迹模块相关结构体、直流电动机驱动模块相关结构体、底盘运动控制相关结构体，具体如下。

```
/*******循迹模块数据声明*******/
TrackingDef_t Tracking1_S;
TrackingDef_t Tracking2_S;
/*******直流电动机驱动模块数据声明*******/
DCMotorMiniwattDef_t DCMotorMiniwatt1_S;
DCMotorMiniwattDef_t DCMotorMiniwatt2_S;
/*******底盘运动控制数据声明*******/
UnderpanPostureDef_t UnderpanPosture_S;
```

其中，定时器中断中的程序包括：①循迹功能扫描程序，用于根据获取的循迹传感器数据计算循迹功能相关数据；②底盘运动控制程序，根据循迹功能相关数据，通过底盘运动控制实现循迹。具体程序如下。

```
static void TimeBreakExecution_Handler(void)
{
    int16_t yawbuff=0;
    int16_t y_axisbuff=0;
    int16_t x_axisbuff=0;
    //==========循迹功能扫描函数========================
    LinePatrol_Scan();
    y_axisbuff=LinePatrolData_S.y_axis_Practicalout;
    x_axisbuff=LinePatrolData_S.x_axis_Practicalout;
    yawbuff=LinePatrolData_S.yaw_Practicalout;
    //==========底盘运动控制函数==========
    UnderpanPosture_S.y_axis=y_axisbuff;
    UnderpanPosture_S.yaw=yawbuff;
    UnderpanPosture_S.x_axis=x_axisbuff;
    UnderpanControl_Scan(&UnderpanPosture_S);
    //=========CAN 通信协议============================
    Tim_GetCurrentTimeAdd_Scan1MS();                //必须 1ms 扫描一次此函数
    CANCommunication_Scan();                        //最好也是 1ms 扫描一次
}
```

应用初始化程序中包含循迹传感器初始化、底盘运动控制初始化、循迹功能初始化，具体程序如下。

```
static void ApplicationProgram_Iint(void)
{
/*********************数据初始化************************/
    SLAVE_DCMotorMiniwatt_Init(&DCMotorMiniwatt1_S,1);//ID 号为 1
    SLAVE_DCMotorMiniwatt_Init(&DCMotorMiniwatt2_S,2);//ID 号为 2

    SLAVE_Tracking_Init(&Tracking1_S,1,0x00); //初始化循迹模块,ID 号为 1
    SLAVE_Tracking_Init(&Tracking2_S,2,0x00); //初始化循迹模块,ID 号为 2

    UnderpanControl_Init(&UnderpanPosture_S,
                         TWO_DRIVE_COMMONWHEEL,
                         400,
                         &DCMotorMiniwatt1_S,  //右
                         &DCMotorMiniwatt2_S,  //左
                         0,
                         0);
    LinePatrol_Init(1,
                    &Tracking1_S.Tracking_UploadData.DATE.SignalData,
                    //车子用头循迹数据
                    &Tracking2_S.Tracking_UploadData.DATE.SignalData);
                    //车子用尾循迹数据
    /*********************CAN 初始化**************************/
    CANCommunication_Init();
    /********************定时器初始化*************************/
    /*把 TimeBreakExecution_Handler 传递到定时器中断函数中执行,
    我们已经把定时器设置成 1ms 执行一次触发中断,
    说明 TimeBreakExecution_Handler 也被 1ms 执行一次*/
    Timer_SetHandler(TimeBreakExecution_Handler);//1ms
}
```

在应用程序中，可根据具体需求添加循迹功能，具体举例如下。

```
void ApplicationProgram_main(void)
{
    ApplicationProgram_Iint();
    Execute_LinePatrol(CarDirection_Head,100,1);
    while(1)
    {
    }
}
```

应用程序的具体功能为：循迹机器人上电后立刻以车头方向为前进方向，以程序中数值为 100 的车速参数持续循迹前进，直至遇到一根横向导航条。

知识链接

1. 两轮底盘运动控制核心函数介绍

就两轮机器人底盘而言，其运动主要通过左右侧的两个电动机的控制来实现，运动函数主要包含在 UnderpanControl_Motor.c\h 文件中，其中与机器人底盘运动控制相关的数据说明如表 3.2.1 所示。

表 3.2.1　与机器人底盘运动控制相关的数据说明

<table>
<tr><td>类型名</td><td>UnderpanPostureDef_t</td></tr>
<tr><td>类型定义</td><td><pre>typedef struct UnderpanPosture_T
{
   UnderpanControlMode_e mode;
   int16_t x_axis;
   int16_t y_axis;
   int16_t yaw;
   int16_t xnow_axis;
   int16_t ynow_axis;
   int16_t yawnow;
   /*******************************
    车子轮子设定：头
             2   1
             3   4
   *******************************/
   int16_t speed1;
   int16_t speed2;
   int16_t speed3;
   int16_t speed4;
   uint16_t MaxLinearSpeed;
   int16_t speed1now;
   int16_t speed2now;
   int16_t speed3now;
   int16_t speed4now;
   uint16_t yawfac;
   DCMotorMiniwattDef_t *Motor1;
   DCMotorMiniwattDef_t *Motor2;
   DCMotorMiniwattDef_t *Motor3;
   DCMotorMiniwattDef_t *Motor4;
}UnderpanPostureDef_t;</pre></td></tr>
</table>

续表

类型描述	用于底盘运动控制的结构体
取值说明	mode：底盘运动控制模式，目前包含的模式有两驱胶轮差速模式、四驱胶轮差速模式、三全向轮模式、四麦轮/45°四全向轮模式、90°四全向轮模式； x_axis：底盘 X 轴运动设定值； y_axis：底盘 Y 轴运动设定值； yaw：底盘偏航轴运动设定值； xnow_axis：底盘 X 轴当前运动读取值； ynow_axis：底盘 Y 轴当前运动读取值； yawnow：底盘偏航轴当前运动读取值； speed1：由底盘运动设定值计算出的底盘电动机 1 的速度和方向； speed2：由底盘运动设定值计算出的底盘电动机 2 的速度和方向； speed3：由底盘运动设定值计算出的底盘电动机 3 的速度和方向； speed4：由底盘运动设定值计算出的底盘电动机 4 的速度和方向； MaxLinearSpeed：底盘的最大速度限值； speed1now：底盘电动机 1 的速度和方向读取值； speed2now：底盘电动机 2 的速度和方向读取值； speed3now：底盘电动机 3 的速度和方向读取值； speed4now：底盘电动机 4 的速度和方向读取值； yawfac：底盘的旋转系数； Motor1：指向直流有刷电动机控制模块 1 通信数据的指针； Motor2：指向直流有刷电动机控制模块 2 通信数据的指针； Motor3：指向直流有刷电动机控制模块 3 通信数据的指针； Motor4：指向直流有刷电动机控制模块 4 通信数据的指针

UnderpanControl_Motor.c 中包含的与机器人底盘运动控制有关的子程序说明如表 3.2.2～表 3.2.4 所示。

表 3.2.2　底盘运动控制数据的初始化程序

函数原型	`void UnderpanControl_Init(UnderpanPostureDef_t* handle,`
	`                          uint8_t mode,`
	`                          uint16_t Maxlinearspeed,`
	`                          DCMotorMiniwattDef_t *Motor1,`
	`                          DCMotorMiniwattDef_t *Motor2,`
	`                          DCMotorMiniwattDef_t *Motor3,`
	`                          DCMotorMiniwattDef_t *Motor4);`

功能概述	初始化底盘控制数据
参数说明	handle：指向底盘控制数据的指针； mode：底盘控制模式，目前包含的模式有两驱胶轮差速模式、四驱胶轮差速模式、三全向轮模式、四麦轮/45°四全向轮模式、90°四全向轮模式； Maxlinearspeed：底盘的最大速度限值； Motor1：底盘电动机 1 的控制数据句柄； Motor2：底盘电动机 2 的控制数据句柄； Motor3：底盘电动机 3 的控制数据句柄； Motor4：底盘电动机 4 的控制数据句柄
返回值	无

表 3.2.3　底盘运动控制的扫描程序

函数原型	`void UnderpanControl_Scan(UnderpanPostureDef_t* handle);`
功能概述	底盘运动控制扫描函数，1～5ms 扫描一次即可（也就是周期性地向电动机驱动模块发送控制命令与数据）
参数说明	handle：指向底盘运动控制数据的句柄
返回值	无

表 3.2.4　底盘电动机速度的设置程序

函数原型	`static void UnderpanControl_SetEachMotorSpeed(UnderpanPostureDef_t* handle);`
功能概述	设置底盘每个电动机的速度，被 UnderpanControl_Scan 函数调用
参数说明	handle：指向底盘运动控制数据的指针
返回值	无

2．两轮底盘循迹功能核心函数介绍

将循迹传感器返回的数据与机器人底盘运动控制结合，便可实现循迹功能，两轮底盘具体的循迹功能子程序包含在 TWO_DRIVE_COMMONWHEEL_LinePatrol.c/h 文件中，其中与机器人循迹相关的数据说明如表 3.2.5 和表 3.2.6 所示。

表 3.2.5　循迹设置结构体数据

类型名	`LinePatrolDef`

类型定义	`typedef struct`
	`{`
	`    uint8_t  sta;`
	`    uint8_t  line;`
	`    DirectionDef_e Car_Direction;`
	`    uint16_t SetVal;`
	`    uint16_t TimeMem;`
	`    uint16_t  y_axis_set;`
	`    uint16_t  x_axis_set;`
	`    int16_t   yaw_set;`
	`    uint16_t  *CodedValue_q;`
	`    uint16_t  (*ReadData_func)(void);`
	`}LinePatrolDef;`

类型描述	循迹设置参数的结构体
参数说明	sta：状态； line：目标条数； Car_Direction：小车运行的方向； SetVal：设置存储器； TimeMem：时间存储器； y_axis_set：*y* 设置值；

续表

<table>
<tr><td>参数说明</td><td>x_axis_set：x 设置值；
yaw_set：旋转设置值；
CodedValue_q：编码器读取数据指针；
ReadData_func：数据读取函数指针</td></tr>
<tr><td>备注</td><td></td></tr>
</table>

表 3.2.6　循迹控制结构体数据

<table>
<tr><td>类型名</td><td>LinePatrolDef_t</td></tr>
<tr><td>类型定义</td><td><pre>typedef struct LinePatrol_T
{
   uint8_t active_level;
   uint8_t c;
   ModeDef_e mode;
   uint16_t Time;
   int16_t y_axis_out;
   int16_t x_axis_out;
   int16_t yaw_out;
   int16_t y_axis_Practicalout;
   int16_t x_axis_Practicalout;
   int16_t yaw_Practicalout;
   int16_t L1;
   int16_t L2;
   float D_Offs;
   float Alpha;
   SignalDef_u *HeadSignal;
   SignalDef_u *Signal1;
   SignalDef_u *Signal2;
   SignalDef_u *Signal3;
   SignalDef_u *Signal4;
   LinePatrolDef *TrackingpQ;
}LinePatrolDef_t;</pre></td></tr>
<tr><td>类型描述</td><td>用于底盘循迹控制的结构体</td></tr>
<tr><td>参数说明</td><td>active_level：信号有效的电平储存器；
c：计数器；
mode：小车控制模式；
Time：运行时间；
y_axis_out：y 输出值；
x_axis_out：x 输出值；
yaw_out：旋转输出值；
y_axis_Practicalout：y 实际输出值；
x_axis_Practicalout：x 实际输出值；
yaw_Practicalout：旋转实际输出值；
L1：前循迹计算长度；
L2：后循迹计算长度；</td></tr>
</table>

续表

参数说明	D_Offs：计算得出的 x 的偏移量； Alpha：计算得出的小车 y_{aw} 偏移量； HeadSignal：相对方向头循迹模块信号指针； Signal1：循迹模块信号 1 的指针（小车头）； Signal2：循迹模块信号 2 的指针（小车左）； Signal3：循迹模块信号 3 的指针（小车尾）； Signal4：循迹模块信号 4 的指针（小车右）； TrackingpQ：循迹设置参数指针
备注	SignalDef_u：循迹灯数据联合体，按位把灯的布尔量使用结构体表示出来； ModeDef_e：循迹运行模式枚举

从表 3.2.5 和表 3.2.6 中可以发现，结构体中的许多数据成员似乎与两轮机器人循迹功能无关，这是为了让数据适配不同种类的底盘运动模型，从而在设计这两个结构体时刻意为之的。部分结构体中的数据成员会在后续介绍底盘运动模型循迹功能时使用，此处对于未用到的数据成员请直接忽略。

TWO_DRIVE_COMMONWHEEL_LinePatrol.c 中包含的循迹功能实现相关函数说明具体如表 3.2.7～表 3.2.14 所示。

表 3.2.7 两轮机器人底盘循迹控制数据的初始化程序

函数原型	`void LinePatrol_Init(uint8_t active_level,`
	`uint8_t *Signal1q,`
	`uint8_t *Signal2q,);`

功能概述	初始化底盘循迹控制数据
参数说明	active_level：有效电平值，“1” 或 “0”； Signal1q：小车头循迹的数据句柄； Signal2q：小车尾循迹的数据句柄
返回值	无

表 3.2.8 两轮机器人底盘循迹控制的扫描程序

函数原型	`void LinePatrol_Scan(void);`
功能概述	底盘循迹控制扫描函数，1～5ms 扫描一次，循迹核心函数全由它调用
参数说明	无
返回值	无

表 3.2.9 两轮机器人底盘定点循迹控制程序

函数原型	`void Execute_LinePatrol(DirectionDef_e Car_Direction, uint16_t spd, uint8_t wirenum);`
功能概述	直线循迹，以小车循迹的横线条数作为停止条件
参数说明	Car_Direction：可输入 CarDirection_Head（以车头为前进方向）和 CarDirection_Tail（以车尾为前进方向）； spd：小车前进速度，可输入的范围为 50～250； wirenum：小车循迹的横线条数，该条数是停止的条件，可输入的范围为 1～255
返回值	无

表 3.2.10　两轮机器人底盘延时循迹控制程序

函数原型	`void Execute_DelayTracking( DirectionDef_e Car_Direction, uint16_t spd, uint16_t time);`
功能概述	延时循迹，以时间为停止条件
参数说明	Car_Direction：可输入 CarDirection_Head（以车头为前进方向）和 CarDirection_Tail（以车尾为前进方向）； spd：小车前进速度，可输入的范围为 50～250； time：可输入 0～3000，代表前进时间（time×函数扫描时间）
返回值	无

表 3.2.11　两轮机器人底盘定距离运动控制程序

函数原型	`Execute_EncoderTracking(DirectionDef_e Car_Direction, uint16_t spd, uint16_t millimeter, uint8_t flg);`
功能概述	路程循迹，以路程距离为停止条件
参数说明	Car_Direction：可输入 CarDirection_Head（以车头为前进方向）和 CarDirection_Tail（以车尾为前进方向）； spd：小车前进速度，可输入的范围为 50～250； millimeter：可输入 0～60000，代表前进毫米（millimeter）距离，与实际有一定的偏差； flg：小车是否循迹，可输入参数为“1”（循迹）或“0”（不循迹）
返回值	无

表 3.2.12　两轮机器人底盘 90°转弯控制程序

函数原型	`void Execute_Wheel_90(DirectionDef_e Car_Direction, int16_t spd, uint16_t time);`
功能概述	小车 90°旋转（大约 90°）
参数说明	Car_Direction：可输入 CarDirection_Head（以车头为前进方向）和 CarDirection_Tail（以车尾为前进方向）； spd：小车旋转速度，可输入的范围为 50～250，以 Car_Direction 为方向，负为右转，正为左转； time：旋转之前的前进时间，若为“0”则不前进，立即旋转
返回值	无

表 3.2.13　两轮机器人底盘开环模式延时前进控制程序

函数原型	`void ExecuteOpenLoop_DelayWalk(DirectionDef_e Car_Direction,`
	`uint16_t y_val,`
	`uint16_t x_val,`
	`int16_t  yaw_val,`
	`uint16_t time);`

功能概述	开环模式下控制小车底盘的运动
参数说明	Car_Direction：可输入 CarDirection_Head（以车头为前进方向）和 CarDirection_Tail（以车尾为前进方向）； y_val：底盘 *y* 轴的参数； x_val：底盘 *x* 轴的参数； yaw_val：底盘偏航轴的参数； time：可输入 0～60000，代表运行时间（time×5ms）
返回值	无

表 3.2.14　两轮机器人等待底盘运行程序

函数原型	void WaitForTheCarToStop(void);
功能概述	等待小车底盘运行停止。当小车停在某个位置进行上部机构运动时，需要调用此函数
参数说明	无
返回值	无

拓展训练

请通过程序编写实现两轮机器人底盘在田字形导航条场地中的外围绕行运动轨迹，并在绕行 3 次后停止运动。

思考与练习

如下图所示，思考循迹传感器的安装方向反向，而在程序中还按照正向安装方向处理时，机器人在循迹过程中会有何种故障现象，并通过实验验证思考结果是否正确。

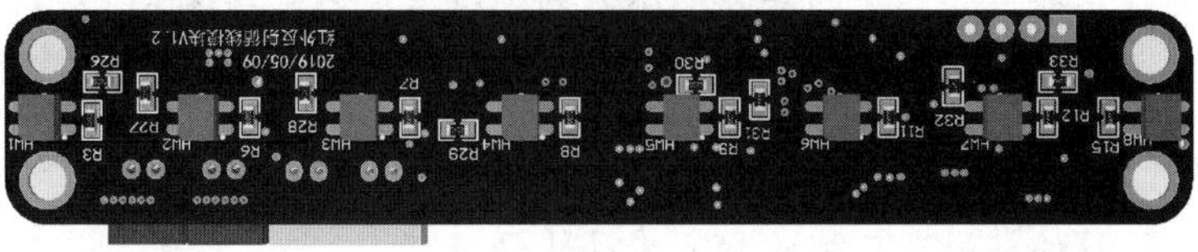

（a）正向安装

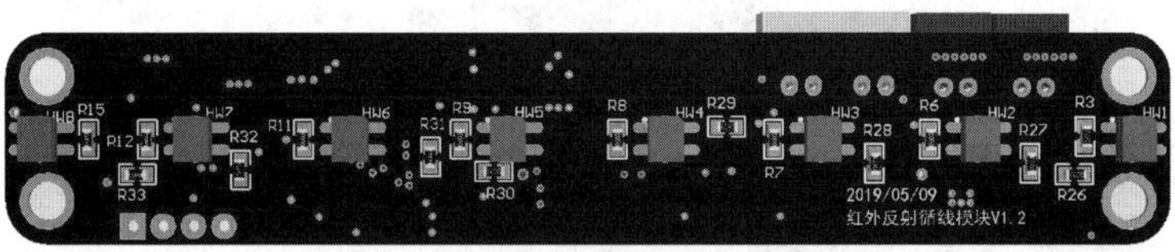

（b）反向安装

循迹传感器的正反向安装图

项目 4 全向运动循迹机器人

>>>>

◎ 项目导读

本项目首先以四麦轮底盘与三全向轮底盘作为典型代表阐述了全向运动底盘的运动模型原理，并详细讲解了四麦轮底盘的装配步骤；然后描述了四麦轮底盘的循迹控制模型及其控制系统的构成；最后讲解了四麦轮循迹功能的程序实现。

程序实现主要分为底盘运动控制程序与循迹程序，其中在底盘运动控制程序的编写过程中，详细讲解了 STM32CubeMX 软件的使用与基于 Keil MDK 的程序移植；在循迹程序编写中，着重介绍了四麦轮循迹控制的核心代码，并编写了具体的循迹功能例程。

◎ 学习目标

通过对本项目的学习，应达成如下学习目标。

知识目标	能力目标	思政素养目标
1．了解麦轮的特点、全向运动底盘的机械搭建过程与运动控制模型。 2．了解四麦轮机器人底盘运动控制系统的硬件构成、各模块的功能及控制方法、模块间的连接方式、核心控制程序。 3．了解四麦轮循迹控制系统的机器人系统运动相关控制原理及函数	1．能够搭建四麦轮的全向运动底盘。 2．能够搭建四麦轮循迹机器人的底盘运动控制系统。 3．能够设计、制作具有四麦轮循迹控制系统的机器人系统	1．培养创新思维，能够举一反三解决实际问题。 2．强化规范意识、质量意识，自觉践行行业道德规范

任务 4.1

搭建全向运动底盘

任务目标

学习麦轮的特点，掌握全向运动底盘的机械搭建过程与运动控制模型，挑战三全向轮底盘的搭建。

任务实施

活动　搭建四麦轮的底盘

本项目以四麦轮底盘为例对机器人底盘的机构装配进行说明，此种底盘的特点是，通过算法对编码电动机的精确控制，可实现底盘的全向移动。小车底盘使用到的零件清单如表 4.1.1 所示，最终成品如图 4.1.1 所示。

表 4.1.1　零件清单

零件名称	实物图	数量
通用底板	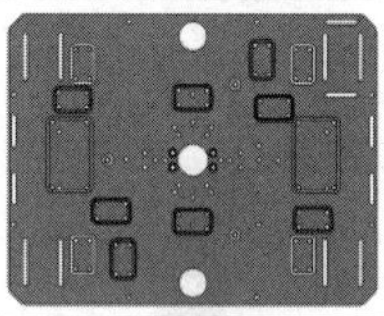	1
35mm 电动机机架		4
35mm 直流电动机		4
电动机联轴器		4
左旋麦轮		2

续表

零件名称	实物图	数量
右旋麦轮		2
驱动与循迹固定板	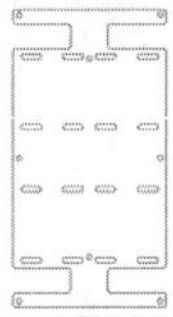	1
25mm 铁柱		8
M3×6mm 圆头螺钉	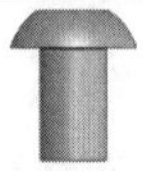	4
M3×10mm 杯头螺钉	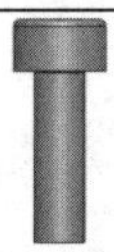	8
M3×10mm 圆头螺钉		16
M3×8mm 沉头螺钉	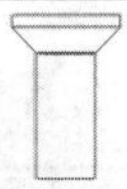	16
M3 防松螺母		20
M4×8mm 杯头螺钉		16

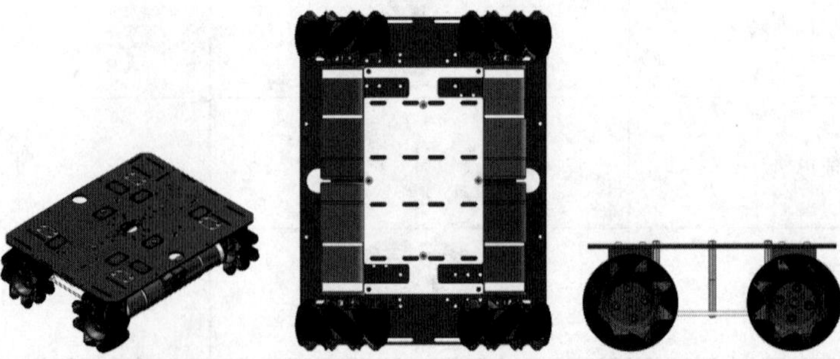

图 4.1.1　最终成品

机械机构的具体装配步骤如下。

视频：麦克纳姆轮底盘组装

步骤 1：电动机机架模组的装配。将电动机固定孔与电动机机架螺纹孔对准，注意编码器节线方向需要朝上安装，如图 4.1.2 所示，最终的装配效果如图 4.1.3 所示。

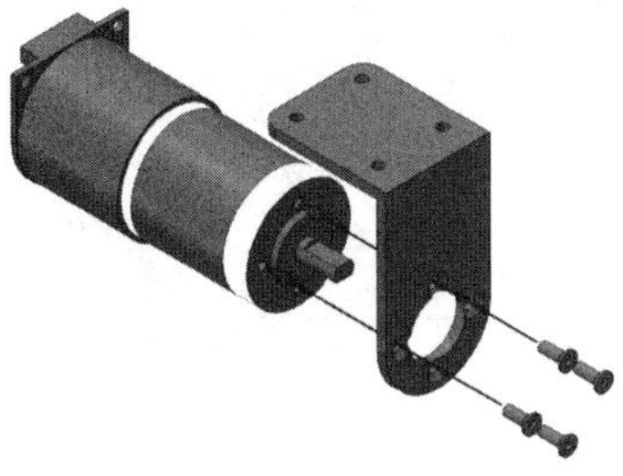

图 4.1.2　电动机机架模组的装配

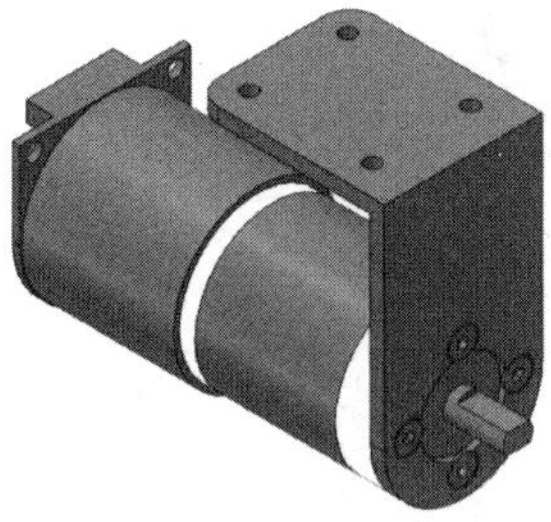

图 4.1.3　电动机机架模组的装配效果

注意：使用 4 颗 M3×8mm 沉头螺钉固定。

步骤 2：电动机机架模组与联轴器的装配。装配电动机机架模组与联轴器时，需要明确装配顺序，先将联轴器装入电动机输出轴，再用螺钉锁紧。其装配方法如图 4.1.4 所示，最终的装配效果如图 4.1.5 所示。

图 4.1.4　电动机机架模组与联轴器的装配

图 4.1.5　电动机机架模组与联轴器的装配效果

注意：将联轴器装入电动机输出轴后，使用 M3×10mm 杯头螺钉锁紧，直至联轴器不会脱出。

步骤 3：麦轮的装配。将麦轮上的孔位与联轴器上的孔位对准，拧入螺钉，其装配方法如图 4.1.6 所示，最终的装配效果如图 4.1.7 所示。

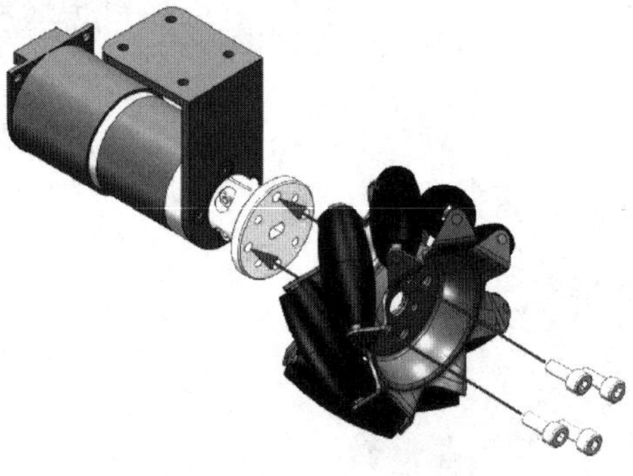

图 4.1.6　麦轮的装配

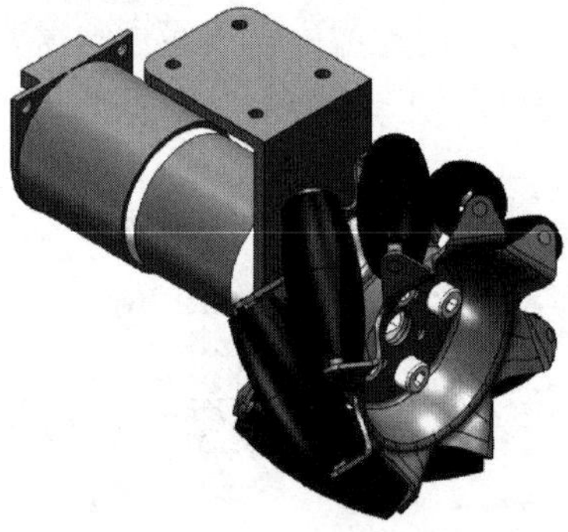

图 4.1.7　麦轮的装配效果

注意：使用 4 颗 M4×8mm 杯头螺钉装配麦轮，直至联轴器不会脱离。

步骤 4：轮组与底板的装配。将轮组与底板进行组装，注意找准对应孔位，其装配方法如图 4.1.8 所示，最终的装配效果如图 4.1.9 所示。

图 4.1.8　轮组与底板的装配

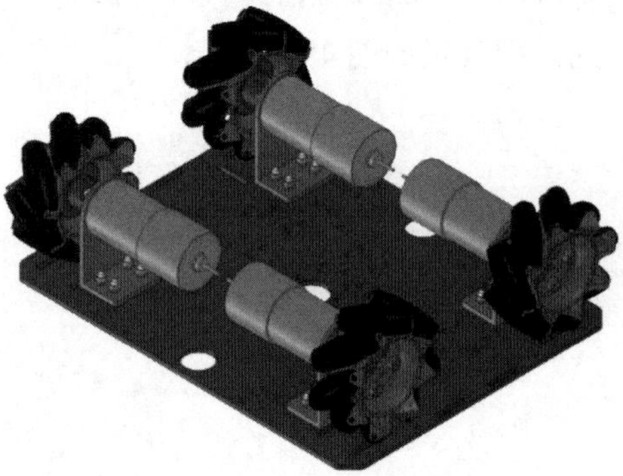

图 4.1.9　轮组与底板的装配效果

注意：

1）使用 16 颗 M3×10mm 圆头螺钉与 16 颗 M3 螺母固定。

2）通过麦轮上辊子的旋向判断麦轮的旋向，如图 4.1.10 所示。

3）安装麦轮底盘时需要注意，麦轮轴要向左、右旋转方向配合装配。若装配反向或同向，则将影响底盘全向移动的能力。麦轮旋向的装配如图 4.1.11 所示。

4）轮组与底板的安装孔位应对应，请参考图 4.1.8。

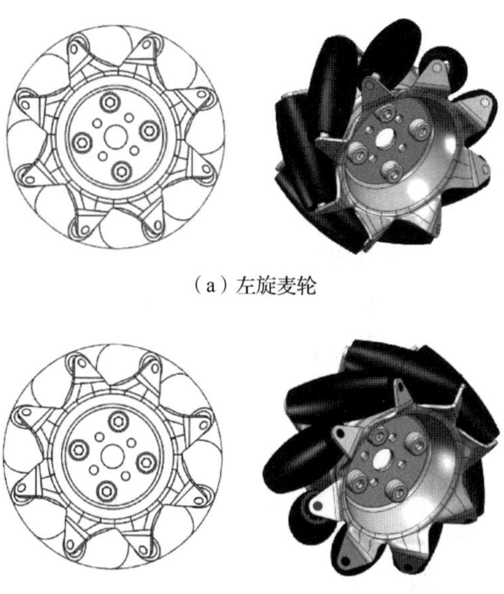

（a）左旋麦轮

（b）右旋麦轮

图 4.1.10 判断麦轮的旋向

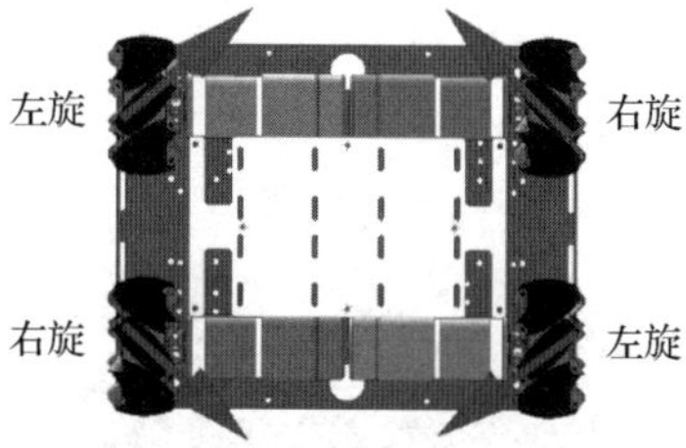

图 4.1.11 麦轮旋向的装配

步骤 5：驱动固定板与底板的装配。将驱动固定板与底板进行组装，注意找准对应孔位，其装配方法如图 4.1.12 所示，最终的装配效果如图 4.1.13 所示。

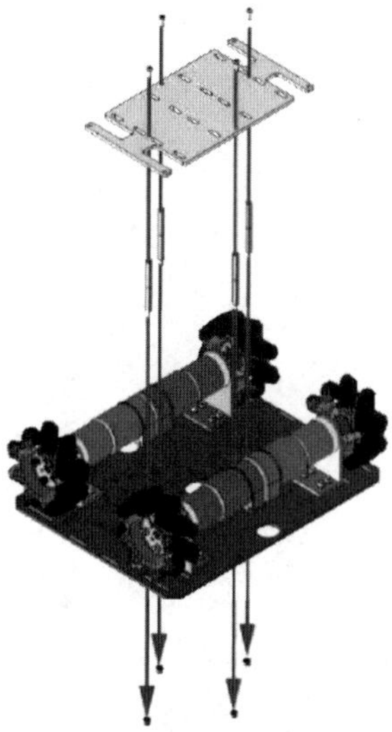

图 4.1.12 驱动固定板与底板的装配

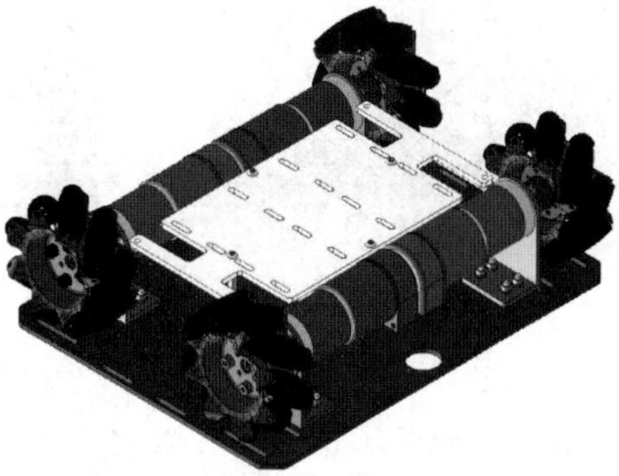

图 4.1.13 驱动固定板与底板的装配效果

注意：

1）使用两根 25mm 的铁柱组成 50mm 长的铁柱，一共装配 4 段。

2）使用 4 颗 M3×6mm 螺钉配合 4 颗 M3 螺母，将 4 段 50mm 长铁柱连接于驱动固定板和底盘。

知识链接

1．四麦轮底盘运动模型

要分析麦轮的底盘运动，首先需要了解麦轮本身。麦轮按照辊子（又称辊筒，就是麦轮中自由转动的小辊子）安装方式的不同，分为左旋和右旋，具体如图 4.1.10 所示。

麦轮本身在小车底盘的安装方式有很多种，主要分为 X-正方形（X-square）、X-长方形（X-rectangle）、O-正方形（O-square）、O-长方形（O-rectangle）。

其中，X 和 O 表示与 4 个轮子与地面接触的辊子所形成的图形；正方形和长方形指 4 个轮子与地面接触点所围成的形状。由于 X-正方形和 O-正方形实际是 X-长方形和 O-长方形的特殊形态，因此只需要讨论 X-长方形和 O-长方形即可，具体如图 4.1.14 所示。

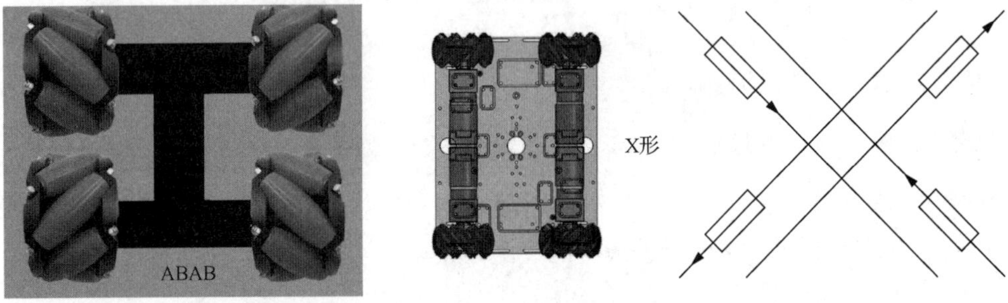

（a）X形布局

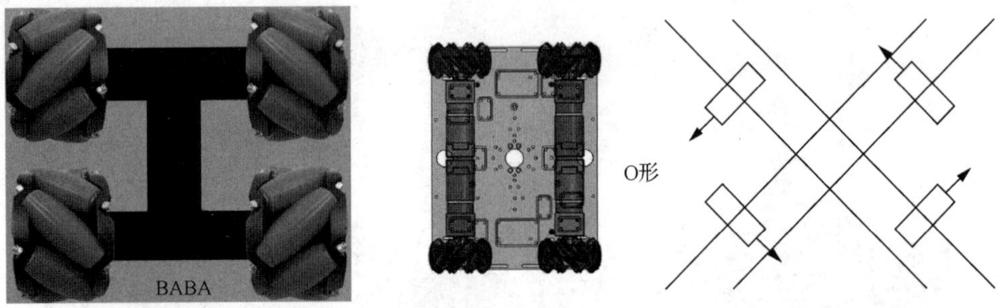

（b）O形布局

图 4.1.14　麦轮的安装方式

从图 4.1.14 中可以明显发现，X 形安装方式的转动力矩的力臂比较短，而 O 形安装方式的转动力矩的力臂比较长。由于某些情况下需要实现底盘的转动，因此 X 形的安装方式并不合适，所以一般采用 O 形安装方式。

2．三全向轮底盘运动模型

通过麦轮底盘的模型解析，可以明确的是，当底盘涉及旋转时，较长旋转力矩的力臂有利于底盘的旋转，由此可推想三全向轮的安装方式，如图 4.1.15 所示。

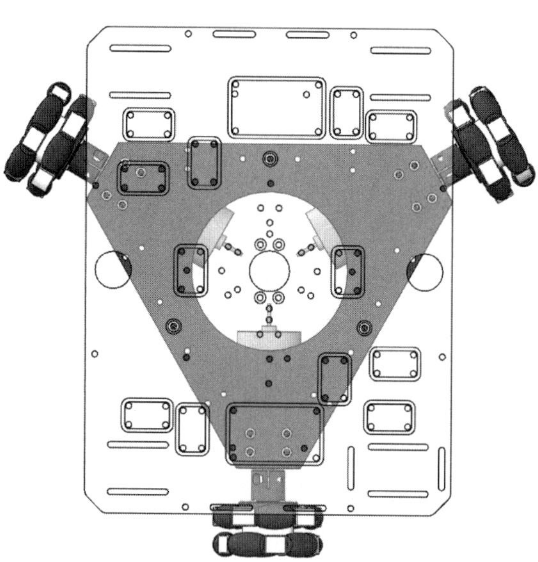

图 4.1.15　三全向轮的安装方式

这种装配模式的最大特点是 3 个轮子相对于车体的中轴线对称，且物理尺寸完全一致，机器人的旋转中心与 3 个轮子的转动轴线的交点重合，机器人中心到 3 个全向轮的距离相等。

这里并未详细介绍三全向轮底盘运动模型，可扫描右侧的二维码进行查看。

视频：三全向轮底盘运动模型解析

3．四麦轮底盘运动学模型

分析麦轮底盘的正逆运动学模型的步骤如下。

步骤 1：将底盘的运动分解为 3 个独立的变量来描述，分别为 X 轴运动、Y 轴运动、小车基于旋转中心轴 y_{aw} 的自转。其中，$\vec{v}_x$ 表示 X 轴运动的速度，即左右方向，定义向右为正；$\vec{v}_y$ 表示 Y 轴运动的速度，即前后方向，定义向前为正；$\vec{\omega}$ 表示 y_{aw} 轴自转的角速度，定义逆时针为正。具体表示如图 4.1.16 所示。

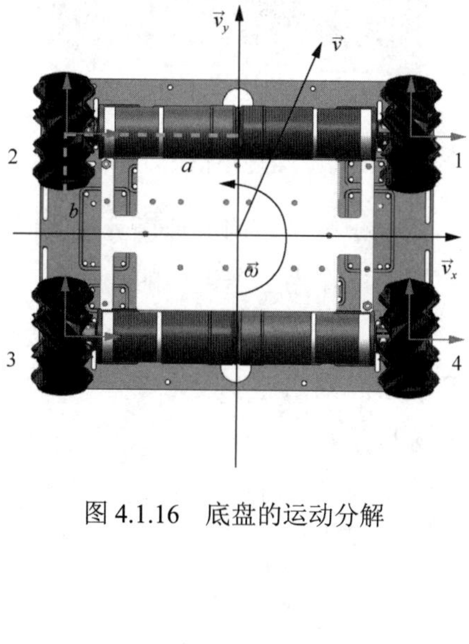

图 4.1.16　底盘的运动分解

步骤 2：计算出轮子轴心位置的速度，也就是明确小车的整体速度与每个轮子中心点速度之间的关系。

设：$\vec{r}$ 为从几何中心指向轮子轴心的矢量；$\vec{v}_N$（N=1、2、3、4）为轮子轴心的运动速度矢量；$\vec{v}_r$ 为轮子轴心沿垂直于 $\vec{r}$ 的方向（即切线方向）的速度分量，则可获得

$$\vec{v}_N = \vec{v} \times \vec{\omega} \times \vec{r} \tag{4.1.1}$$

以图 4.1.16 中的 1 号轮子为例，分别计算 X 轴、Y 轴的分量，得

$$v_{1x} = v_x - \omega r_y \tag{4.1.2}$$

$$v_{1y} = v_y + \omega r_x \tag{4.1.3}$$

同理可以计算出其他 3 个轮子中心点的速度。

步骤 3：计算辊子的速度，也就是计算与地面接触的辊子与这个轮子轴心速度的关系。此处需特别注意的是，当小车放在平地上时，如果从上往下看，麦轮最上方的辊子方向与接触地面的最下方的辊子方向刚好是垂直的。具体如图 4.1.17 所示。

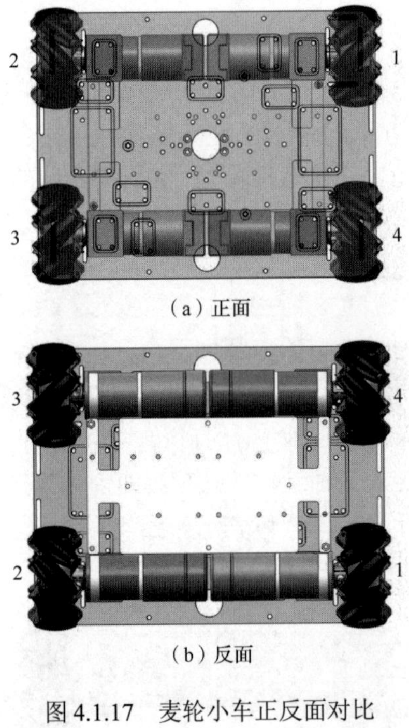

（a）正面

（b）反面

图 4.1.17　麦轮小车正反面对比

由于麦轮构造的特殊性，垂直于辊子方向的速度分量实际上是无效的，因为在这个方向上辊子是自由转动的，所以它不能作为小车运动的动力源。因此，轴心位置速度的 X 轴分量与 Y 轴分量真正的来源是平行于辊子方向的速度，而麦轮中辊子与轮子本身的夹角一般是 45°，将 1 号轮子平行于辊子方向的速度设为 $v_{//}$，则轴心位置的速度与平行于辊子方向的速度的关系具体如图 4.1.18 所示。

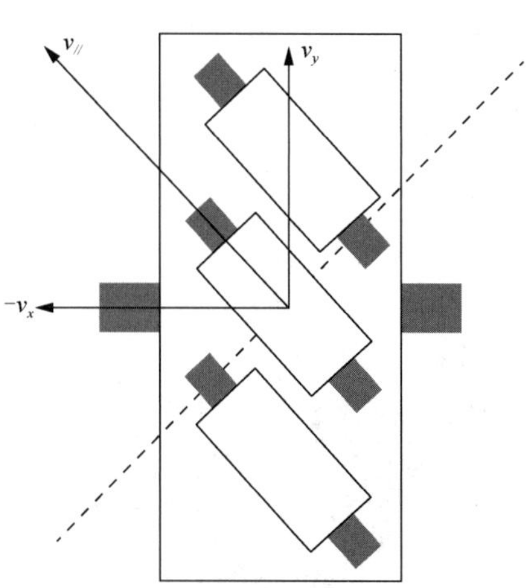

图 4.1.18　$v_{//}$ 与轴心位置的速度关系（1 号轮子，正面从上往下看）

因此 $v_{//}$ 与 v_x 、 v_y 的关系为

$$v_{//} = -\frac{\sqrt{2}}{2}v_x + \frac{\sqrt{2}}{2}v_y \tag{4.1.4}$$

步骤 4：通过辊子速度与轮子转速的关系，计算轮子的转速。由于辊子速度的动力来源为轮子的转动，而辊子与轮子自身的夹角为 45°，设定轮子的转速为 v_ω，所以方便得到以下公式：

$$v_\omega = \frac{v_{//}}{\cos 45^\circ} = -v_x + v_y \tag{4.1.5}$$

步骤 5：由图 4.1.18 可知，设定小车旋转中心到各轮子的距离在 X 轴方向和 Y 轴方向的分量分别为 a 和 b，因此对 1 号轮子而言，有

$$v_{1x} = v_x - \omega b \tag{4.1.6}$$

$$v_{1y} = v_y + \omega a \tag{4.1.7}$$

结合上述几个步骤，最终可以计算得到 4 个轮子的转速。

$$v_{1\omega} = v_y - v_x + \omega(a+b) \tag{4.1.8}$$

$$v_{2\omega} = v_y + v_x - \omega(a+b) \tag{4.1.9}$$

$$v_{3\omega} = v_y - v_x - \omega(a+b) \tag{4.1.10}$$

$$v_{4\omega} = v_y + v_x + \omega(a+b) \tag{4.1.11}$$

式（4.1.8）～式（4.1.11）的方程组就是 O-长方形麦轮底盘的逆运动学模型，而正运动学模型可以直接根据逆运动学模型中的 3 个方程解出来，此处不再赘述。

4．三全向轮运动学模型

与麦轮底盘的正逆运动学模型的分析方法不同，由于平行于辊子的速度与轮子转速是一致的，所以轮子的转速全部可以转换为平行于辊子方向的速度，同时由于轮子安装的特殊性，每个轮子的速度分析只需以下两个步骤。

步骤 1：将底盘的运动分解为 3 个独立的变量来描述，分别为 X 轴运动、Y 轴运动、小车基于旋转中心轴 y_{aw} 的自转。其中，$\vec{v}_x$ 表示 X 轴运动的速度，即左右方向，定义向右为正；$\vec{v}_y$ 表示 Y 轴运动的速度，即前后方向，定义向前为正；$\vec{\omega}$ 表示 y_{aw} 轴自转的角速度，定义逆时针为正。具体表示如图 4.1.19 所示。

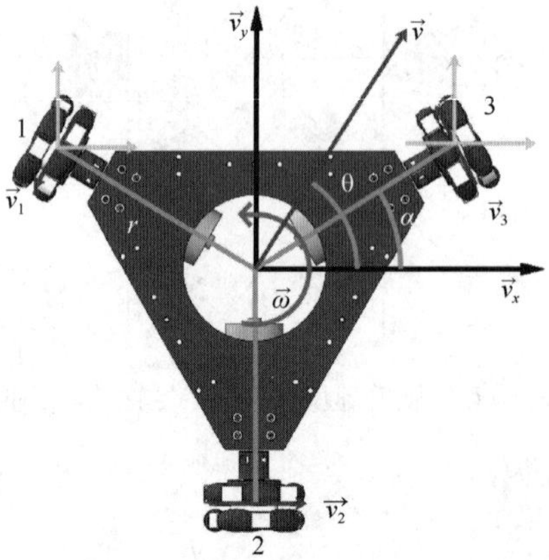

图 4.1.19　三全向轮底盘的运动分解

步骤 2：与麦轮运动模型分析时不同，不需要将旋转速度分解为每个轮子中心点 X 轴与 Y 轴的速度，因为装配方式与轮子结构的特殊性，可以将小车的旋转速度直接转换为轮子的转速 ωr 。因此只需先分析小车 X 轴、Y 轴的运动分量与每个轮子转速的关系，然后分析小车旋转与轮子转速的关系，最终将这两个速度合成即可。

因为 $\angle\alpha=30°$，所以 1 号轮子、2 号轮子、3 号轮子速度的表达式分别如下。

$$v_1=-v_x\sin 30°-v_y\cos 30°+\omega r \tag{4.1.12}$$

$$v_2=v_x+\omega r \tag{4.1.13}$$

$$v_1=-v_x\sin 30°+v_y\cos 30°+\omega r \tag{4.1.14}$$

拓展训练

1）请根据四麦轮底盘机械的搭建步骤类推三全向轮底盘机械的搭建步骤，并完成三全向轮底盘机械的搭建。

2）请根据四麦轮底盘运动模型的解析结果，分析底盘同时实现旋转与平移的控制策略。

任务 4.2 搭建四麦轮循迹机器人底盘运动控制系统

任务目标

掌握四麦轮机器人底盘运动控制系统的硬件构成，掌握各模块的功能及控制方法，掌握模块间的连接方式，了解核心控制程序，完成四麦轮机器人底盘的运动控制。

任务实施

活动 4.2.1　学习底盘运动控制系统

四麦轮机器人底盘运动控制系统的构成框图如图 4.2.1 所示。

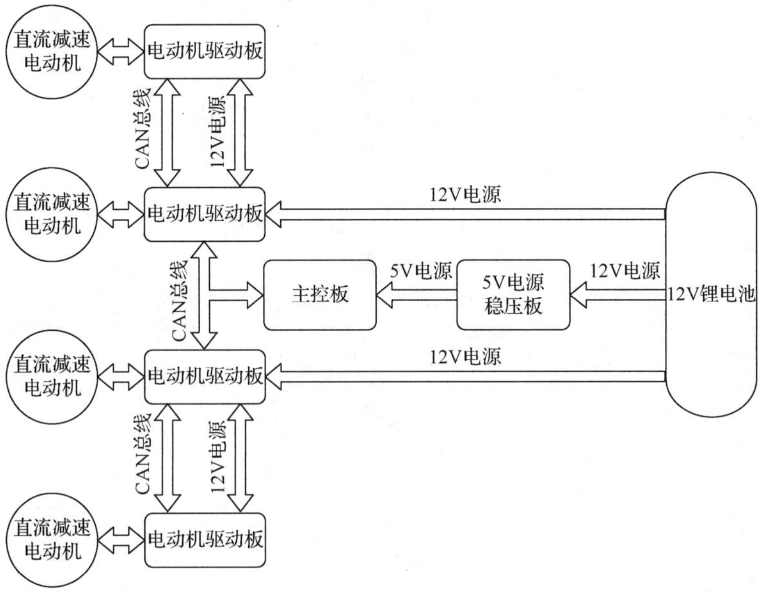

图 4.2.1　四麦轮机器人底盘运动控制系统的构成框图

移动机器人底盘控制系统使用到的模块清单如表 4.2.1 所示。

表 4.2.1 模块清单

模块名称	实物图	数量
主控板		1
直流电动机驱动模块		4
5V 电源稳压模块		1
3S 锂电池		1
电压报警器		1

小车底盘控制系统接线使用到的线束清单如表 4.2.2 所示。

表 4.2.2 线束清单

模块名称	实物图	数量
电源开关线	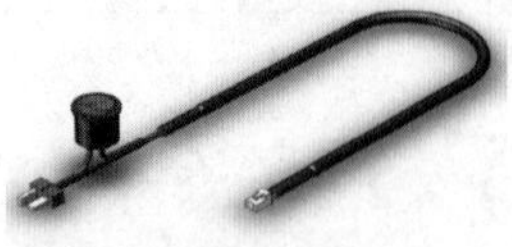	1
驱动模块供电线（12V）	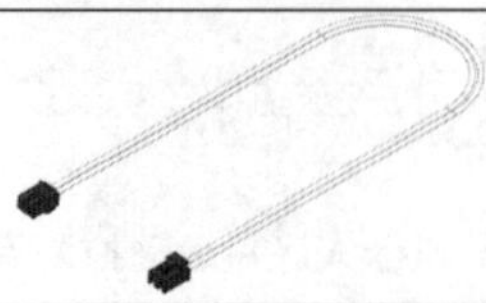	4
主控板、传感器电源线（5V）	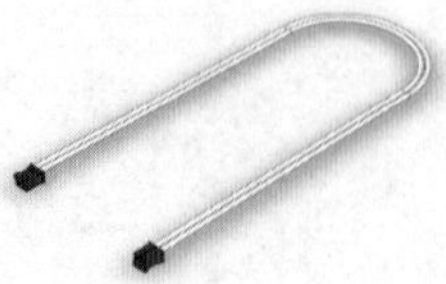	1

续表

模块名称	实物图	数量
通信线	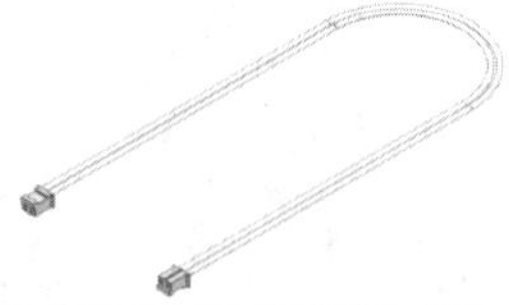	4
底盘电动机驱动线（35mm 电动机用）		4

直流电动机驱动模块通过 CAN 总线与主控板实现数据通信，驱动电源采用 12V 的 3S 锂电池，直流电动机驱动板电源接口与 5V 电源稳压模块的输入电压为 12V，主控板的电源电压为 5V，将主控板的电源接口与 5V 电源稳压板的任意一个 5V 接口相连即可。

主控板的 CAN 接口与电动机驱动板的 CAN 接口相连，具体的接线方式如图 4.2.2 所示。

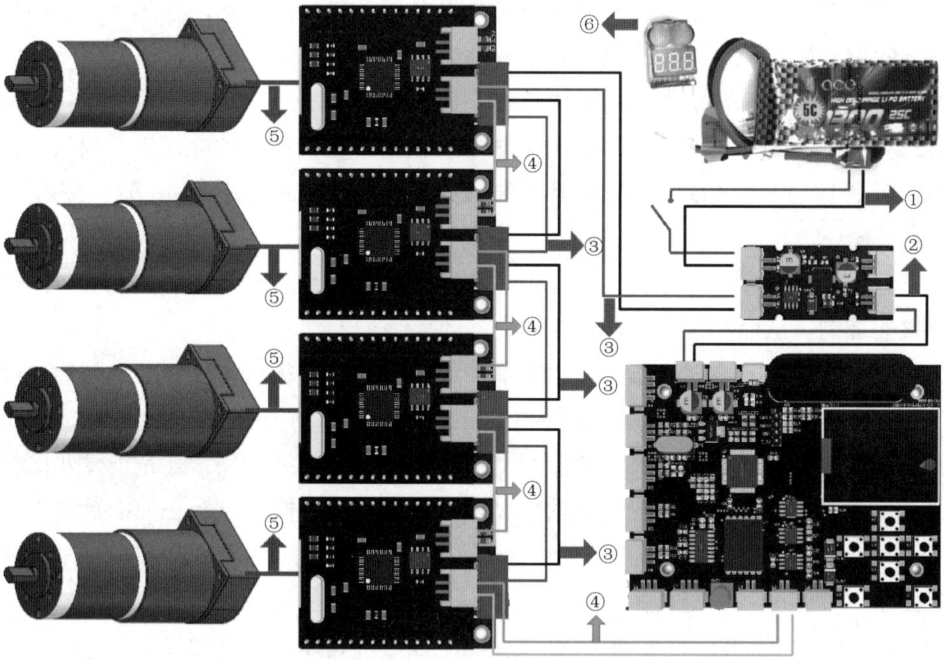

图 4.2.2　底盘控制系统的接线示意图

控制系统实物搭建完成后，一定要注意电动机驱动模块 ID 号的设置，一旦出现电动机驱动模块 ID 号设置错误，控制程序的最终控制效果将会混乱。具体 ID 号的设置顺序为沿车头方向右上为 1、左上为 2、左下为 3、右下为 4，如图 4.2.3 所示。

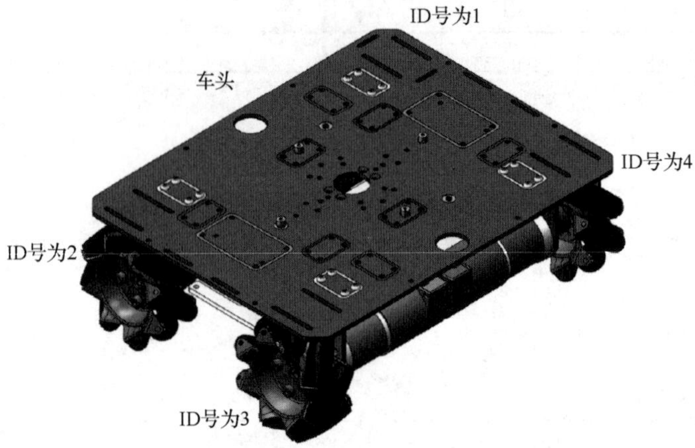

图 4.2.3　四麦轮底盘电动机驱动模块 ID 号的设置

活动 4.2.2　学习运动控制程序

四麦轮底盘运动控制主要涉及 4 个直流电动机驱动模块的控制，因此对整个底盘的控制实现步骤主要如下（机械机构与控制系统已经组装搭建完毕）。

第一步：修改直流电动机驱动模块的 ID 号。

第二步：使用 STM32CubeMX 软件完成主控板主控芯片的初始化，为了调试方便，外设初始化包括 I/O 口（LED、按键）、串行外设接口（serial peripheral interface，SPI）、TIM（定时器）、CAN。

第三步：根据模块通信协议，使用 Keil MDK 编写 CAN 通信程序，实现对直流电动机驱动模块的控制，从而实现电动机转速与转向的控制。

第四步：使用 Keil MDK 编写运动控制算法程序，主要根据具体底盘模型的目标运动状态，计算得到每个电动机的转速与转向（常见底盘运动控制使用同一组 UnderpanControl_Motor.c\h 文件，各子程序通过入口参数设置具体控制对象是两轮底盘还是四麦轮底盘）。

通过以上四步即可实现底盘运动的控制，由于第一步的操作已经在前面活动中详细介绍，所以本活动主要介绍第二、第三步的操作，第四步将在活动 4.2.3“移植与编写底盘运动控制程序”中体现。

1）第二步：基于 STM32CubeMX 软件的主控芯片初始化（可扫描右侧的二维码进行学习）。

视频：CubeMX 主控芯片初始化

对 STM32 相关底层硬件的初始化一般使用 STM32CubeMX 软件完成，具体操作步骤如下。

步骤 1：设置 RCC。具体设置如图 4.2.4 所示。

图 4.2.4　设置 RCC

步骤 2：设置 SYS。具体设置如图 4.2.5 所示。

图 4.2.5　设置 SYS

步骤 3：设置时钟。具体设置如图 4.2.6 所示。

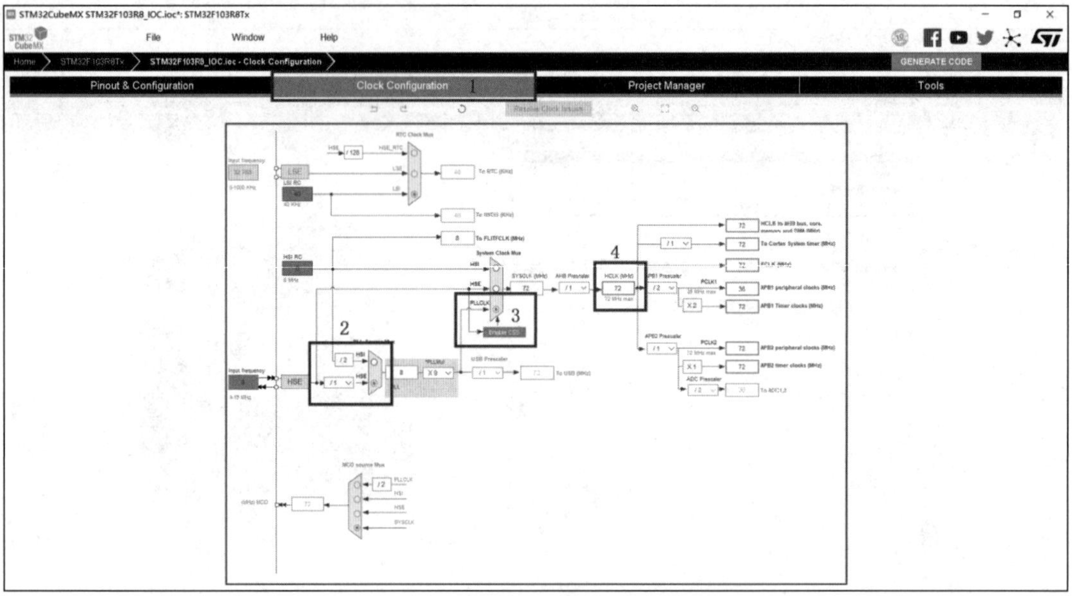

图 4.2.6　设置时钟

步骤 4：设置普通 I/O 口。具体设置如图 4.2.7 所示。

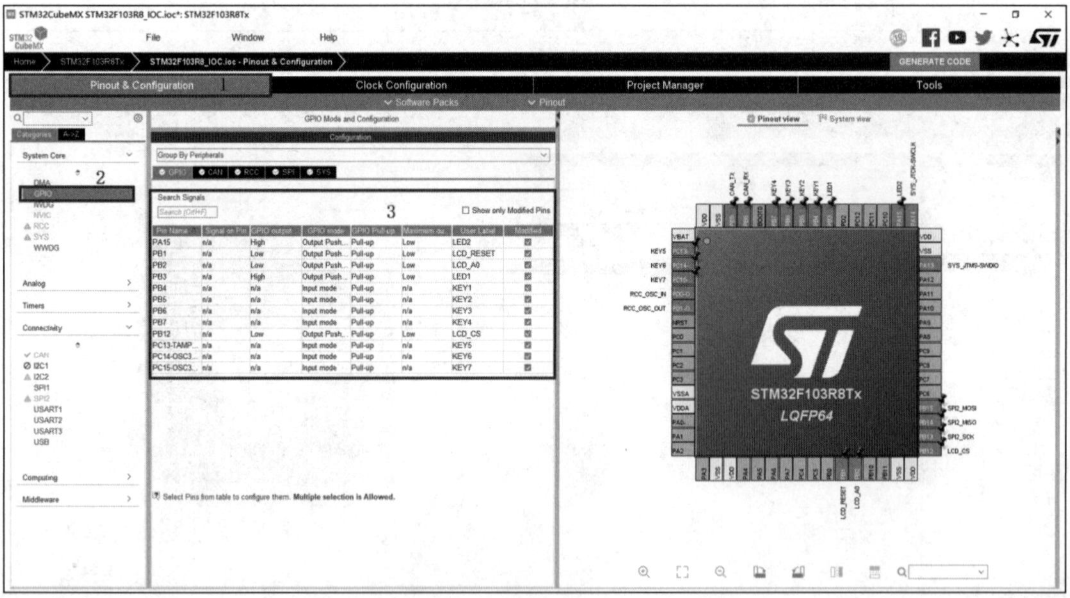

图 4.2.7　设置普通 I/O 口

步骤 5：设置 SPI2。具体设置如图 4.2.8 所示。

图 4.2.8　设置 SPI2

步骤 6： 设置 TIM2。具体设置如图 4.2.9 所示。

图 4.2.9　设置 TIM2

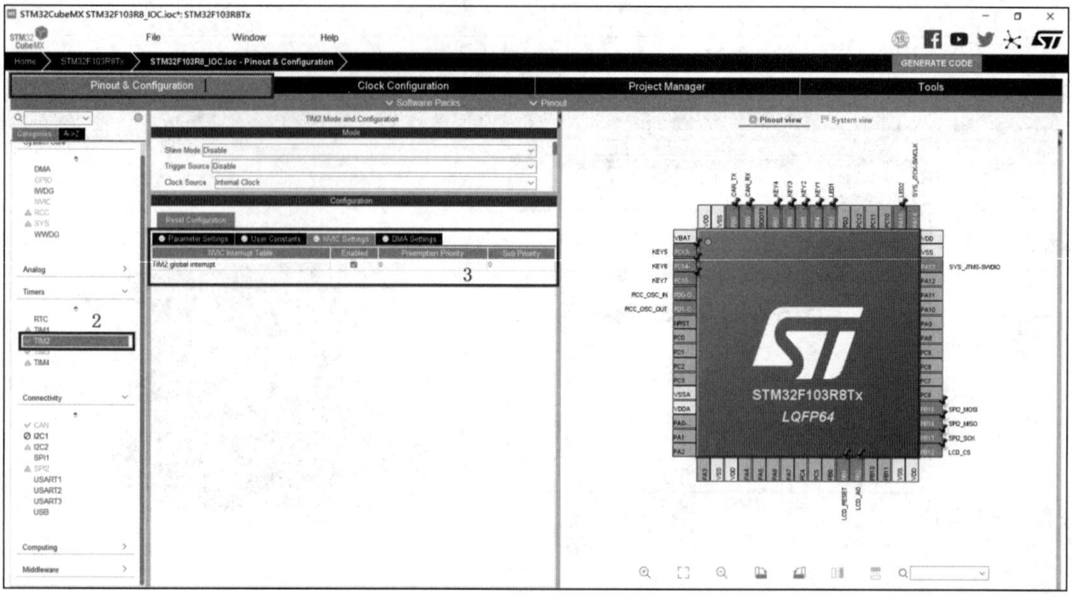

图 4.2.9（续）

从图 4.2.9 中可以发现，TIM2 的中断功能被使能，并且其中断触发时间为 1ms。

步骤 7：设置 CAN。具体设置如图 4.2.10 所示。

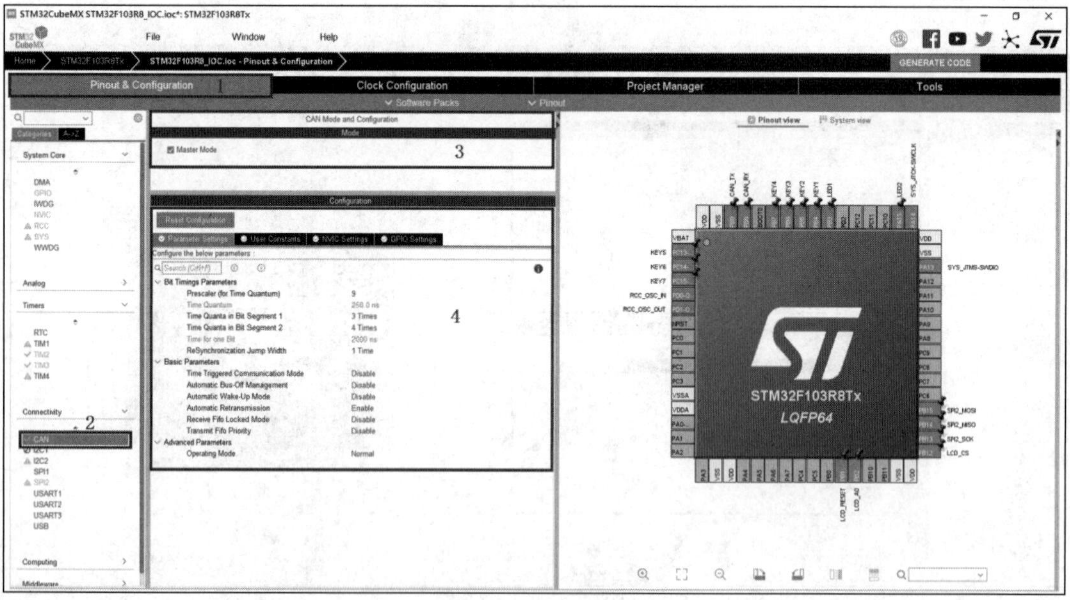

图 4.2.10　设置 CAN

CAN 设置的核心参数为波特率，其计算方式为波特率=$F_{\text{pclk1}}/[(t_{\text{sjw}}+t_{\text{bs1}}+t_{\text{bs2}})\times b_{\text{rp}}]$，因此按照图 4.2.10 进行设置，所获取的 CAN 波特率=36MHz/[(1+3+4)×9]=500kb/s，并且开启 CAN 接收中断。

步骤 8：设置工程，并单击“代码生成”按钮，生成基于 Keil MDK 的工程代码，具体如图 4.2.11～图 4.2.13 所示。

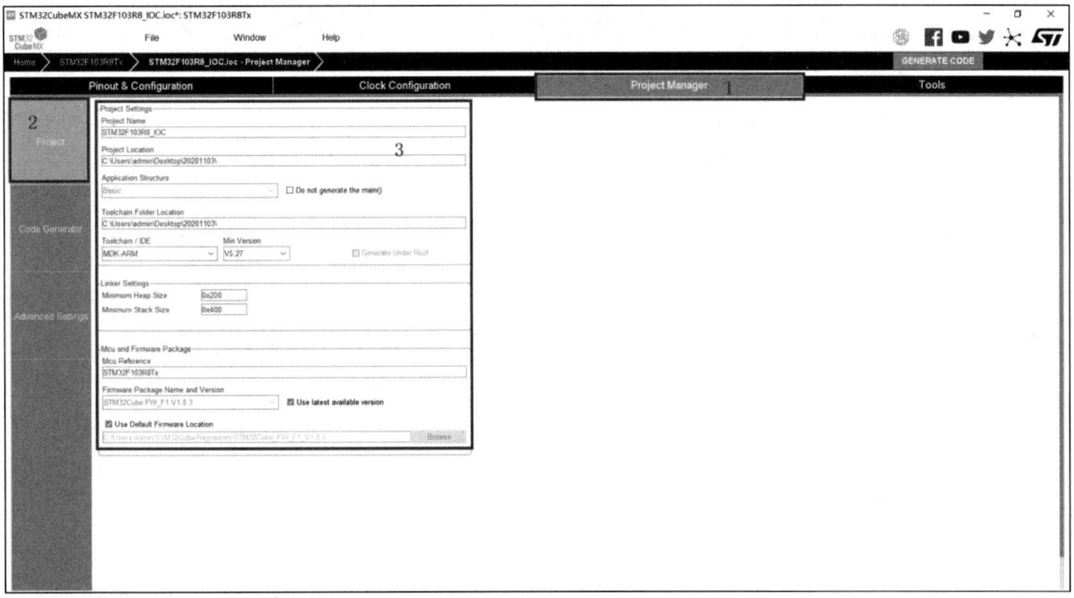

图 4.2.11　设置工程 1

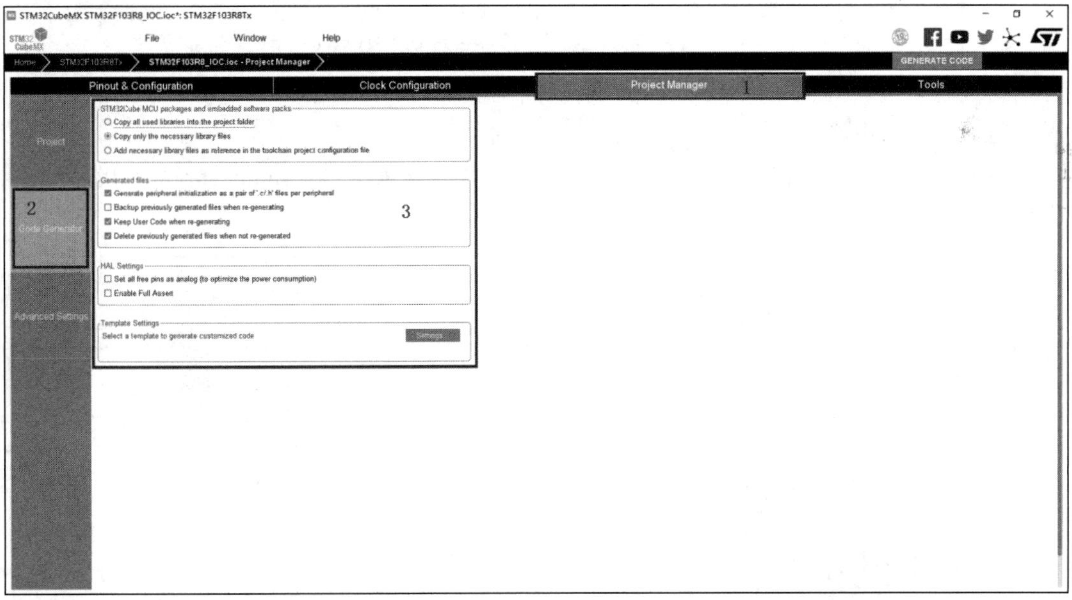

图 4.2.12　设置工程 2

图 4.2.13　生成代码

2）第三步：基于 Keil MDK 的 CAN 通信代码移植（建议扫描右侧的二维码进行学习）。

视频：Keil MDK 的 CAN 移植

电动机控制程序的编写主要是针对主控板主控芯片的程序编写，其作用是通过主控芯片的 CAN 发送相关命令与参数，从而实现对电动机驱动模块的控制，最终实现电动机的正反转与转速控制。程序的具体移植步骤如下。

步骤 1：在工程工作空间新建 3 个组 BSP、APP、CAN_Communication，如图 4.2.14 所示。

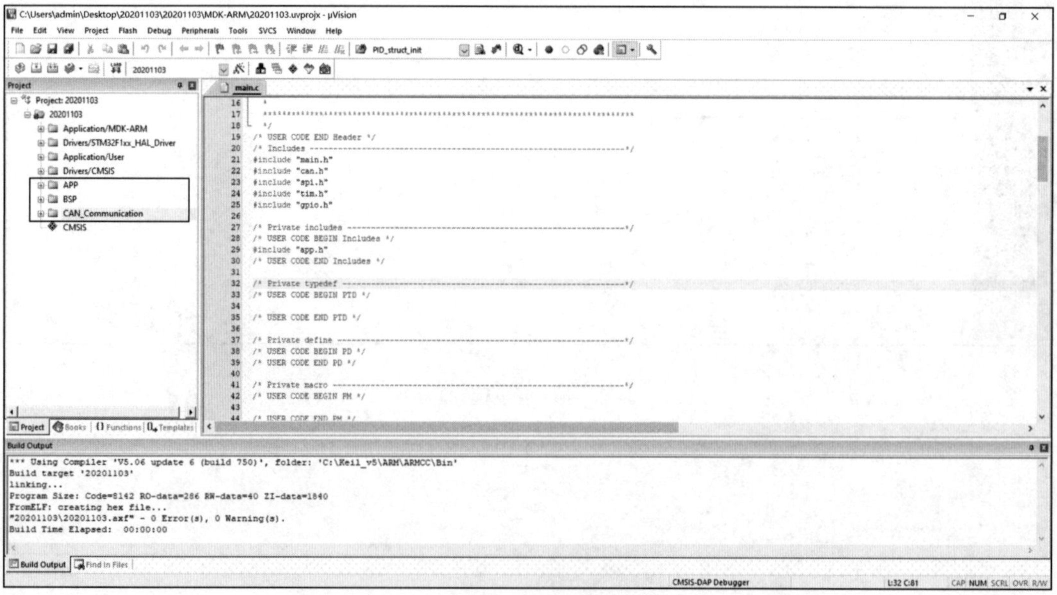

图 4.2.14　添加工作组

步骤 2：在 BSP 组中添加 bsp_hal_gpio.c、bsp_hal_can.c、bsp_hal_time.c 3 个文件，如图 4.2.15 所示。在 APP 组中添加 app.c 文件，如图 4.2.16 所示。在 CAN_Communication 组中添加 CAN_Communication.c、CAN_Communication_canconfig.c、SLAVE_DCMotorMiniwatt.c 共 3 个文件，如图 4.2.17 所示。以上所有文件都包含在移植过来的程序文件夹中，具体如图 4.2.18 所示。

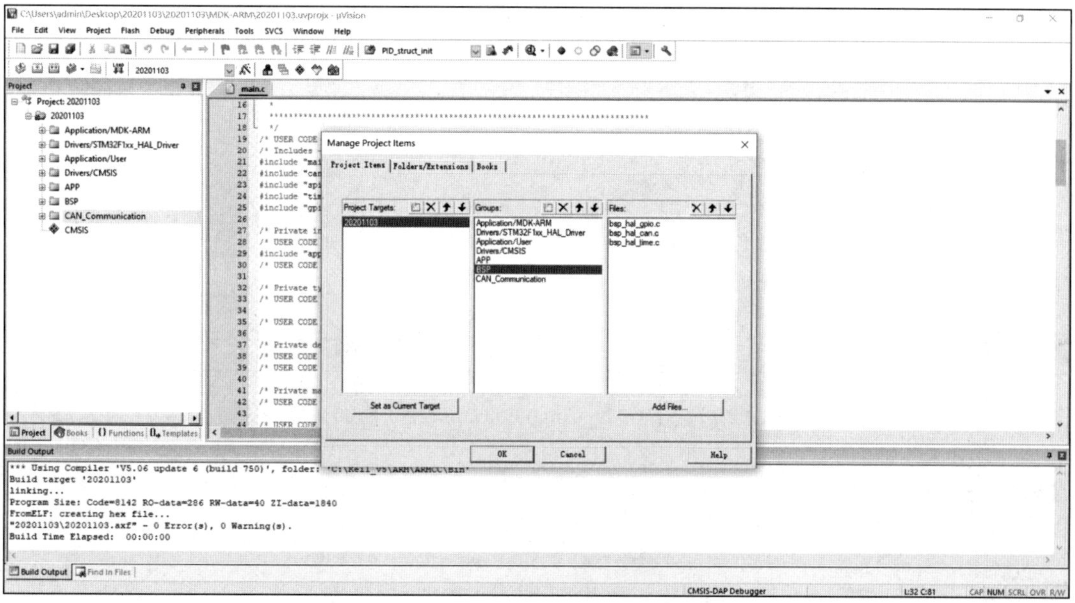

图 4.2.15　在 BSP 组中添加文件

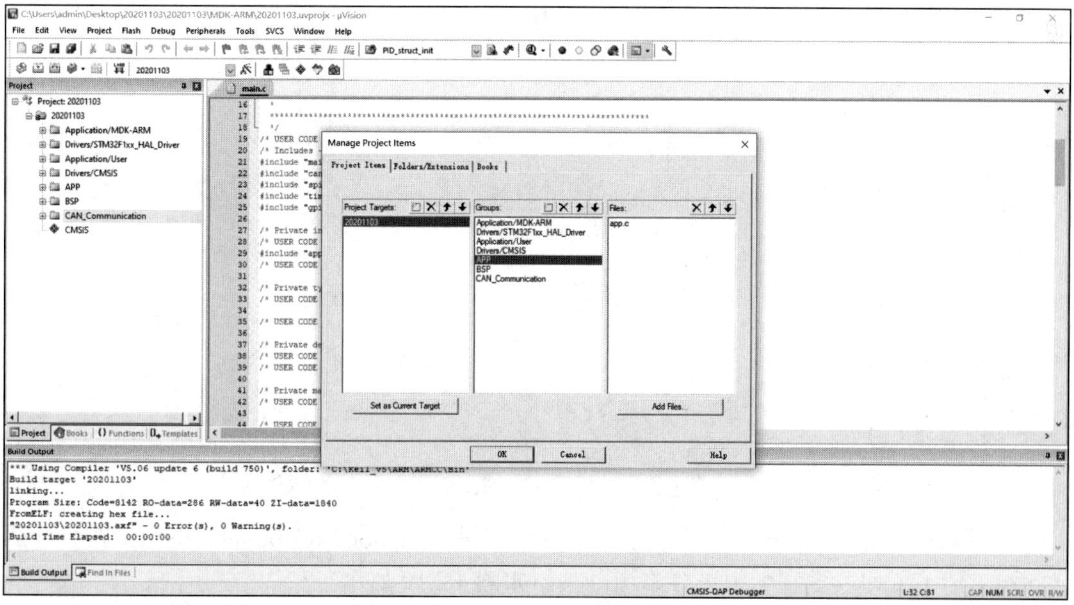

图 4.2.16　在 APP 组中添加文件

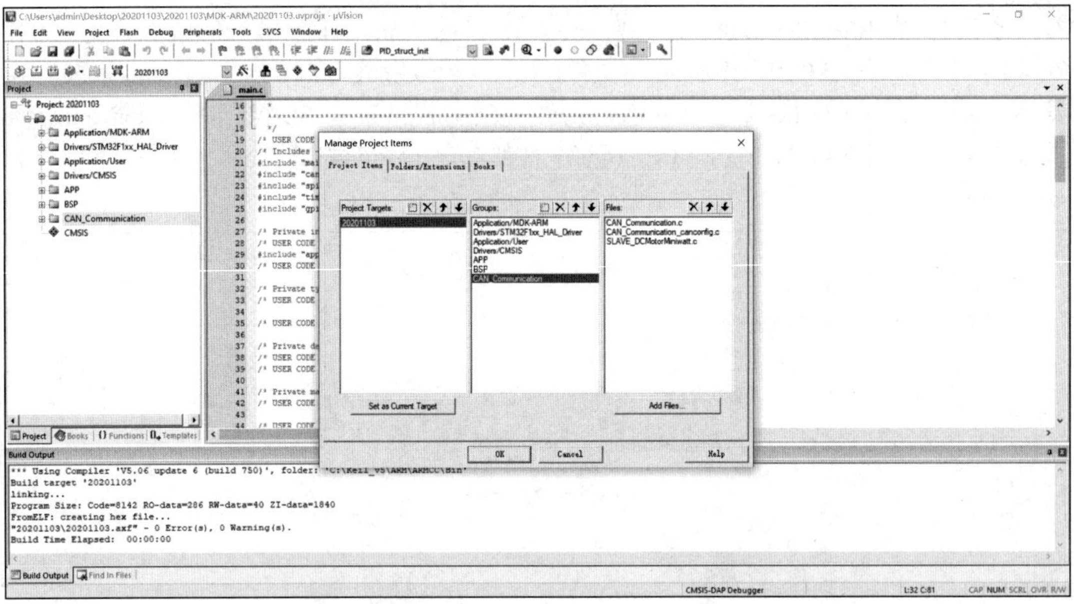

图 4.2.17　在 CAN_Communication 组中添加文件

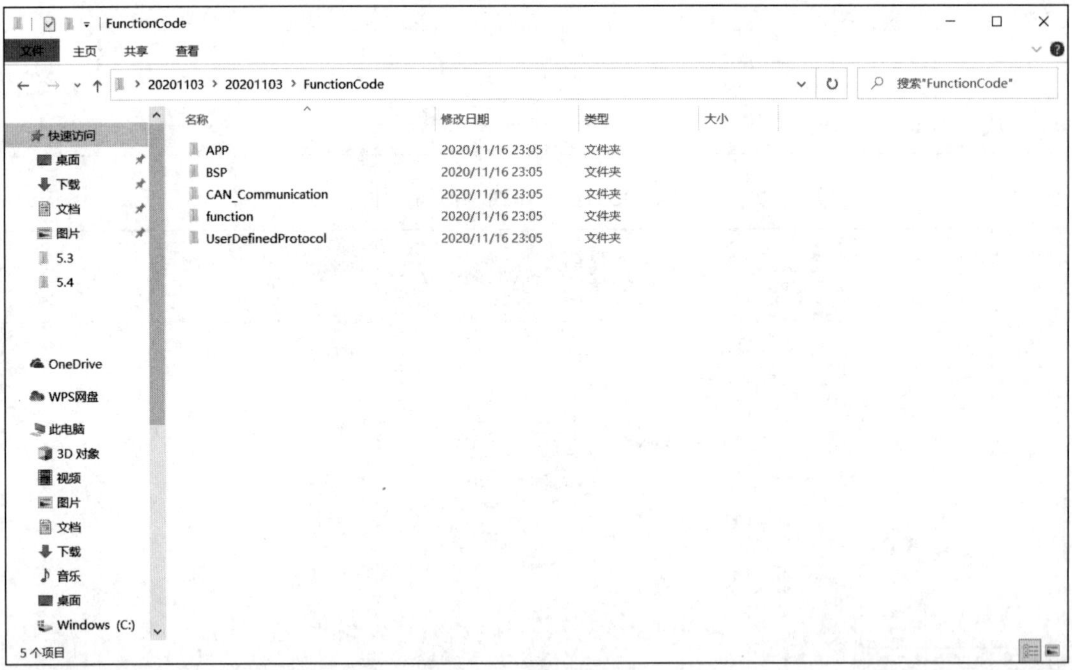

图 4.2.18　移植文件所在的文件夹

步骤 3： 添加相关移植文件的头文件路径，单击“Options of Target”按钮，在打开的对话框的“C/C++”选项卡中进行添加，具体如图 4.2.19 所示。

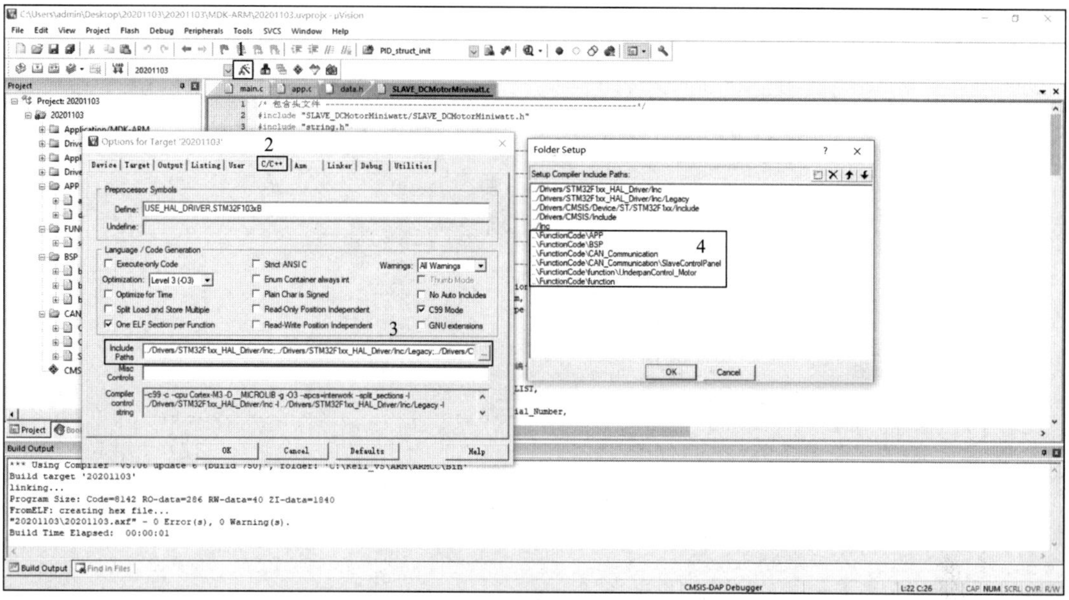

图 4.2.19　添加头文件路径

步骤 4：关联相关头文件（此处以在“main.c”文件中包含“app.h”文件为例，其余的头文件关联已经在移植的文件中预先完成了），具体如图 4.2.20 所示。

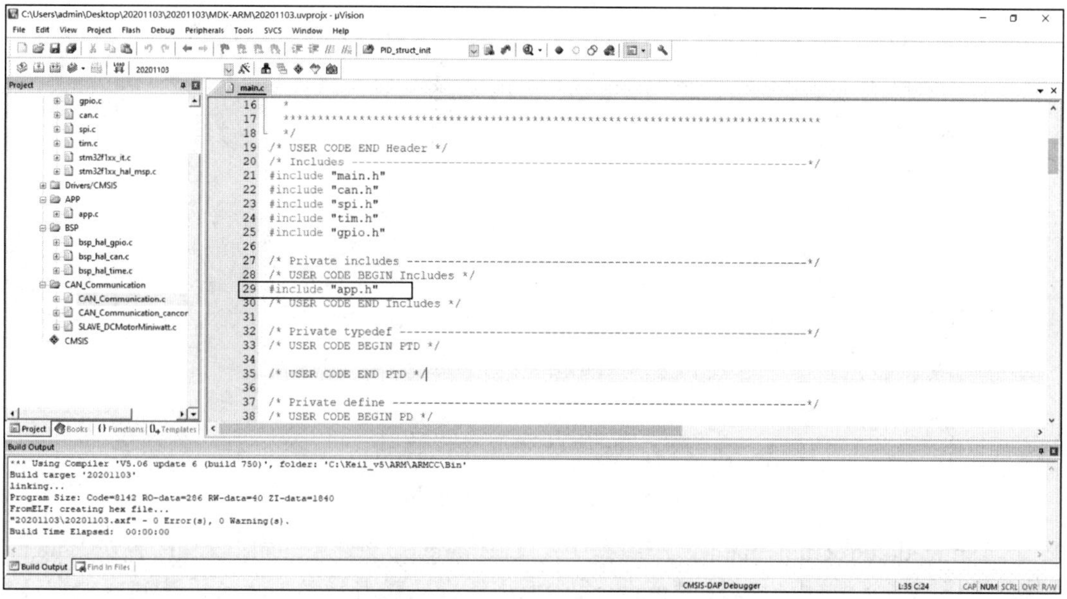

图 4.2.20　关联头文件

此处需要注意，在使用“#include”命令包含某个头文件时，如果其书写方式为“#include "XXXXXX/YYYYYY"”，则在添加头文件路径时，只需包含“/”前面的文件夹所在的路径即可，具体如图 4.2.21 所示。

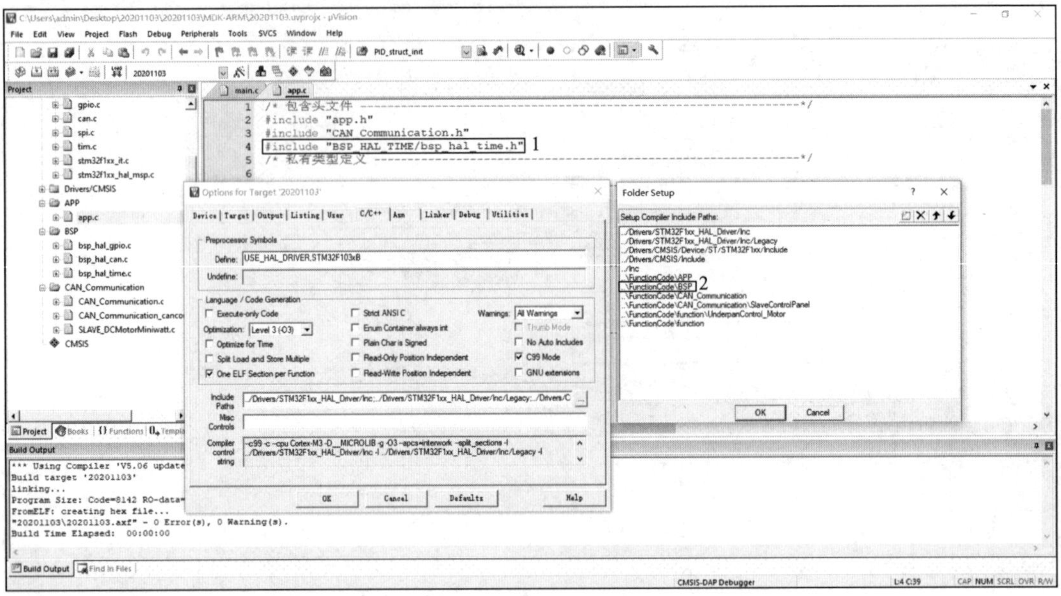

图 4.2.21　头文件路径

图 4.2.21 区域 1 的命令形式为“#include "BSP_HAL_TIME/bsp_hal_time.h"”，因此在包含头文件路径时，只需包含“BSP_HAL_TIME”文件夹的上一层路径即可，即为图 4.2.21 区域 2 中的“BSP”文件夹路径。

步骤 5：将应用程序添加至主程序的 while(1)中，具体如图 4.2.22 所示。

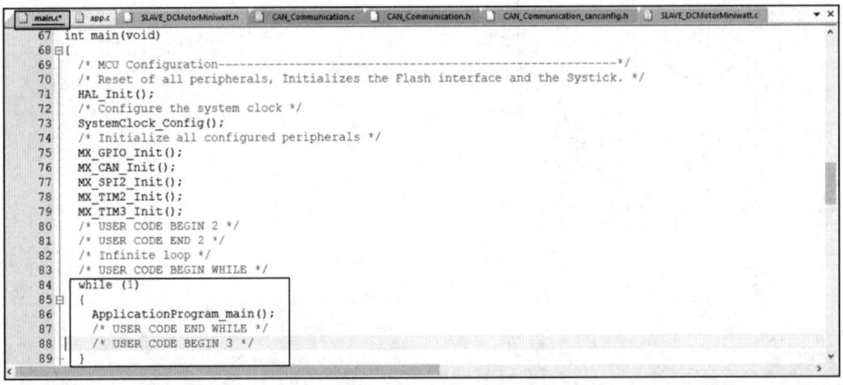

图 4.2.22　添加应用程序

“ApplicationProgram_main()”应用程序定义在“app.c”文件中，同时该程序也在“app.h”文件中做了声明，因此一旦想在“main.c”中调用该程序就需要在“main.c”中包含“app.h”头文件，具体可参考图 4.2.20。此处需要注意的是，由于后续所有的功能都将围绕“ApplicationProgram_main()”应用程序展开，整个工程的“main()”主程序的“while(1)”中只包含唯一的一个子程序“ApplicationProgram_main()”，而该程序定义在“app.c”文件中，因此后续的应用程序编写就从“main.c”文件转移至“app.c”文件中。

步骤 6：在“app.c”文件中定义 4 个与电动机相关的结构体变量，定义 4 个与电动机转速相关的变量，具体如图 4.2.23 所示。

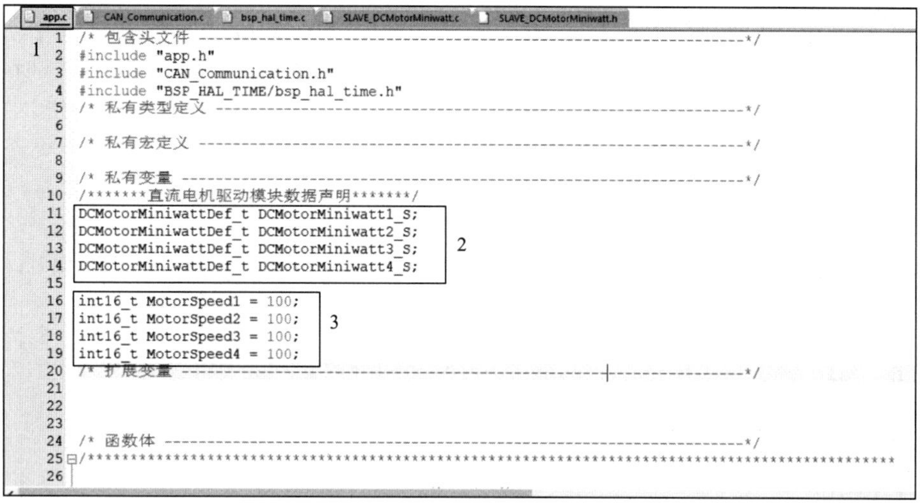

图 4.2.23　结构体、变量定义

在定义与电动机相关的结构体、变量时可以发现，“DCMotorMiniwattDef_t”结构体类型是在“SLAVE_DCMotorMiniwatt.h”头文件中定义的，但是“app.c”中并未包含“SLAVE_DCMotorMiniwatt.h”头文件。这里需要注意，“app.c”中虽然并未直接包含“SLAVE_DCMotorMiniwatt.h”头文件，但是其包含了“CAN_Communication.h”头文件，而“CAN_Communication.h”包含了“CAN_Communication_canconfig.h”头文件，“CAN_Communication_canconfig.h”包含了“SLAVE_DCMotorMiniwatt.h”头文件，因此通过层层包含关系可以发现，“app.c”与“SLAVE_DCMotorMiniwatt.h”头文件已经关联。

步骤 7：利用“ApplicationProgram_Iint()”函数进行电动机驱动模块控制数据的初始化；对 CAN 通信进行初始化；将中断具体执行的程序传递到定时器中断回调函数中并启动定时器，具体初始化程序如图 4.2.24 所示。

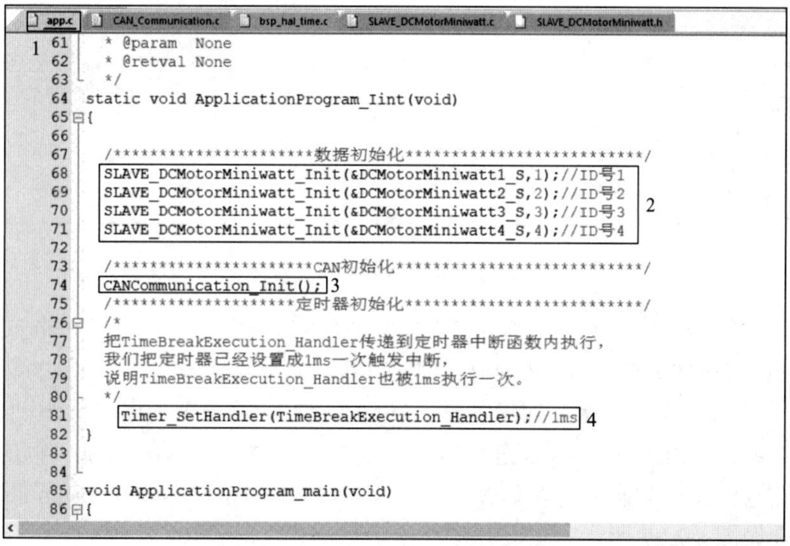

图 4.2.24　应用层初始化程序

图 4.2.24 区域 4 中的 Timer_SetHandler(TimeBreakExecution_Handler)实际作用是将 Time3_BreakExecution_Handler()传递至定时器中断的回调函数内部执行并启动定时器，具体如图 4.2.25 所示。Time3_BreakExecution_Handler()的具体内容如图 4.2.26 所示。

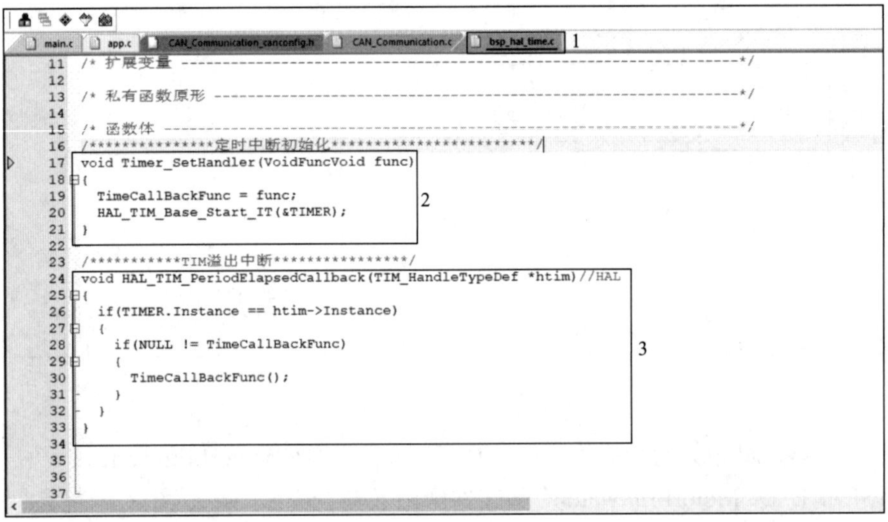

图 4.2.25　定时器中断相关程序 1

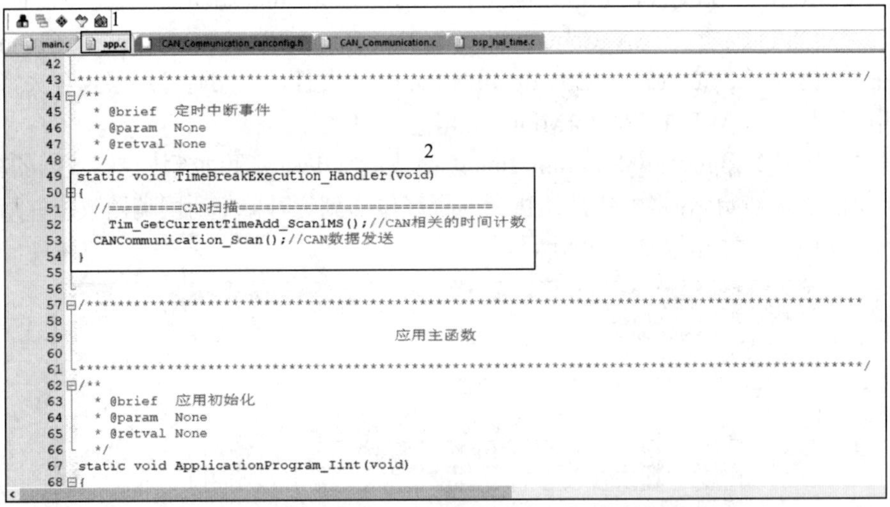

图 4.2.26　定时器中断相关程序 2

此处需注意的是，图 4.2.25 区域 2 中的 TIMER 实际是在 bsp_hal_time.h 文件中宏定义的 htim3，也可以将此处的 TIMER 直接修改为 htim3。

步骤 8： 设置 CAN 通信所需的帧数据空间。由于主控板与 1 个电动机驱动模块的 CAN 通信需要 3 帧数据空间，4 个电动机驱动模块共需要 12 帧数据空间，外加 1 帧的基础数据空间，所以最少需要 13 帧数据空间，具体帧数据空间的设置在“CAN_Communication_canconfig.h”文件中完成，如图 4.2.27 所示。

```
#ifndef __CAN_Communication_CANCONFIG_H__
#define __CAN_Communication_CANCONFIG_H__

/* 包含头文件 ------------------------------------------------------------------*/
#include <stdint.h>
#include "string.h"
#include "mytype.h"
/* USER包含头文件 --------------------------------------------------------------*/
//#include "SLAVE_Tracking/SLAVE_Tracking.h"
#include "SLAVE_DCMotorMiniwatt/SLAVE_DCMotorMiniwatt.h"
//#include "SLAVE_SteeringEngine/SLAVE_SteeringEngine.h"
//#include "SLAVE_SteppingMotor/SLAVE_SteppingMotor.h"
//#include "SLAVE_ExpansionBoardInput/SLAVE_ExpansionBoardInput.h"
//#include "SLAVE_ExpansionBoardOut/SLAVE_ExpansionBoardOut.h"
//#include "SLAVE_SteeringEngine_6CH/SLAVE_SteeringEngine_6CH.h"
//#include "SLAVE_BLHDCMotorMiniwatt/SLAVE_BLHDCMotorMiniwatt.h"
//#include "SLAVE_BLDCMotorMiniwatt/SLAVE_BLDCMotorMiniwatt.h"
/* 宏定义 ----------------------------------------------------------------------*/
#define NR_OF_TX_PG 13 //帧个数
#define TX_PGN_USER 0 //帧起始地址


#define DEVICE_ID   1    //装置地址id
#define DEVICE_LIST 0  //装置地址序列
```

图 4.2.27　设置帧数据空间

步骤 9：完成以上步骤后，电动机控制程序的移植基本完成，可通过将修改的电动机转速的子程序“SLAVE_DCMotorMiniwatt_SpeedSet(DCMotorMiniwattDef_t* handle,int16_t val)”加入“ApplicationProgram_main()”程序中实现电动机转速与转向的控制，具体如图 4.2.28 所示。

```
  SLAVE_DCMotorMiniwatt_Init(&DCMotorMiniwatt4_S,4);//ID号4

  /**********************CAN初始化**************************/
  CANCommunication_Init();
  /*********************定时器初始化*************************/
  /*
  把TimeBreakExecution_Handler传递到定时器中断函数内执行,
  我们把定时器已经设置成1ms一次触发中断,
  说明TimeBreakExecution_Handler也被1ms执行一次。
  */
    Timer_SetHandler(TimeBreakExecution_Handler);//1ms
}


void ApplicationProgram_main(void)
{
    ApplicationProgram_Iint();
    while(1)
  {
    SLAVE_DCMotorMiniwatt_SpeedSet(&DCMotorMiniwatt1_S,MotorSpeed1);
    SLAVE_DCMotorMiniwatt_SpeedSet(&DCMotorMiniwatt2_S,MotorSpeed2);
    SLAVE_DCMotorMiniwatt_SpeedSet(&DCMotorMiniwatt3_S,MotorSpeed3);
    SLAVE_DCMotorMiniwatt_SpeedSet(&DCMotorMiniwatt4_S,MotorSpeed4);
  }
}
```

图 4.2.28　电动机转速控制程序

活动 4.2.3　移植与编写底盘运动控制程序

四麦轮底盘运动控制程序的编写必须建立在底盘运动学解析基础上，通过前面的活动可以获得以下 4 个电动机的转速与底盘运动状态公式。

$$\begin{cases} v_{\omega_1} = v_{t_y} - v_{t_x} + \omega(a+b) \\ v_{\omega_2} = v_{t_y} + v_{t_x} - \omega(a+b) \\ v_{\omega_3} = v_{t_y} - v_{t_x} - \omega(a+b) \\ v_{\omega_4} = v_{t_y} + v_{t_x} + \omega(a+b) \end{cases}$$

根据以上公式，代码实现如下。

```
handle->speed1=y_axisbuf - x_axisbuf + (yawbuf*handle->yawfac);
handle->speed2=y_axisbuf + x_axisbuf - (yawbuf*handle->yawfac);
handle->speed3=y_axisbuf - x_axisbuf - (yawbuf*handle->yawfac);
handle->speed4=y_axisbuf + x_axisbuf + (yawbuf*handle->yawfac);

AbsSpeed1=Absolute_Value(handle->speed1);
AbsSpeed2=Absolute_Value(handle->speed2);
AbsSpeed3=Absolute_Value(handle->speed3);
AbsSpeed4=Absolute_Value(handle->speed4);

if(AbsSpeed1 > AbsSpeed2)
  SpeedMax=AbsSpeed1;
else
  SpeedMax=AbsSpeed2;
if(SpeedMax < AbsSpeed3)
  SpeedMax=AbsSpeed3;
if(SpeedMax < AbsSpeed4)
  SpeedMax=AbsSpeed4;

if(SpeedMax > handle->MaxLinearSpeed)
{
    handle->speed1=handle->speed1 * handle->MaxLinearSpeed / SpeedMax;
    handle->speed2=handle->speed2 * handle->MaxLinearSpeed / SpeedMax;
    handle->speed3=handle->speed3 * handle->MaxLinearSpeed / SpeedMax;
    handle->speed4=handle->speed4 * handle->MaxLinearSpeed / SpeedMax;
}
```

具体的程序移植步骤如下。

步骤 1：新建 FUNCTION 组，并添加 UnderpanControl_Motor.c、separate_button.c、pid.c 共 3 个文件，在 APP 组中新添加 data.c 文件，同时修改 app.c 中包含的头文件，具体如图 4.2.29 所示。

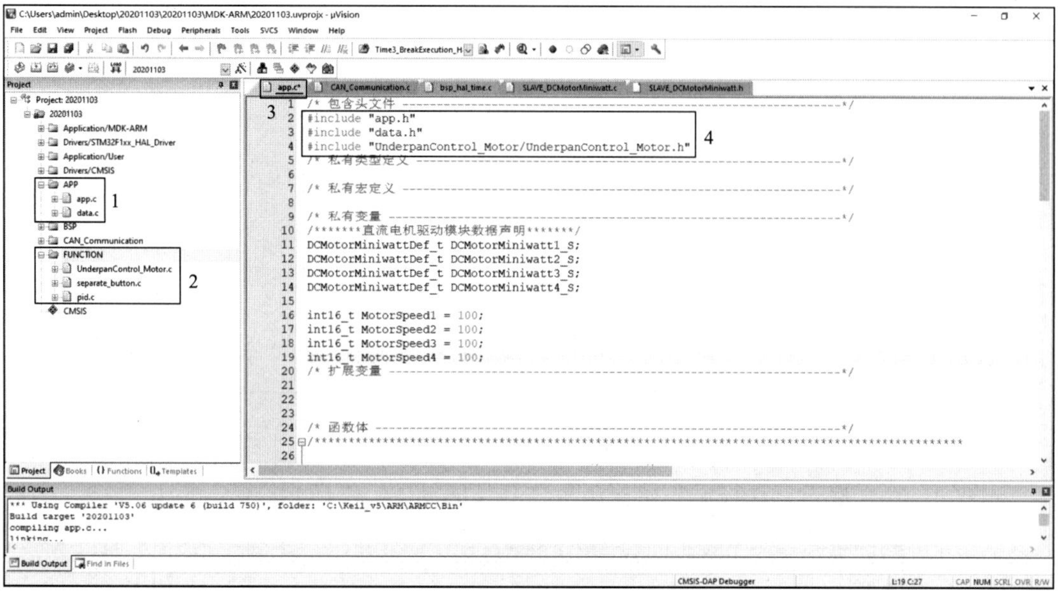

图 4.2.29　添加工作组及相关文件

步骤 2：添加相关头文件路径，主要为 data.h、separate_button.h、UnderpanControl_Motor.h、pid.h 等相关头文件的路径，具体如图 4.2.30 所示。

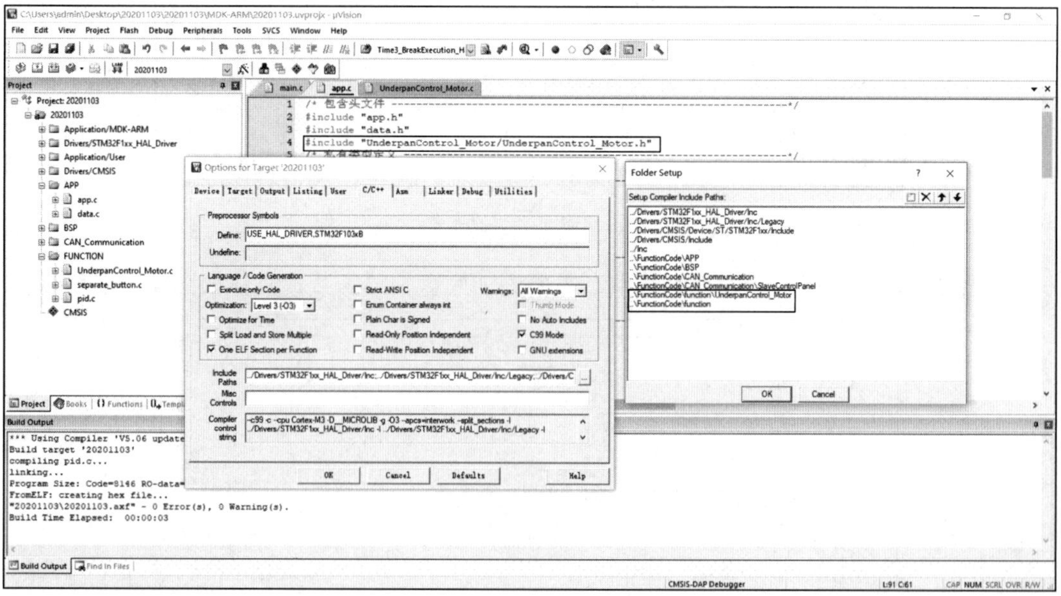

图 4.2.30　添加相关头文件路径

步骤 3：修改在“app.c”中关于电动机参数变量的定义，主要操作为删除电动机转速的变量，添加定义底盘运动数据结构的变量。这是因为此时已经不需要直接控制电动机的转速与转向，而是直接控制小车运动的状态，具体的电动机控制已经体现在小车底盘运动状态控制的程序中，具体如图 4.2.31 所示。

```c
/* 包含头文件 ----------------------------------------------------------*/
#include "app.h"
#include "data.h"
#include "UnderpanControl_Motor/UnderpanControl_Motor.h"
/* 私有类型定义 --------------------------------------------------------*/

/* 私有宏定义 ----------------------------------------------------------*/

/* 私有变量 ------------------------------------------------------------*/
/*******直流电机驱动模块数据声明*******/
DCMotorMiniwattDef_t DCMotorMiniwatt1_S;
DCMotorMiniwattDef_t DCMotorMiniwatt2_S;
DCMotorMiniwattDef_t DCMotorMiniwatt3_S;
DCMotorMiniwattDef_t DCMotorMiniwatt4_S;
/*******底盘控制数据声明*******/
UnderpanPostureDef_t UnderpanPosture_S;
/* 扩展变量 ------------------------------------------------------------*/



/* 函数体 --------------------------------------------------------------*/
/***********************************************************************************************

                                        硬件配置函数

***********************************************************************************************/
```

图 4.2.31　底盘运动数据结构变量的定义

步骤 4：添加底盘运动控制初始化函数，具体如图 4.2.32 所示。

```c
static void ApplicationProgram_Iint(void)
{

  /**********************数据初始化*************************/
  SLAVE_DCMotorMiniwatt_Init(&DCMotorMiniwatt1_S,1);//ID号1
  SLAVE_DCMotorMiniwatt_Init(&DCMotorMiniwatt2_S,2);//ID号2
  SLAVE_DCMotorMiniwatt_Init(&DCMotorMiniwatt3_S,3);//ID号3
  SLAVE_DCMotorMiniwatt_Init(&DCMotorMiniwatt4_S,4);//ID号4
  UnderpanControl_Init(&UnderpanPosture_S,
                       FOUR_DRIVE_McNamara,
            400,
            &DCMotorMiniwatt1_S,  //右上
            &DCMotorMiniwatt2_S,  //左上
            &DCMotorMiniwatt3_S,  //左下
            &DCMotorMiniwatt4_S); //右下
  /**********************CAN初始化*************************/
  CANCommunication_Init();
  /********************定时器初始化*************************/
  /*
  把TimeBreakExecution_Handler传递到定时器中断函数内执行，
  我们把定时器已经设置成1ms一次触发中断，
  说明TimeBreakExecution_Handler也被1ms执行一次。
  */
    Timer_SetHandler(TimeBreakExecution_Handler);//1ms
}

```

图 4.2.32　底盘运动控制初始化

步骤 5：在定时器中断处理函数中，需要添加底盘扫描函数，具体如图 4.2.33 所示。

```c
/***********************************************************************************************

                                     应用事件（中断）函数

***********************************************************************************************/
/** @brief  定时中断事件
  * @param  None
  * @retval None
  */
static void TimeBreakExecution_Handler(void)
{
  UnderpanControl_Scan(&UnderpanPosture_S); //底盘控制函数
  //=========CAN通讯协议=============================
  Tim_GetCurrentTimeAdd_Scan1MS();    //必须1ms进行扫描此函数
  CANCommunication_Scan();            //最好也1ms进行扫描
}
/***********************************************************************************************

                                        应用主函数

***********************************************************************************************/
/**
  * @brief  应用初始化
  * @param  None
  * @retval None
  */
```

图 4.2.33　定时器中断相关程序

步骤 6：修改“ApplicationProgram_main()”程序中的具体内容，控制底盘整体的运动状态，具体如图 4.2.34 所示。

```
/***********************CAN初始化***************************/
CANCommunication_Init();
/********************定时器初始化**************************/
/*
把TimeBreakExecution_Handler传递到定时器中断函数内执行，
我们把定时器已经设置成1ms一次触发中断，
说明TimeBreakExecution_Handler也被1ms执行一次。
*/
  Timer_SetHandler(TimeBreakExecution_Handler);//1ms
}


void ApplicationProgram_main(void)
{
  ApplicationProgram_Iint();
  while(1)
  {
    UnderpanPosture_S.y_axis = 50;
    UnderpanPosture_S.yaw = 0;
    UnderpanPosture_S.x_axis = 0;
  }
}
```

图 4.2.34　底盘运动控制程序

“ApplicationProgram_main()”程序中的 UnderpanPosture_S.y_axis 用于设置底盘前进/后退的速度，UnderpanPosture_S.x_axis 用于设置底盘左右平移的速度，UnderpanPosture_S.yaw 用于设置底盘沿中心转动的转速。通过修改这 3 个参数，即可实现对小车底盘的整体运动状态的控制。

步骤 7：将以上程序编译并下载至主控板，上电后观察 4 个电动机转动的方向是否正确。如果出现电动机转动的方向与程序控制的方向相反，则可能是电动机的电源线接反导致的，此时无须在硬件上对电动机接线进行修改，只需修改 UnderpanControl_Motor.h 中的宏定义，具体如图 4.2.35 所示。

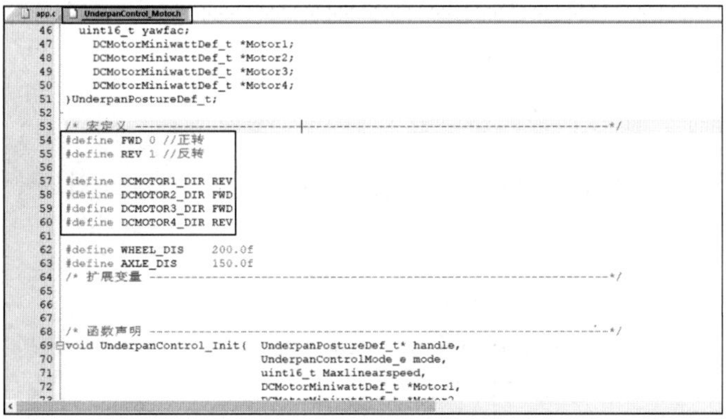

```
  uint16_t yawfac;
    DCMotorMiniwattDef_t *Motor1;
    DCMotorMiniwattDef_t *Motor2;
    DCMotorMiniwattDef_t *Motor3;
    DCMotorMiniwattDef_t *Motor4;
}UnderpanPostureDef_t;

/* 宏定义 -----------------------------------------------------------*/
#define FWD 0 //正转
#define REV 1 //反转

#define DCMOTOR1_DIR REV
#define DCMOTOR2_DIR FWD
#define DCMOTOR3_DIR FWD
#define DCMOTOR4_DIR REV

#define WHEEL_DIS    200.0f
#define AXLE_DIS     150.0f
/* 扩展变量 ---------------------------------------------------------*/



/* 函数声明 ---------------------------------------------------------*/
void UnderpanControl_Init(  UnderpanPostureDef_t* handle,
                            UnderpanControlMode_e mode,
                            uint16_t Maxlinearspeed,
                            DCMotorMiniwattDef_t *Motor1,
```

图 4.2.35　电动机转向的设置

DCMOTOR1_DIR～DCMOTOR4_DIR 对应 ID 号为 1～4 的电动机的转向，在电动机接线正确的情况下，这 4 个宏定义值如图 4.2.35 所示，一旦出现电动机反转，则应将对应的宏定义值取反。

步骤 8：编写具体的底盘状态控制程序。void ApplicationProgram_main(void)中的代码修改如下。

```
void ApplicationProgram_main(void)
{
    ApplicationProgram_Iint();

    while(1)
    {
        while(KEY_4() == 1)
        {
            HAL_Delay(10);
        }
        UnderpanPosture_S.y_axis=50;      //前进
        HAL_Delay(1500);
        UnderpanPosture_S.y_axis=0;
        HAL_Delay(500);
        UnderpanPosture_S.y_axis=-50;     //后退
        HAL_Delay(1500);
        UnderpanPosture_S.y_axis=0;
        HAL_Delay(500);

        UnderpanPosture_S.x_axis=50;      //右平移
        HAL_Delay(1500);
        UnderpanPosture_S.x_axis=0;
        HAL_Delay(500);
        UnderpanPosture_S.x_axis=-50;     //左平移
        HAL_Delay(1500);
        UnderpanPosture_S.x_axis=0;
        HAL_Delay(500);

        UnderpanPosture_S.yaw=50;         //逆时针旋转
        HAL_Delay(1500);
        UnderpanPosture_S.yaw=0;
        HAL_Delay(500);
        UnderpanPosture_S.yaw=-50;        //顺时针旋转
        HAL_Delay(1500);
        UnderpanPosture_S.yaw=0;
        HAL_Delay(500);
    }
}
```

从以上程序可以看出，按下 KEY4 后小车开始运动：前进 1.5s、停止 0.5s、后退 1.5s、停止 0.5s、右平移 1.5s、停止 0.5s、左平移 1.5s、停止 0.5s、逆时针旋转 1.5s、停止 0.5s、顺时针旋转 1.5s、停止 0.5s。

知识链接

1. 电动机驱动模块

电动机驱动模块数据初始化函数的具体说明如表 4.2.3 所示。

表 4.2.3　电动机驱动模块数据初始化函数的具体说明

函数原型	`uint8_t SLAVE_DCMotorMiniwatt_Init(DCMotorMiniwattDef_t* handle, uint8_t list);`
功能概述	声明并初始化直流有刷电动机控制模块的通信数据
参数说明	handle：指向直流有刷电动机控制模块通信数据的指针； list：直流有刷电动机控制模块对应的 ID 号
返回值	1：成功； 0：失败（数据已经声明过）

电动机转速控制函数的具体说明如表 4.2.4 所示。

表 4.2.4　电动机转速控制函数的具体说明

函数原型	`void SLAVE_DCMotorMiniwatt_SpeedSet(DCMotorMiniwattDef_t* handle, int16_t val);`
功能概述	修改对应直流有刷电动机控制模块的速度值
参数说明	handle：指向直流有刷电动机控制模块通信数据的指针； val：电动机的速度值，正数为正转，负数为反转，速度范围是-300～300
返回值	无

以"SLAVE_DCMotorMiniwatt_SpeedSet(&DCMotorMiniwatt1_S,MotorSpeed1)"程序为例，该程序只是修改 ID 号为 1 的电动机的转速（MotorSpeed1 大于 0 为正转，小于 0 为反转，绝对值为转速值）。但是在该程序中，该转速值并未直接通过 CAN 下发给电动机驱动模块。主控板的 CAN 发送是周期执行的，具体执行程序可参考图 4.2.26 中的"CANCommunication_Scan()"程序。

2. 底盘运动控制模块

底盘运动控制初始化函数的具体说明如表 4.2.5 所示。

表 4.2.5　底盘运动控制初始化函数的具体说明

函数原型	`void UnderpanControl_Init(UnderpanPostureDef_t* handle,`
	`uint8_t mode,`
	`uint16_t Maxlinearspeed,`
	`DCMotorMiniwattDef_t *Motor1,`
	`DCMotorMiniwattDef_t *Motor2,`
	`DCMotorMiniwattDef_t *Motor3,`
	`DCMotorMiniwattDef_t *Motor4);`

续表

功能概述	初始化底盘运动控制数据
参数说明	handle：指向底盘控制数据的指针； mode：控制模式； Maxlinearspeed：底盘的最大速度限值； Motor1：底盘电动机 1 的控制数据句柄； Motor2：底盘电动机 2 的控制数据句柄； Motor3：底盘电动机 3 的控制数据句柄； Motor4：底盘电动机 4 的控制数据句柄
返回值	无

底盘控制函数的具体说明如表 4.2.6 所示。

表 4.2.6　底盘控制函数的具体说明

函数原型	`void UnderpanControl_Scan(UnderpanPostureDef_t* handle);`
功能概述	底盘控制扫描函数，1～5ms 扫描一次即可
参数说明	handle：指向底盘控制数据的句柄
返回值	无

拓展训练

1）控制四麦轮底盘的直线行进，通过观察分析、比较相对于两胶轮底盘，四麦轮底盘的运动特点，分析四麦轮底盘的控制缺点，以及是否可以通过控制系统改进优化。

2）分析底盘控制子程序 UnderpanControl_Scan(UnderpanPostureDef_t* handle) 如何实现对各电动机的控制，并以流程图的形式展示。

任务 4.3　搭建四麦轮机器人循迹控制系统

任务目标

在四麦轮机器人底盘运动控制系统的基础上添加循迹模块，对比单一循迹模块的使用，掌握四麦轮双循迹模块的使用方法，并确定底盘姿态的原理。

视频：麦轮机器人循迹控制系统搭建（上）

视频：麦轮机器人循迹控制系统搭建（中）

视频：麦轮机器人循迹控制系统搭建（下）

任务实施

活动 4.3.1　搭建循迹控制系统硬件电路

四麦轮机器人循迹运动控制系统是在四麦轮机器人底盘运动控制系统的基础上添加

4 个循迹传感器构成的，其具体的构成框图如图 4.3.1 所示。

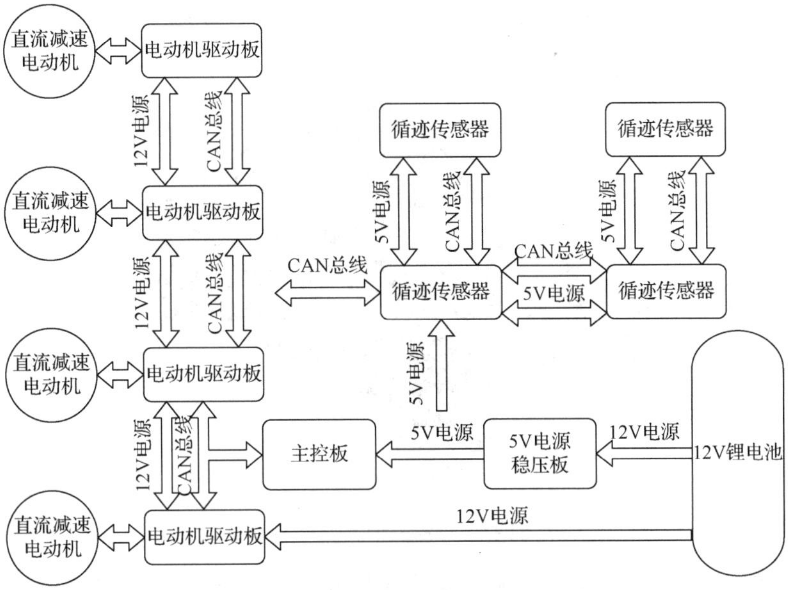

图 4.3.1　驱动模块接线原理图（带循迹传感器）

在整个控制系统中，4 个直流电动机驱动模块、4 个循迹传感器及 1 个主控板通过同一个 CAN 铜线实现数据、命令通信，系统的具体接线方式如图 4.3.2 所示。

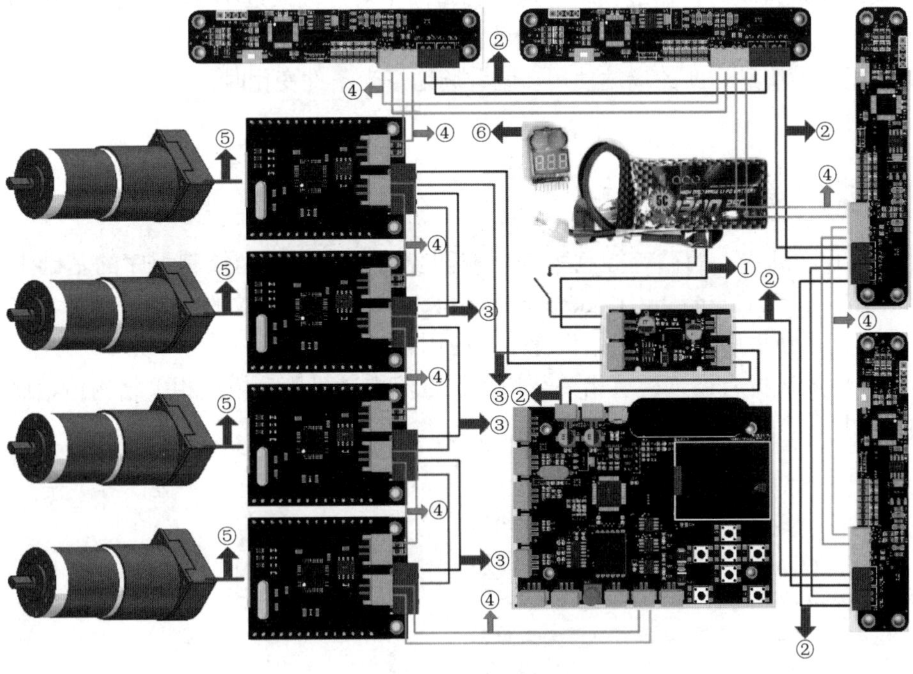

图 4.3.2　控制系统的接线方式

对于四麦轮底盘而言，循迹模块使用时需要注意以下几点。

1）其需要安装 4 个循迹模块，具体的 ID 号分配为车头为 1 号、车左侧为 2 号、车尾为 3 号、车右侧为 4 号，具体如图 4.3.3 所示。

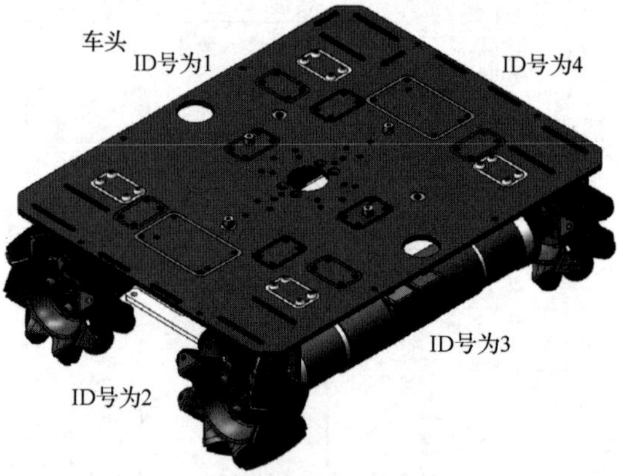

图 4.3.3　四麦轮底盘循迹模块 ID 号的设置

2）循迹模块是有方向的，4 根循迹条的安装方向需要一致，一般是统一将接插件朝向小车内部安装或统一将插件朝向小车外部安装（朝内或朝外需要修改程序配合）。

3）务必将带有红外反射传感器的那一面向下安装。

4）场地凹凸不平可能导致循迹模块不能正常工作。

5）安装循迹模块时，循迹模块与地面的距离不可过大或过小（一般距离地面 1.5cm）。

6）电池电压不可过低，否则可能导致循迹模块与主控板的通信异常。

7）当循迹模块进入新的场地使用，或者场地灯光条件变化时，必须重新进行阈值校准方可正常使用。

活动 4.3.2　编写循迹控制程序

四麦轮循迹机器人的循迹控制程序，在四麦轮机器人运动控制程序的基础上，添加 pid.c\h、SLAVE_Tracking.c\h、UnderpanControl_LinePatrol.c/h 文件至工程中，并修改数据声明、定时器中断程序、应用初始化程序、应用程序 4 处。

需要声明的数据有循迹模块相关结构体、直流电动机驱动模块相关结构体、底盘运动控制相关结构体，具体如下。

```
/*******循迹传感器数据声明*******/
TrackingDef_t Tracking_Device1;
TrackingDef_t Tracking_Device2;
TrackingDef_t Tracking_Device3;
TrackingDef_t Tracking_Device4;
/*******直流电动机驱动模块数据声明*******/
DCMotorMiniwattDef_t DCMotorMiniwatt1_S;
DCMotorMiniwattDef_t DCMotorMiniwatt2_S;
DCMotorMiniwattDef_t DCMotorMiniwatt3_S;
```

```
DCMotorMiniwattDef_t DCMotorMiniwatt4_S;
/*******底盘控制数据声明*******/
UnderpanPostureDef_t UnderpanPosture_S;
```

其中，定时器中断程序中的循迹功能扫描函数用于根据获取的循迹传感器数据，计算循迹功能相关数据；底盘控制扫描函数根据循迹功能相关数据，通过底盘运动控制实现循迹，具体程序如下。

```
static void TimeBreakExecution_Handler(void)
{
    int16_t yawbuff=0;
    int16_t y_axisbuff=0;
    int16_t x_axisbuff=0;
    //==========循迹功能扫描函数========================
    LinePatrol_Scan();
    y_axisbuff=LinePatrolData_S.y_axis_Practicalout;
    x_axisbuff=LinePatrolData_S.x_axis_Practicalout;
    yawbuff=LinePatrolData_S.yaw_Practicalout;
    //==========底盘控制扫描函数====================
    UnderpanPosture_S.y_axis=y_axisbuff;
    UnderpanPosture_S.yaw=yawbuff;
    UnderpanPosture_S.x_axis=x_axisbuff;
    UnderpanControl_Scan(&UnderpanPosture_S);
    //=========CAN 通信协议===========================
    Tim_GetCurrentTimeAdd_Scan1MS();      //必须 1ms 扫描一次此函数
    CANCommunication_Scan();              //最好也是 1ms 扫描一次
}
```

应用初始化程序中包含循迹传感器初始化、底盘运动控制初始化、循迹功能初始化，具体程序如下。

```
static void ApplicationProgram_Iint(void)
{
/*********************数据初始化************************/
    SLAVE_DCMotorMiniwatt_Init(&DCMotorMiniwatt1_S,1);   //ID 号为 1
    SLAVE_DCMotorMiniwatt_Init(&DCMotorMiniwatt2_S,2);   //ID 号为 2
    SLAVE_DCMotorMiniwatt_Init(&DCMotorMiniwatt3_S,3);   //ID 号为 3
    SLAVE_DCMotorMiniwatt_Init(&DCMotorMiniwatt4_S,4);   //ID 号为 4

    SLAVE_Tracking_Init(&Tracking1_S,1,0x00); //初始化循迹模块,ID 号为 1
    SLAVE_Tracking_Init(&Tracking2_S,2,0x00); //初始化循迹模块,ID 号为 2
    SLAVE_Tracking_Init(&Tracking3_S,3,0x00); //初始化循迹模块,ID 号为 3
    SLAVE_Tracking_Init(&Tracking4_S,4,0x00); //初始化循迹模块,ID 号为 4

    UnderpanControl_Init(&UnderpanPosture_S,
```

```
                    FOUR_DRIVE_McNamara,
                    400,
                    &DCMotorMiniwatt1_S,    //1 号
                    &DCMotorMiniwatt2_S,    //2 号
                    &DCMotorMiniwatt3_S,    //3 号
                    &DCMotorMiniwatt4_S);   //4 号
    LinePatrol_Init(1,
                &Tracking_Device1.Tracking_UploadData.DATE.SignalData, //前
                &Tracking_Device2.Tracking_UploadData.DATE.SignalData, //左
                &Tracking_Device3.Tracking_UploadData.DATE.SignalData, //后
                &Tracking_Device4.Tracking_UploadData.DATE.SignalData);//右
/**********************CAN 初始化**************************/
    CANCommunication_Init();
    /*******************定时器初始化*************************/
    /*把 TimeBreakExecution_Handler 传递到定时器中断函数内执行，
    这里已经把定时器设置成 1ms 执行一次触发中断，
    说明 TimeBreakExecution_Handler 也被 1ms 执行一次*/
    Timer_SetHandler(TimeBreakExecution_Handler);//1ms
}
```

在应用程序中，可以根据具体需求添加循迹功能，具体举例如下。

```
void ApplicationProgram_main(void)
{
uint8_t i=0;
    ApplicationProgram_Iint();
      for(i=0;i < 5 ; i++)
      {
          Execute_LinePatrol(CarDirection_Head,200,2,1);
          Execute_LinePatrol(CarDirection_Right,200,2,1);
          Execute_LinePatrol(CarDirection_Tail,200,2,1);
          Execute_LinePatrol(CarDirection_Left,200,2,1);
      }
    while(1)
    {
    }
}
```

应用程序的具体功能为，第一步为循迹机器人向前循迹移动两根横线；第二步为向右循迹移动两根横线（四麦轮机器人底盘横向右移）；第三步为向后循迹移动两根横线；第四步为向左循迹移动两根横线（四麦轮机器人底盘横向左移）。循迹机器人按照这 4 步重复沿方形路径绕行 5 次。

知识链接

1．循迹模块的结构体数据

四麦轮机器人具体的循迹功能子程序包含在 UnderpanControl_LinePatrol.c\h 文件中，其中四麦轮机器人循迹相关的数据与两轮循迹机器人循迹功能涉及的相关数据构成完全一致，只是四麦轮机器人循迹控制程序才真正将所有数据成员使用起来。为方便读者查阅数据构成信息，将数据说明附在下方，具体如表 4.3.1 和表 4.3.2 所示。

表 4.3.1　循迹设置结构体数据

类型名	LinePatrolDef
类型定义	typedef struct { 　　uint8_t sta; 　　uint8_t line; 　　DirectionDef_e Car_Direction; 　　uint16_t SetVal; 　　uint16_t TimeMem; 　　uint16_t y_axis_set; 　　uint16_t x_axis_set; 　　int16_t yaw_set; 　　uint16_t *CodedValue_q; 　　uint16_t (*ReadData_func)(void); }LinePatrolDef;
类型描述	循迹设置参数的结构体
取值说明	sta：状态； line：目标条数； Car_Direction：小车的运行方向； SetVal：设置存储器； TimeMem：时间存储器； y_axis_set：y 设置值； x_axis_set：x 设置值； yaw_set：旋转设置值； CodedValue_q：编码器读取数据指针； ReadData_func：数据读取函数指针
备注	—

表 4.3.2　循迹控制结构体数据

<table>
<tr><td>类型名</td><td>LinePatrolDef_t</td></tr>
<tr><td>类型定义</td><td><pre>typedef struct LinePatrol_T
{
    uint8_t active_level;
    uint8_t c;
    ModeDef_e mode;
    uint16_t Time;
    int16_t y_axis_out;
    int16_t x_axis_out;
    int16_t yaw_out;
    int16_t y_axis_Practicalout;
    int16_t x_axis_Practicalout;
    int16_t yaw_Practicalout;
    int16_t L1;
    int16_t L2;
    float D_Offs;
    float Alpha;
    SignalDef_u *HeadSignal;
    SignalDef_u *Signal1;
    SignalDef_u *Signal2;
    SignalDef_u *Signal3;
    SignalDef_u *Signal4;
    LinePatrolDef *TrackingpQ;
}LinePatrolDef_t;</pre></td></tr>
<tr><td>类型描述</td><td>用于底盘循迹控制的结构体</td></tr>
<tr><td>参数说明</td><td>active_level：信号有效电平存储器；
c：计数器；
mode：小车的控制模式；
Time：运行时间；
y_axis_out：y 输出值；
x_axis_out：x 输出值；
yaw_out：旋转输出值；
y_axis_Practicalout：y 实际输出值；
x_axis_Practicalout：x 实际输出值；
yaw_Practicalout：旋转实际输出值；
L1：前循迹计算长度；
L2：后循迹计算长度；
D_Offs：计算得出的 x 的偏移量；
Alpha：计算得出的小车 y_{aw} 的偏移量；
HeadSignal：相对方向头循迹模块的信号指针；
Signal1：循迹模块信号 1 的指针（小车头）；
Signal2：循迹模块信号 2 的指针（小车左）；
Signal3：循迹模块信号 3 的指针（小车尾）；
Signal4：循迹模块信号 4 的指针（小车右）；
TrackingpQ：循迹设置参数指针</td></tr>
<tr><td>备注</td><td>SignalDef_u：循迹灯数据联合体，按位把灯的布尔量使用结构体表示出来；
ModeDef_e：循迹运行模式枚举</td></tr>
</table>

UnderpanControl_LinePatrol.c\h 中包含的四麦轮机器人循迹功能实现相关函数与 TWO_DRIVE_COMMONWHEEL_LinePatrol.c 中包含的两轮机器人循迹功能实现相关函数基本一致，但是由于运动模型上存在区别，因此两者之间存在一定的差异，具体可自行比较。四麦轮机器人循迹功能相关函数的具体说明如表 4.3.3～表 4.3.11 所示。

表 4.3.3　四麦轮机器人底盘循迹控制数据初始化程序

函数原型	`void LinePatrol_Init( uint8_t active_level,`
	`uint8_t *Signal1q,`
	`uint8_t *Signal2q,`
	`uint8_t *Signal3q,`
	`uint8_t *Signal4q);`

功能概述	初始化底盘循迹控制数据
参数说明	active_level：有效电平值，1 或 0； Signal1q：小车头循迹的数据句柄； Signal2q：小车左循迹的数据句柄； Signal3q：小车尾循迹的数据句柄； Signal4q：小车右循迹的数据句柄
返回值	无

表 4.3.4　四麦轮机器人底盘循迹控制扫描程序

函数原型	`void LinePatrol_Scan(void);`
功能概述	底盘循迹控制扫描函数，1～5ms 扫描一次，循迹核心函数全由它调用
参数说明	无
返回值	无

表 4.3.5　4 麦轮机器人底盘定点循迹控制程序

函数原型	`void Execute_LinePatrol(DirectionDef_e Car_Direction,`
	`uint16_t spd,`
	`uint8_t wirenum,`
	`uint8_t mode);`

功能概述	直线循迹，以小车循迹的横条数作为停止条件
参数说明	Car_Direction：可输入 CarDirection_Head（以车头为前进方向）、CarDirection_Tail（以车尾为前进方向）、CarDirection_Left（以车左为前进方向）、CarDirection_Right（以车右为前进方向）； spd：小车前进的速度，可输入的范围为 50～250； wirenum：小车循迹的横线条数，该条数是停止条件，可输入的范围为 1～255； mode：为“1”则小车中心停在十字交叉点（此种模式下必须有 4 个循迹传感器），为“0”则小车在前进方向第一个循迹传感器与横线重合处。所以写“1”比写“0”超前半个身位
返回值	无

表 4.3.6　四麦轮机器人底盘延时循迹控制程序

函数原型	`void Execute_DelayTracking( DirectionDef_e Car_Direction, uint16_t spd, uint16_t time);`
功能概述	延时循迹，以时间为停止条件
参数说明	Car_Direction：可输入 CarDirection_Head（以车头为前进方向）、CarDirection_Tail（以车尾为前进方向）、CarDirection_Left（以车左为前进方向）、CarDirection_Right（以车右为前进方向）； spd：小车前进的速度，可输入的范围为 50～250； time：可输入 0～3000，代表前进时间（time×函数扫描时间）
返回值	无

表 4.3.7　四麦轮机器人底盘定距离运动控制程序

函数原型	`void Execute_EncoderTracking( DirectionDef_e Car_Direction, uint16_t spd, uint16_t millimeter);`
功能概述	路程循迹，以路程距离为停止条件
参数说明	Car_Direction：可输入 CarDirection_Head（以车头为前进方向）、CarDirection_Tail（以车尾为前进方向）、CarDirection_Left（以车左为前进方向）、CarDirection_Right（以车右为前进方向）； spd：小车前进的速度，可输入的范围为 50～250； millimeter：可输入 0～60000，代表前进的毫米距离，与实际有一定的偏差
返回值	无

表 4.3.8　四麦轮机器人底盘 90°转弯控制程序

函数原型	`void Execute_Wheel_90(DirectionDef_e Car_Direction, int16_t spd, uint16_t time);`
功能概述	小车 90°旋转（大约 90°）
参数说明	Car_Direction：可输入 CarDirection_Head（以车头为前进方向）、CarDirection_Tail（以车尾为前进方向）、CarDirection_Left（以车左为前进方向）、CarDirection_Right（以车右为前进方向）； spd：小车旋转的速度，可输入的范围为 50～250，以 Car_Direction 为方向，负为右转，正为左转； time：旋转之前前进的时间，为 0 时不前进而立即旋转
返回值	无

表 4.3.9　四麦轮机器人底盘开环模式延时前进控制程序

函数原型	`void ExecuteOpenLoop_DelayWalk(DirectionDef_e Car_Direction, uint16_t y_val, uint16_t x_val, int16_t yaw_val, uint16_t time);`
功能概述	开环模式下控制小车底盘的运动

续表

参数说明	Car_Direction：可输入 CarDirection_Head（以车头为前进方向）、CarDirection_Tail（以车尾为前进方向）、CarDirection_Left（以车左为前进方向）、CarDirection_Right（以车右为前进方向）； y_val：底盘 y 轴的参数； x_val：底盘 x 轴的参数； yaw_val：底盘偏航轴的参数； Time：可输入 0～60000，代表运行时间（time×5ms）
返回值	无

表 4.3.10　四麦轮机器人底盘原地姿态调整程序

函数原型	`void Execute_SituAdjust(uint16_t OutTime);`
功能概述	在小车停在十字交叉点上时才可调用，原地调整，使小车处于十字交叉点中心，当小车处于十字交叉点中心时结束此函数，可能产生调整振荡，需要超时退出
参数说明	OutTime：调整振荡超时时间，调整时间到达（OutTime×函数扫描时间）时退出调整
返回值	无

表 4.3.11　四麦轮机器人底盘运行等待程序

函数原型	`void WaitForTheCarToStop(void);`
功能概述	等待小车底盘运行停止。当小车停在某个位置进行上部机构运动时，需要调用此函数
参数说明	无
返回值	无

2．四麦轮循迹控制模型分析

如果在小车车头与车尾各安装一个循迹传感器，则通过前、后两个循迹传感器，可以同时获取小车中心点与导航条的位置差异及小车本身相对于导航条的姿态角度差异，具体如图 4.3.4 所示。

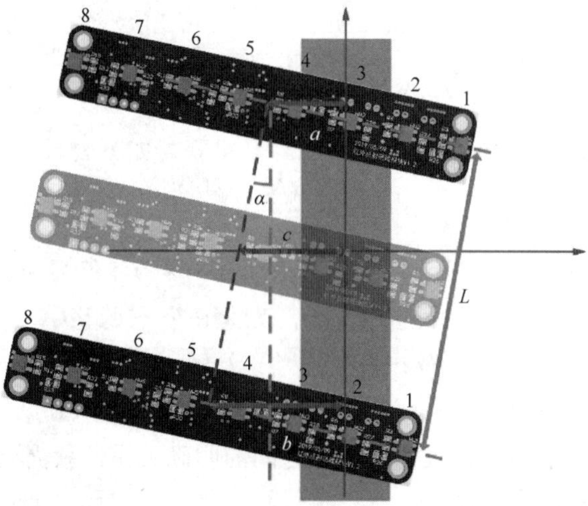

图 4.3.4　双循迹传感器的应用

从图 4.3.4 中可以发现，此种模型比较适合作为全向移动的小车模型。因为小车可以实现全向移动，所以可以将运动分解为前进、平移及自身的旋转，从而在小车前进的同时，通过平移实现小车中心点相对于导航条位置的调整，以及通过自转实现小车姿态的调整，并且可以分别使用两个互不干涉的 PID 算法计算出平移与自转调整值。

这里需要注意的是，小车平移实现小车中心点的位置调整，在调整结束后是不需要小车保持某一个平移速度用于维持小车中心点的位置的；小车自身姿态的调整也是如此。这就意味着两个调整模型的静态误差可以忽略，也就是说，PID 算法中的积分项可以忽略。而中心点的位置调整实际是通过调整平移位移实现的，姿态调整是通过调整自转角度实现的，因此选择位置式 PID 比较合适。

如图 4.3.4 所示，在具体使用 PID 算法时，首先要计算出当前小车的位置。为了方便起见，在小车正中间的位置放置一个虚拟的循迹传感器，因此小车的位置调整就变为让中间这个虚拟循迹传感器的中点到达导航条上，即位置调整的目标值变为虚拟循迹传感器的位置值 $N_{4.5}$，而虚拟循迹传感器的当前反馈位置值可通过如下公式获取：

$$N_t = (N_{ft} + N_{bt}) / 2 \tag{4.3.1}$$

式中，N_{ft} 为前循迹传感器的当前位置反馈值；N_{bt} 为后循迹传感器的当前位置反馈值。因此 PID 算法中的 $e(t)$ 计算公式为

$$e(t) = N_{4.5} - (N_{ft} + N_{bt}) / 2 \tag{4.3.2}$$

通过计算公式 $u(t) = K_{\mathrm{P}} e(t) + K_{\mathrm{D}}[e(t) - e(t-1)]$ 即可获取其输出值。该输出值如果为正，则需要通过调整底盘电动机实现小车整体向右平移；如果为负，则需要通过调整底盘电动机实现小车整体向左平移。

如图 4.3.4 所示，小车的姿态偏移可以通过小车中轴线与导航条的夹角 α 来描述，其具体描述公式为

$$\sin\alpha = (b - a) / L \tag{4.3.3}$$

式中，b 为后循迹传感器中心点至导航条的距离；a 为前循迹传感器中心点至导航条的距离，其计算公式分别为

$$b = N_{4.5} - N_{bt} \tag{4.3.4}$$

$$a = N_{4.5} - N_{ft} \tag{4.3.5}$$

将式（4.3.4）与式（4.3.5）代入式（4.3.3），可获得如下公式。

$$\alpha = \arcsin\frac{(N_{ft} - N_{bt})}{L} \tag{4.3.6}$$

由于轴距 L 为固定值，所以 α 最终只与 $(N_{ft} - N_{bt})$ 有关，也就是可以直接用 $(N_{ft} - N_{bt})$ 的值来描述当前小车的姿态，而目标值为 0，为此在姿态调整中，$e(t)$ 的计算公式变为

$$e(t) = 0 - (N_{ft} - N_{bt}) = N_{bt} - N_{ft}$$

为何最终可以直接用 $(N_{ft} - N_{bt})$ 的值来描述当前小车的姿态呢？这是由于 PID 算法本身并不需要知道控制输出与执行机构执行量之间的明确关系，只需要知道控制输出的改变是否能让被控对象更趋向设置值。

同样通过计算公式 $u(t) = K_{\mathrm{P}} e(t) + K_{\mathrm{D}}[e(t) - e(t-1)]$ 即可获取其输出值。该输出值如果为正，则需要通过调整底盘电动机实现小车逆时针旋转来纠偏；如果为负，则需要通过调整

底盘电动机实现小车顺时针旋转来纠偏。

同样的道理，这里也不需要关注 PID 算法计算得到的值 $u(t)$ 与实现平移和旋转纠偏的电动机转速之间的明确关系，只需要通过调整这两个 PID 算法中各自的 K_P 与 K_D 参数，并直接观察小车的循迹性能是否满足要求即可。

拓展训练

1）分析为实时获取四麦轮底盘相较于导航条的姿态，循迹传感器与主控板之间的通信方式，可通过研读循迹传感器的使用说明书寻找线索。

2）由于导航条有一定的宽度，而循迹传感器的检测频率较高，请问如何避免出现循迹传感器对导航条横向条数的误识别。

思考与练习

请基于四麦轮循迹机器人编写程序实现以下功能：四麦轮循迹机器人在布满田字形导航条的场地内，以 8 字形（8 字可大可小）运动轨迹运动。场地及导航条布局如下图所示。

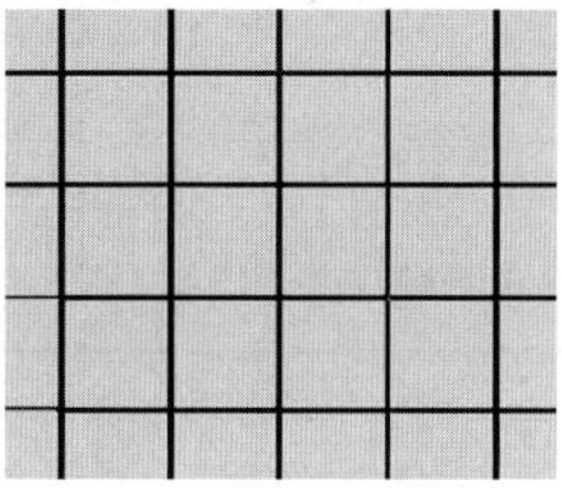

场地及导航条布局图

5 项目

四麦轮码垛机器人

>>>>

◎ 项目导读

本项目在介绍码垛机构时，重点介绍码垛机构的核心——机械臂，包括机械臂的分类、动力源舵机的构成，同时以连杆式机械臂为例分析了机械臂的运动模型，使读者对常见码垛机构有基本的认识。

由于码垛机器人是在四麦轮循迹机器人的基础上增加了机械臂，而机械臂的控制核心为舵机控制，所以本项目主要介绍舵机驱动模块及其如何集成到四麦轮循迹机器人控制系统上。在控制程序编写方面，主要介绍码垛机构核心控制代码及整机控制代码的编写。

◎ 学习目标

通过对本项目的学习，应达成如下学习目标。

知识目标	能力目标	思政素养目标
1. 了解码垛机构的构成及分类，以及连杆式机械臂模型及码垛机构的动力源。 2. 了解码垛的控制电路，以及驱动模块的功能及使用方法。 3. 了解具有码垛控制的运动相关控制原理及函数	1. 能够搭建机械臂。 2. 能够搭建码垛的控制电路，并能设计码垛的控制程序。 3. 能够设计制作具有码垛机构的四麦轮循迹机器人系统	1. 树立规范意识、安全意识，严格按照安全操作规程作业。 2. 强化勤于思考、善于总结、勇于探索的科学精神

任务 5.1　认识码垛机构

任务目标

了解码垛机构的定义、分类；以连杆机械臂为例，掌握组装码垛结构的步骤，并能自行分析需要特别关注各装配注意点的原因。

视频：连杆型码垛机械臂装配

任务实施

活动　组装机械臂

本方案采用的机械臂结构是利用 4 个舵机来实现整体的机械运动的：靠一号舵机实现机械臂的旋转；靠二号、三号舵机实现机械臂连杆的上下、前后运动；靠四号舵机的旋转实现机械爪的张开、抓取运动。机械臂所用到的零件清单如表 5.1.1 所示，最终成品如图 5.1.1 所示。

表 5.1.1　零件清单

零件名称	实物图	数量
转盘轴承座挡片	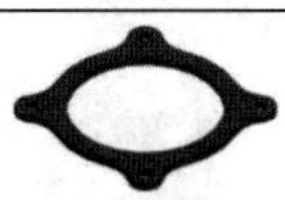	1
6805 轴承		1
底部旋转轴		1
底部转轴		1
舵盘	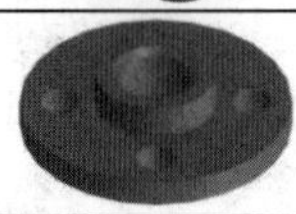	2

续表

零件名称	实物图	数量
25kg 舵机		4
上部机构固定板		1
一段机械臂舵机固定件		1
舵臂		2
130mm 主动臂板		2
中部支撑件		1
F695 法兰轴承		4
5-15 滚针轴承		5
130mm 主动臂板模块筋		2
长臂舵机架		1
舵机驱动模块固定件		1
机械臂二段舵机板		1
130mm 加长臂连杆-2		1
120mm 连杆板		1

续表

零件名称	实物图	数量
三角板		1
MF830 法兰轴承	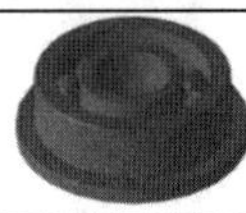	9
130mm 加长臂连杆-1	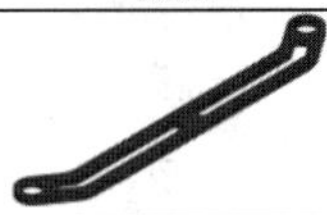	2
120mm 连杆板-2		1
连杆加强钣金		1
导向杆		1
机械爪板-主动	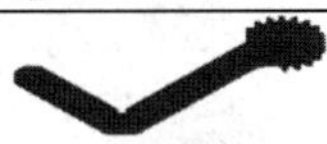	1
机械爪板-从动		1
F3-8M 推力球轴承		6
机械爪支撑件		1
机械爪舵机板		1
机械爪齿轮		1
25mm 卡簧		1
通用底板	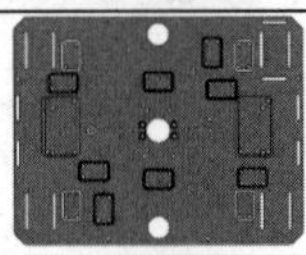	1
M3×13mm 铝柱		4
M3×15mm 铝柱		6

续表

零件名称	实物图	数量
M3×20mm 铝柱		2
M3×5mm 尼龙柱		4
D5×10mm 塞打螺钉	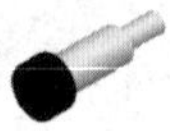	3
D5×15mm 塞打螺钉		1
D5×20mm 塞打螺钉		1
M3×10mm 一字塞打螺钉	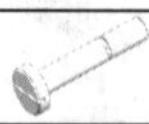	7
M3×6mm 圆头螺钉		41
M3×8mm 圆头螺钉		9
M3×10mm 圆头螺钉		4
M3×12mm 圆头螺钉	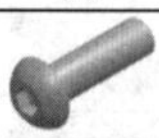	12
M3×20mm 圆头螺钉	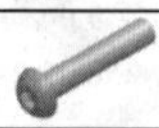	1
M3×6mm 沉头螺钉		7
M3×8mm 沉头螺钉		7
M3×16mm 沉头螺钉		4
M2×8mm 杯头螺钉	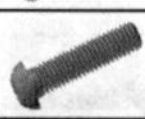	4
M3 防松螺母	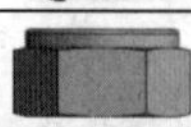	24

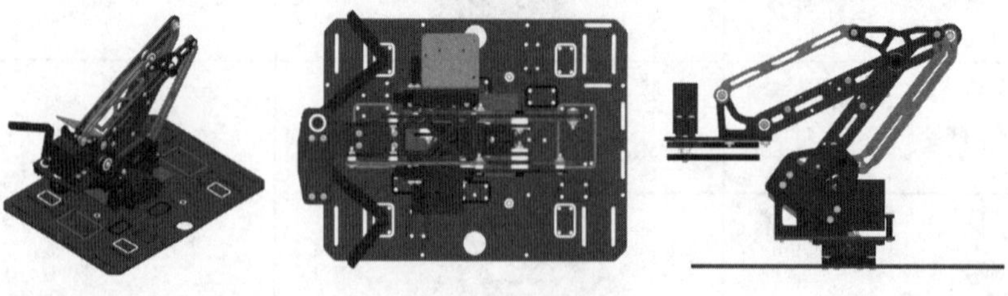

图 5.1.1　最终成品

机械结构的具体装配步骤如下。

步骤 1：转轴轴承的装配。在装配转轴轴承时，需要明确装配顺序，按底部旋转轴→6805 轴承→转盘轴承座挡片的顺序进行装配。其装配方法如图 5.1.2 所示，最终的装配效果如图 5.1.3 所示。

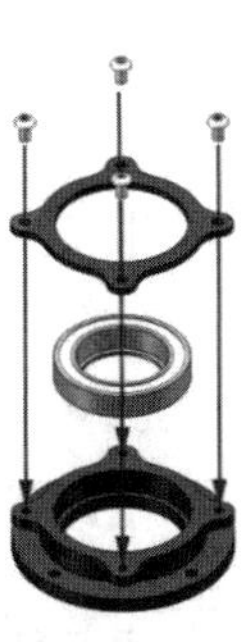

图 5.1.2　转轴轴承的装配

图 5.1.3　转轴轴承的装配效果

注意：

1）将 6805 轴承压入底部旋转轴。

2）使用 4 颗 M3×6mm 圆头螺钉将转盘轴承座挡片与底部旋转轴固定，防止轴承跳出。

步骤 2：底部转轴的装配。在装配底部转轴时，需要明确装配顺序，按转轴轴承→底部转轴→卡簧的顺序进行装配。其装配方法如图 5.1.4 所示，最终的装配效果如图 5.1.5 所示。

图 5.1.4　底部转轴的装配

图 5.1.5　底部转轴的装配效果

注意：

1）将底部转轴压入转轴轴承，按压时注意保证底部转轴与转轴轴承垂直。

2）利用卡簧钳将卡簧压入底部转轴卡簧槽内。

步骤 3：舵盘与底部转轴的装配。将舵盘与底部转轴进行装配，注意找准对应的孔位。其装配方法如图 5.1.6 所示，最终的装配效果如图 5.1.7 所示。

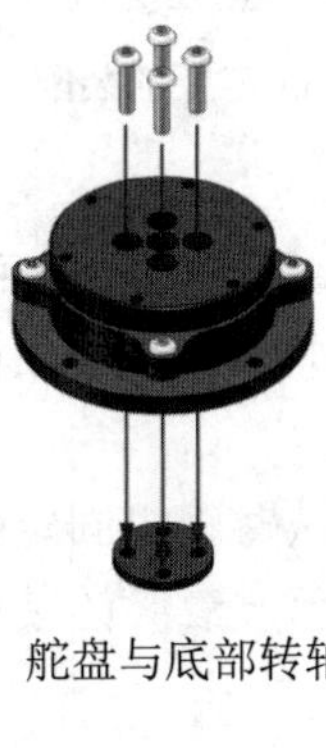

图 5.1.6　舵盘与底部转轴的装配

图 5.1.7　舵盘与底部转轴的装配效果

注意： 使用 4 颗 M3×12mm 圆头螺钉将舵盘与底部转轴固定。

步骤 4： 上部机构固定板与一号舵机的装配。在装配舵机时，需要明确装配顺序，按上部机构固定板→铝柱→舵机→紧固件的顺序进行装配。其装配方法如图 5.1.8 所示，最终的装配效果如图 5.1.9 所示。

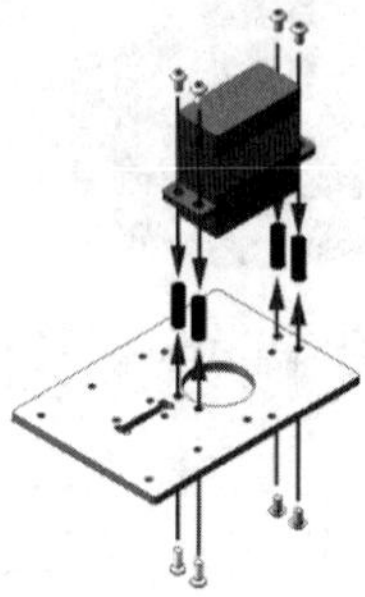

图 5.1.8　一号舵机的装配

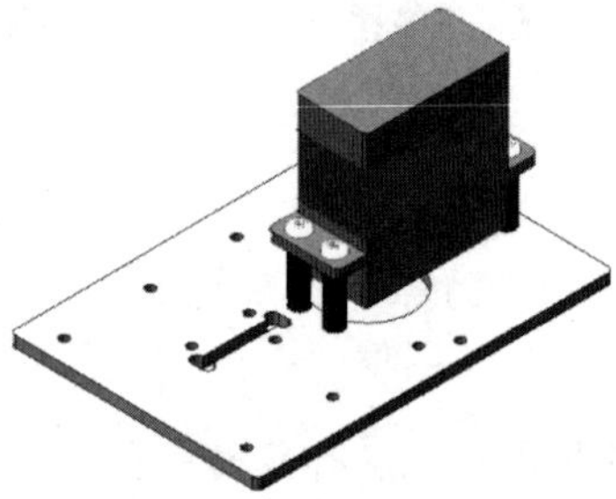

图 5.1.9　一号舵机的装配效果

注意：

1）使用两颗 M3×6mm 圆头螺钉和两颗 M3×6mm 沉头螺钉将上部机构固定板与 15mm 铝柱固定，使用沉头螺钉是为了防止后续安装底部转轴模块时会有干涉。

2）使用 4 颗 M3×6mm 圆头螺钉将一号舵机与 15mm 铝柱固定。

步骤 5： 底部转轴模块与上部机构固定板的装配。将底部转轴模块与上部机构固定板进行装配，注意找准对应的孔位。其装配方法如图 5.1.10 所示，最终的装配效果如图 5.1.11 所示。

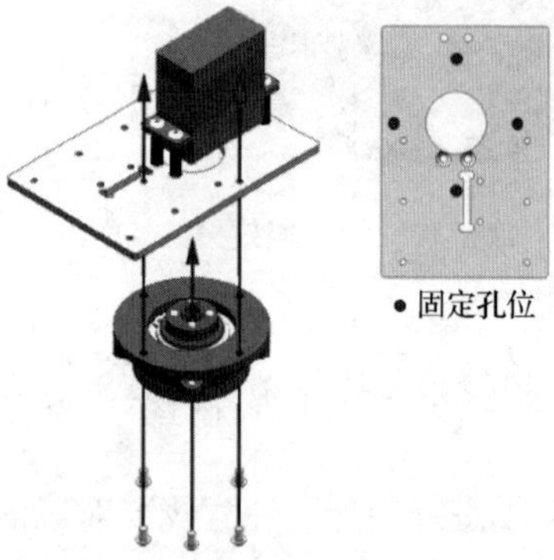

图 5.1.10　底部转轴模块与上部机构固定板的装配

图 5.1.11　底部转轴模块与上部机构固定板的装配效果

注意：

1）将舵盘按压进舵机输出头内，通过旋转使底部转轴与上部机构固定板的孔位对齐。

2）使用 4 颗 M3×6mm 圆头螺钉将底部转轴模块与上部机构固定板固定。

3）使用 M3×6mm 圆头螺钉将舵盘与舵机输出头固定。

步骤 6： 一段机械臂舵机固定件的装配。装配一段机械臂舵机固定件时，需注意所用的螺钉长度是否会造成干涉。其装配方法如图 5.1.12 所示，最终的装配效果如图 5.1.13 所示。

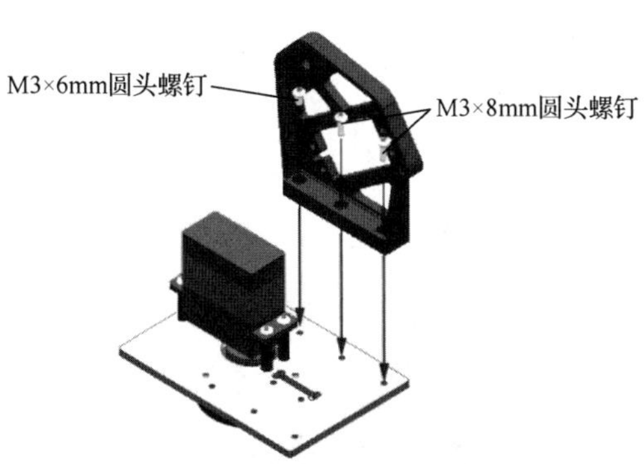

图 5.1.12　一段机械臂舵机固定件的装配

图 5.1.13　一段机械臂舵机固定件的装配效果

注意：使用 1 颗 M3×6mm 圆头螺钉和 2 颗 M3×8mm 圆头螺钉，将一段机械臂舵机固定件与上部机构固定板固定。因为使用的 M3×8mm 圆头螺钉的长度在固定时会干涉底部的转轴模块，所以选用 M3×6mm 圆头螺钉。

步骤 7：二号舵机的装配。装配时需注意舵机输出头的朝向是否正确。其装配方法如图 5.1.14 所示，最终的装配效果如图 5.1.15 所示。

图 5.1.14　二号舵机的装配

图 5.1.15　二号舵机的装配效果

注意：使用 4 颗 M3×12mm 圆头螺钉和 4 颗防松螺母将二号舵机与一段机械臂舵机固定件固定。

步骤 8：舵臂的装配与固定。为了方便拧紧螺钉，可以先将舵臂紧固螺钉拧入舵臂，但不需要拧紧，等压入舵机输出头后再拧紧。其装配方法如图 5.1.16 所示，最终的装配与固定效果如图 5.1.17 所示。

（a）　（b）

图 5.1.16　舵臂的装配与固定

图 5.1.17　舵臂的装配与固定效果

注意：使用两颗 M2×8mm 杯头螺钉将舵臂与舵机固定。

步骤 9：130mm 主动臂板的装配。将舵臂旋转到合适的位置后，再进行 130mm 主动臂板的装配。其装配方法如图 5.1.18 所示，最终的装配效果如图 5.1.19 所示。

图 5.1.18　130mm 主动臂板的装配

图 5.1.19　130mm 主动臂板的装配效果

注意：使用两颗 M3×8mm 圆头螺钉将 130mm 主动臂板与舵臂固定。

步骤 10：中部支撑件的装配。装配时需要将中部支撑件的底部凸台卡入上部机构固定板。其装配方法如图 5.1.20 所示，最终的装配效果如图 5.1.21 所示。

图 5.1.20　中部支撑件的装配

图 5.1.21　中部支撑件的装配效果

注意：使用两颗 M3×6mm 圆头螺钉将中部支撑件与上部机构固定板固定。

步骤 11：侧主动臂的装配。在装配侧主动臂时，需要明确装配顺序，按 F695 轴承→中部支撑件→滚针轴承→塞打螺钉→紧固件的顺序进行装配。其装配方法如图 5.1.22 所示，最终的装配效果如图 5.1.23 所示。

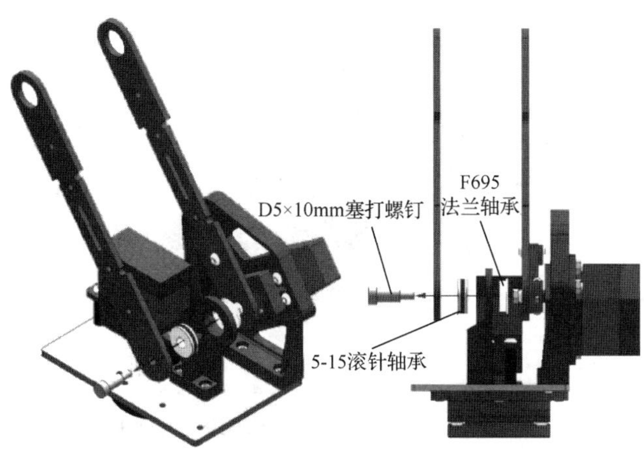

图 5.1.22　侧主动臂的装配

图 5.1.23　侧主动臂的装配效果

注意：使用 D5×10mm 塞打螺钉按侧主动臂→滚针轴承→中部支撑件→F695 法兰轴承顺序进行装配，最后使用 M3 防松螺母进行固定。

步骤 12：铝柱的固定。先固定一端的主动臂铝柱，再将另一端的主动臂孔位对齐，进行固定。其装配方法如图 5.1.24 所示，最终的装配效果如图 5.1.25 所示。

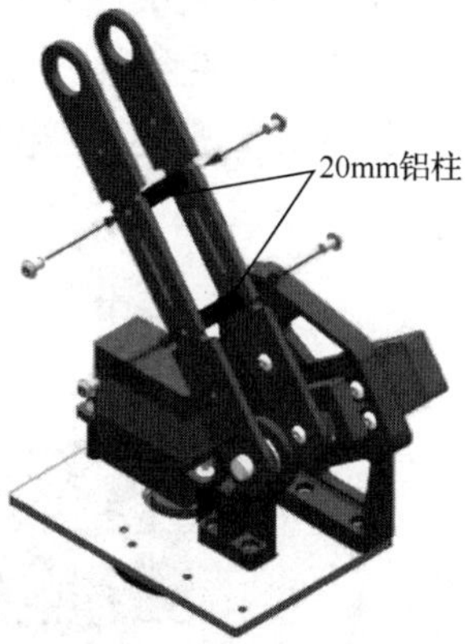

图 5.1.24　铝柱的固定

图 5.1.25　铝柱的固定效果

注意：

1）使用两颗 M3×6mm 圆头螺钉将铝柱与 130mm 主动臂固定。

2）使用两颗 M3×6mm 圆头螺钉将侧主动臂与铝柱固定。

步骤 13：130mm 主动臂板模块筋的装配。在装配 130mm 主动臂板模块筋时，需要明确装配顺序，按 130mm 主动臂板模块筋→铝柱→主动臂模块→130mm 主动臂板模块筋→紧固件的顺序进行装配。其装配方法如图 5.1.26 所示，最终的装配效果如图 5.1.27 所示。

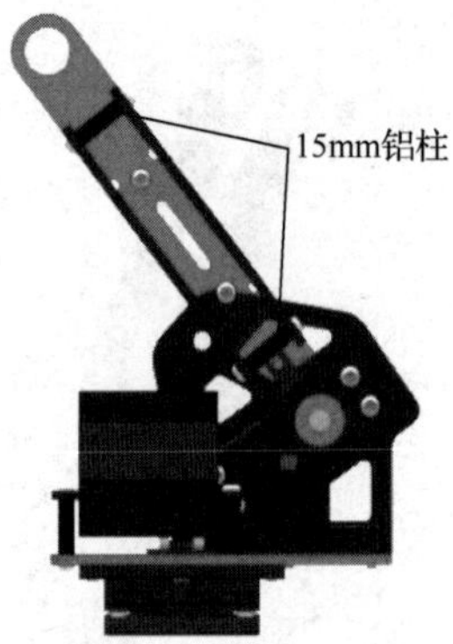

图 5.1.26　130mm 主动臂板模块筋的装配

图 5.1.27　130mm 主动臂板模块筋的装配效果

注意：

1）使用两颗 M3×6mm 圆头螺钉将 130mm 主动臂板模块筋与铝柱固定，然后卡入主动臂模块的卡槽内。

2）使用两颗 M3×6mm 圆头螺钉将 130mm 主动臂板模块筋与铝柱固定，使两块 130mm 主动臂板模块筋与主动臂模块相互夹紧。

步骤 14： 三号舵机、舵机驱动模块固定件与长臂舵机架的装配。装配三号舵机、舵机驱动模块固定件与长臂舵机架时，需要明确装配顺序，按长臂舵机架→三号舵机→舵机驱动模块固定件的顺序进行装配。其装配方法如图 5.1.28 所示，最终的装配效果如图 5.1.29 所示。

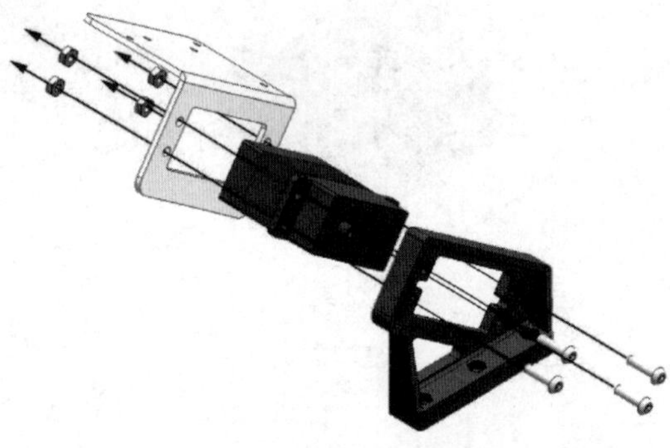

图 5.1.28　舵机、舵机驱动模块固定件与长臂舵机架的装配

图 5.1.29　舵机、舵机驱动模块固定件与长臂舵机架的装配效果

注意：

1）使用 4 颗 M3×12mm 圆头螺钉与 4 个 M3 防松螺母将三号舵机、舵机驱动模块固定件与长臂舵机架固定。

2）随时关注舵机输出头的朝向。

步骤 15： 舵臂的装配。为了方便拧紧螺钉，可以先将舵臂紧固螺钉拧入舵臂，但不需要拧紧，等压入舵机输出头后再拧紧。其装配方法如图 5.1.30 所示，最终的装配效果如图 5.1.31 所示。

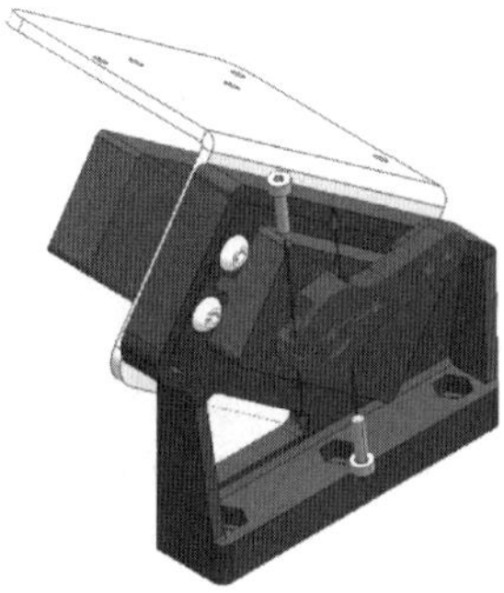

图 5.1.30　舵臂的装配

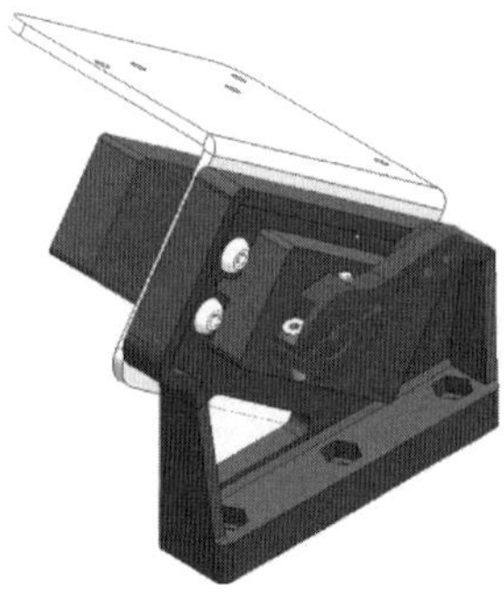

图 5.1.31　舵臂的装配效果

注意：使用两颗 M2×8mm 杯头螺钉将舵臂与舵机固定。

步骤 16：机械臂二段舵机板的装配。在装配机械臂二段舵机板时，注意找准对应的孔位。其装配方法如图 5.1.32 所示，最终的装配效果如图 5.1.33 所示。

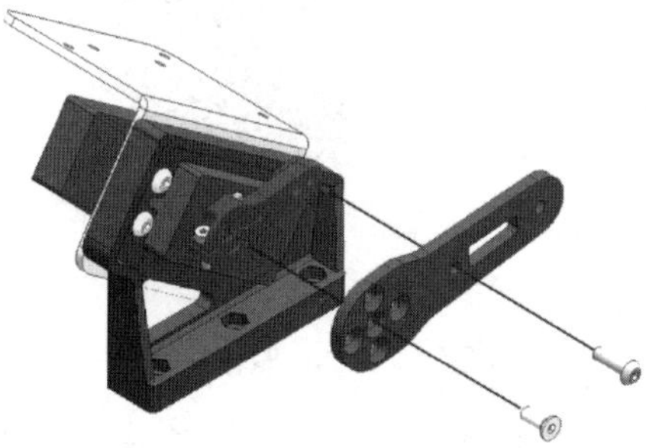

图 5.1.32　机械臂二段舵机板的装配

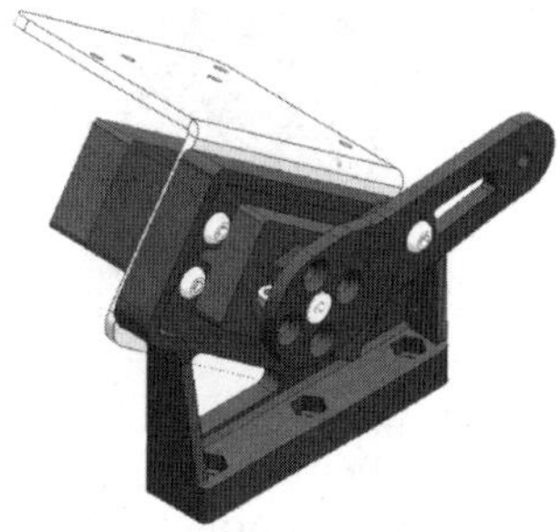

图 5.1.33　机械臂二段舵机板的装配效果

注意：使用 M3×8mm 沉头螺钉与 M3×8mm 圆头螺钉将机械臂二段舵机板与舵臂固定。

步骤 17：二段机械臂舵机模块的装配。在装配二段机械臂舵机模块时，注意找准对应的孔位。其装配方法如图 5.1.34 所示，最终的装配效果如图 5.1.35 所示。

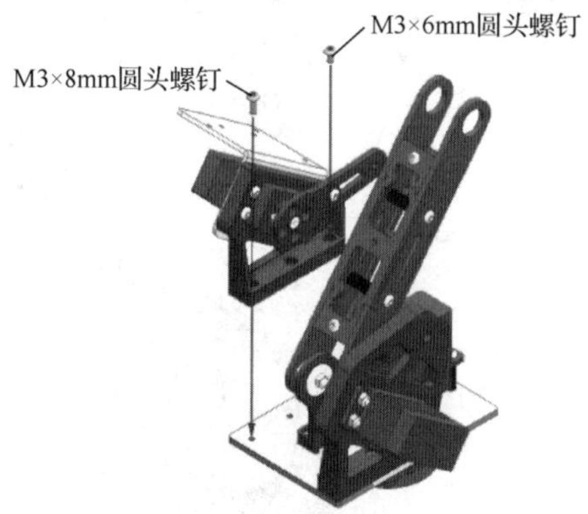

图 5.1.34　二段机械臂舵机模块的装配

图 5.1.35　二段机械臂舵机模块的装配效果

注意：

1）使用 1 颗 M3×6mm 圆头螺钉和 1 颗 M3×8mm 圆头螺钉，将二段机械臂舵机模块固定件与上部机构固定板固定。

2）因为使用 M3×8mm 圆头螺钉，其长度在固定时会干涉底部转轴模块，所以选用 M3×6mm 圆头螺钉。

步骤 18： 130mm 加长臂连杆-2 的装配。在装配 130mm 加长臂连杆-2 时，需要明确装配顺序，按塞打螺钉→二段机械臂舵机模块→滚针轴承→5mm 垫片→130mm 加长臂连杆-2→5mm 垫片→紧固件的顺序进行装配。其装配方法如图 5.1.36 所示，最终的装配效果如图 5.1.37 所示。

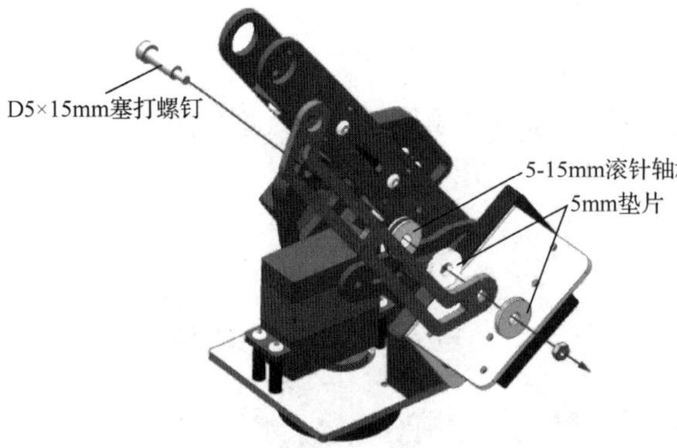

图 5.1.36　130mm 加长臂连杆-2 的装配

图 5.1.37　130mm 加长臂连杆-2 的装配效果

注意： 使用 D5×15mm 塞打螺钉穿过二段机械臂舵机模块→滚针轴承→5mm 垫片→130mm 加长臂连杆-2→5mm 垫片，最后使用 M3 防松螺母固定。

步骤 19： 三角件与 120mm 连杆板的装配。在装配三角件与 120mm 连杆板时，需要明确装配顺序，先按塞打螺钉→三角板→5-15 滚针轴承→120mm 连杆板→5-15 滚针轴承→F695 法兰轴承→5mm 垫片→紧固件顺序装配，然后按塞打螺钉→三角板→F3-8M 推力球轴承→130mm 加长臂连杆-2→MF830 法兰轴承→紧固件的顺序进行装配。其装配方法如图 5.1.38 所示，最终的装配效果如图 5.1.39 所示。

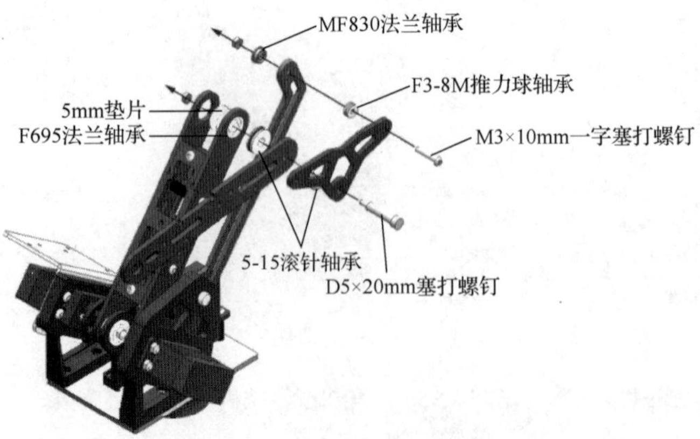

图 5.1.38　三角件与 120mm 连杆板的装配

图 5.1.39　三角件与 120mm 连杆板的装配效果

注意：

1）使用 D5×20mm 塞打螺钉通过三角板→5-15 滚针轴承→120mm 连杆板→5-15 滚针轴承→F695 法兰轴承垫片，最后使用 M3 防松螺母固定。

2）使用 M3×10mm 一字塞打螺钉通过三角板→F3-8M 推力球轴承→130mm 加长臂连杆→MF830 轴承，最后使用 M3 防松螺母固定。

步骤 20：130mm 加长臂连杆-1 的装配。在装配 130mm 加长臂连杆-1 时，需要明确装配顺序，按 M3×10mm 一字塞打螺钉→MF830 法兰轴承→130mm 加长臂连杆-1→机械臂二段舵臂板→130mm 加长臂连杆-1→MF830 法兰轴承→紧固件的顺序进行装配。其装配方法如图 5.1.40 所示，最终的装配效果如图 5.1.41 所示。

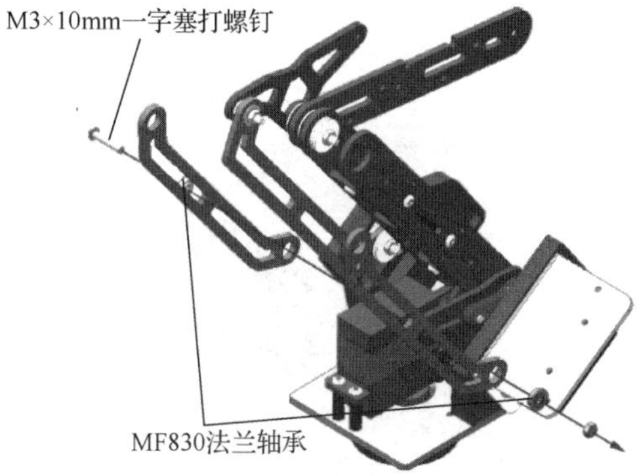

图 5.1.40　130mm 加长臂连杆-1 的装配

图 5.1.41　130mm 加长臂连杆-1 的装配效果

注意：使用 M3×10mm 一字塞打螺钉按顺序通过→MF830 法兰轴承→130mm 加长臂连杆-1→机械臂二段舵臂板→130mm 加长臂连杆-1→MF830 法兰轴承，最后使用 M3 防松螺母固定。

步骤 21：120mm 连杆板-2 的装配。在装配 120mm 连杆板-2 时，需要明确装配顺序，先按塞打螺钉→120mm 连杆板-2→5mm 垫片→滚针轴承→主动臂→F695 法兰轴承→紧固件顺序进行装配，然后按 M3×10mm 一字塞打螺钉→MF830 法兰轴承→130mm 加长臂连杆→120mm 连杆板-2→130mm 加长臂连杆→MF830 法兰轴承→紧固件的顺序进行装配。其装配方法如图 5.1.42 所示，最终装配结果如图 5.1.43 所示。

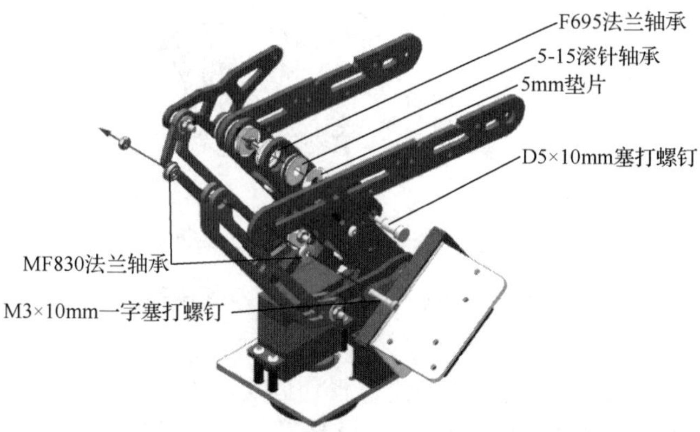

图 5.1.42　120mm 连杆板-2 的装配

图 5.1.43　120mm 连杆板-2 的装配效果

注意：

1）使用 D5×10mm 塞打螺钉按顺序通过 120mm 连杆板-2→5mm 垫片→滚针轴承→主动臂→F695 法兰轴承，最后使用 M3 防松螺母固定。

2）将 120mm 连杆板-2 旋转到两块 130mm 加长臂连杆-1 之间，对齐相应的孔位。

3）使用 M3×10mm 一字塞打螺钉按顺序通过 MF830 法兰轴承→130mm 加长臂连杆→120mm 连杆板-2→130mm 加长臂连杆→MF830 法兰轴承，最后使用 M3 防松螺母固定。

步骤 22：连杆加强钣金的装配。将连杆加强钣金与连杆模块进行固定，注意找准对应的孔位。其装配方法如图 5.1.44 所示，最终的装配效果如图 5.1.45 所示。

图 5.1.44　连杆加强钣金的装配

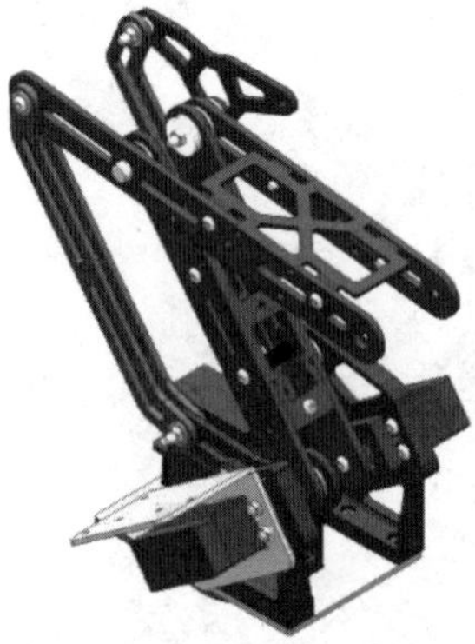

图 5.1.45　连杆加强钣金的装配效果

注意：使用 4 颗 M3×6mm 圆头螺钉将连杆加强钣金与连杆模块固定。

步骤 23：导向杆的装配。在装配导向杆时，需要明确装配顺序，按 M3×10mm 一字塞打螺钉→三角板→F3-8M 推力球轴承→导向杆→MF830 法兰轴承一紧固件的顺序进行装配。其装配方法如图 5.1.46 所示，最终的装配效果如图 5.1.47 所示。

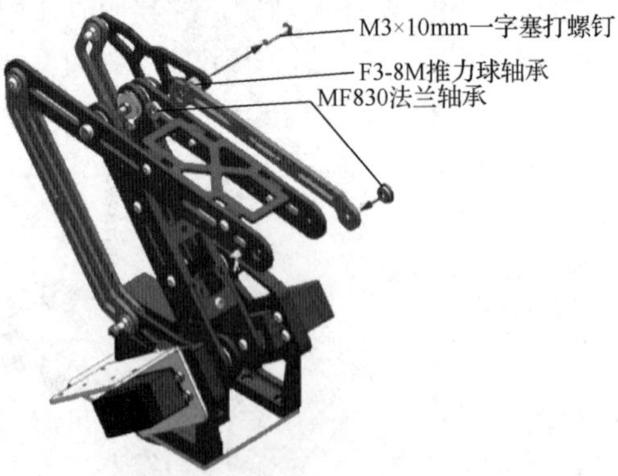

图 5.1.46　导向杆的装配

图 5.1.47　导向杆的装配效果

注意：使用 M3×10mm 一字塞打螺钉按顺序通过三角板→F3-8M 推力球轴承→导向杆→MF830 法兰轴承，最后使用 M3 防松螺母固定。

步骤 24：机械爪支撑件的装配。先将机械爪支撑件与连杆模块固定，再与导向杆进行固定。其装配方法如图 5.1.48 所示，最终的装配效果如图 5.1.49 所示。

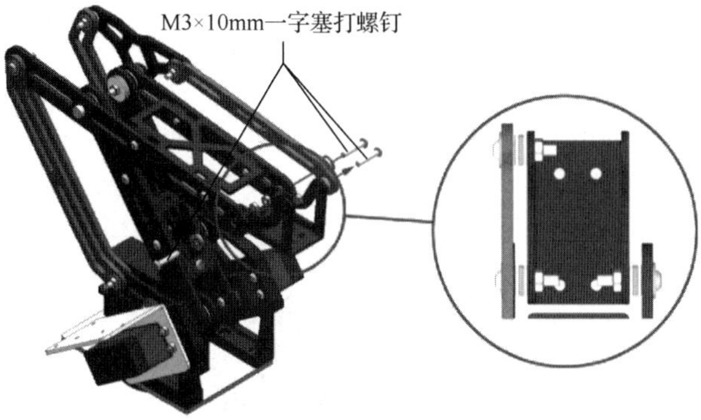

图 5.1.48　机械爪支撑件的装配

图 5.1.49　机械爪支撑件的装配效果

注意：

1）使用 M3×10mm 一字塞打螺钉按顺序通过 MF830 法兰轴承→F3-8M 推力球轴承→连杆模块→机械爪支撑件，最后使用 M3 防松螺母固定；对应孔位也是相同的操作。

2）将导向杆和机械爪支撑件的指定孔位对齐。

3）使用 M3×10mm 一字塞打螺钉按顺序通过 MF830 法兰轴承→F3-8M 推力球轴承→导向杆→机械爪支撑件，最后使用 M3 防松螺母固定。

步骤 25： 舵机与机械爪舵机板的装配。在装配舵机与机械爪舵机板时，需要明确装配顺序，按舵机→13mm 铝柱→机械爪舵机板的顺序进行装配。装配时只需要将螺钉预拧紧，然后把舵机调到合适的位置，再将螺钉完全拧紧即可。其装配方法如图 5.1.50 所示，最终的装配效果如图 5.1.51 所示。

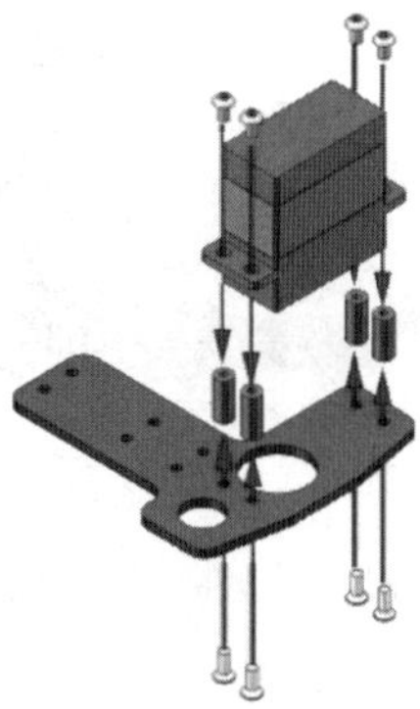

图 5.1.50　舵机与机械爪舵机板的装配

图 5.1.51　舵机与机械爪舵机板的装配效果

注意：

1）使用 4 颗 M3×6mm 圆头螺钉将舵机与 13mm 铝柱固定。

2）使用 4 颗 M3×8mm 沉头螺钉将铝柱另一头与机械爪舵机板固定。

步骤 26： 机械爪板-主动与机械爪齿轮的装配。在装配机械爪板-主动与机械爪齿轮时，需要明确装配顺序，按机械爪齿轮→M3×5mm 尼龙柱→机械爪板-主动→舵盘的顺序进行装配。装配时需注意，将机械爪齿轮与机械爪板-主动、孔位对齐再进行固定；需要选对合适的沉头螺钉和圆头螺钉以防止干涉。其装配方法如图 5.1.52 所示，最终的装配效果如图 5.1.53 所示。

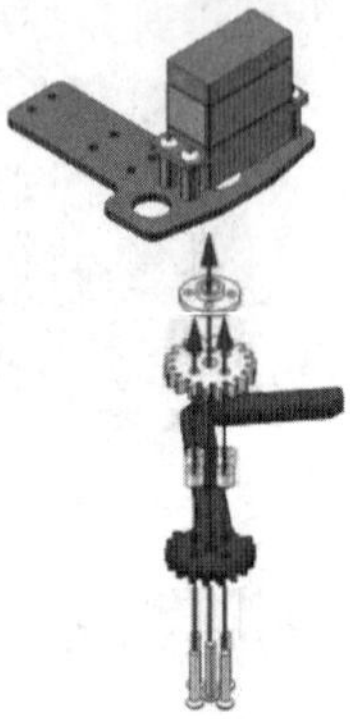

图 5.1.52　机械爪板-主动与机械爪齿轮的装配

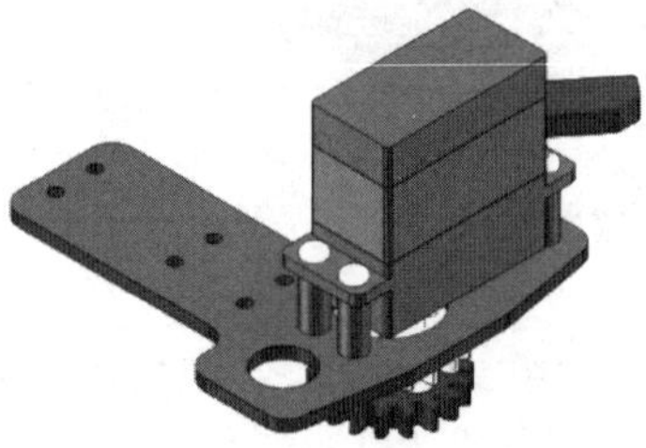

图 5.1.53　机械爪板-主动与机械爪齿轮的装配效果

注意：

1）使用 4 颗 M3×16mm 沉头螺钉将机械爪齿轮与机械爪板-主动和舵盘固定。

2）使用 M3×20mm 圆头螺钉通过机械爪板-主动、机械爪齿轮、舵盘与舵机固定。

步骤 27：机械爪板-从动的装配。在装配机械爪板-从动时，需要明确装配顺序，按照塞打螺钉→F695 法兰轴承→5mm 垫片→机械爪板-从动→5mm 垫片→防松螺母的顺序进行装配。装配时需注意机械爪板-主动与机械爪齿轮的啮合两种位置的对称。其装配方法如图 5.1.54 所示，最终的装配效果如图 5.1.55 所示。

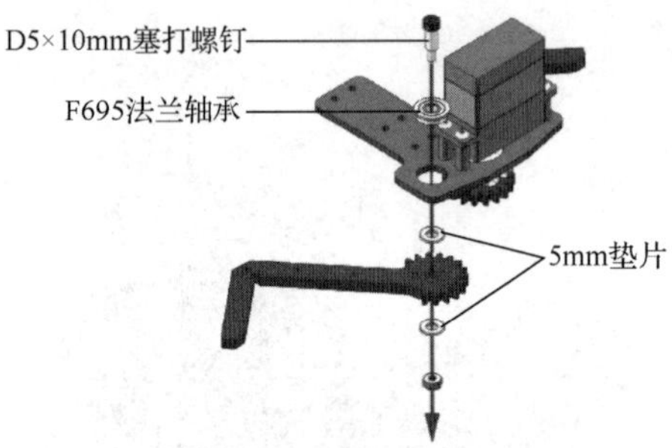

图 5.1.54　机械爪板-从动的装配

图 5.1.55　机械爪板-从动的装配效果

注意：使用 D5×10mm 塞打螺钉按顺序通过 F695 法兰轴承→机械爪舵机板→5mm 垫片→机械爪板-从动→5mm 垫片，最后使用 M3 防松螺母将其固定。

步骤 28：机械爪的装配。使用圆头螺钉和防松螺母将机械爪固定在机械爪支撑件上。其装配方法如图 5.1.56 所示，最终的装配效果如图 5.1.57 所示。

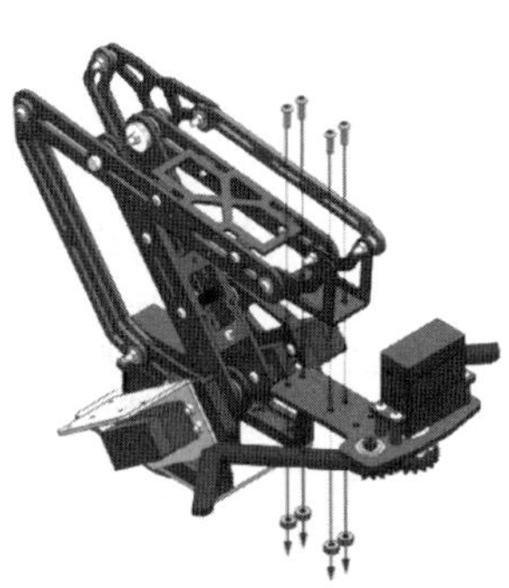

图 5.1.56　机械爪的装配

图 5.1.57　机械爪的装配效果

注意：

1）使用 4 颗 M3×10mm 圆头螺钉和 4 颗防松螺钉将机械爪与机械爪支撑件固定。

2）注意安装孔位。

步骤 29：机械臂模块与通用底板的装配。将机械臂模块与通用底板进行组装，注意找准对应的孔位。其装配方法如图 5.1.58 所示，最终的装配效果如图 5.1.59 所示。

图 5.1.58　机械臂模块与通用底板的装配

图 5.1.59　机械臂模块与通用底板的装配效果

注意：使用 6 颗 M3×8mm 螺钉将通用底板与机械臂模块固定。

将四麦轮底盘与连杆式机械臂结合，便可构成四麦轮码垛机器人，其具体构成如图 5.1.60 所示。

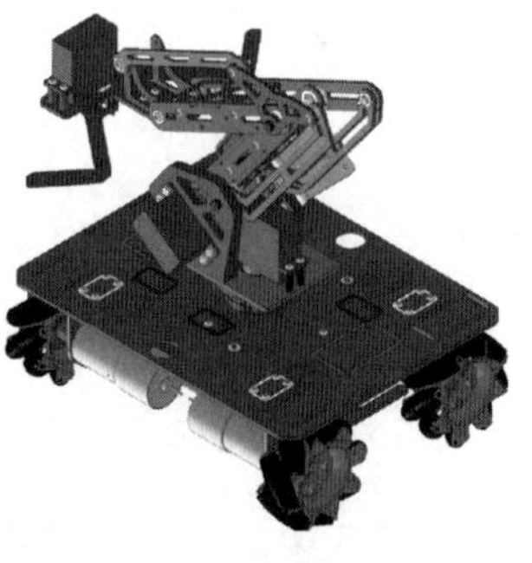

图 5.1.60　四麦轮码垛机器人

知识链接

1．码垛机构的构成

码垛机构主要由末端执行器、手腕、机械臂、机座四大部分构成，具体如图 5.1.61 所示。

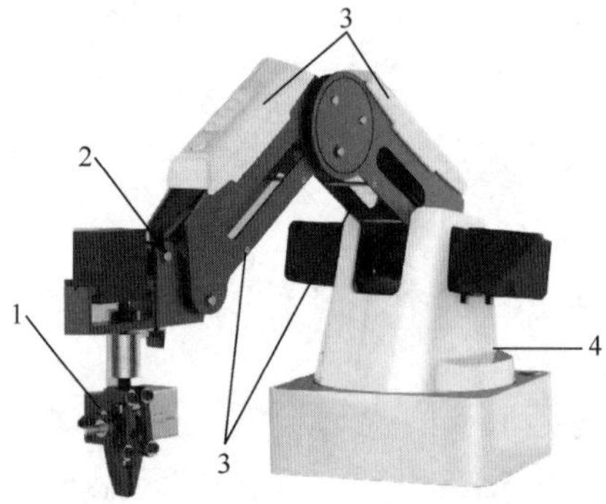

1—末端执行器；2—手腕；3—机械臂；4—机座。

图 5.1.61　码垛机构的构成

1）末端执行器用于对物料进行抓取与摆放，因此末端执行器的设计主要以完成抓取与摆放功能为主。

2）机座实际是机械臂的第一个回转关节，机械臂的运动部分全部安装在机座上，它承受了机械臂的全部重量。在设计机座结构时，要注意以下设计原则。

① 机座要有足够大的安装基面，以保证机械臂在工作时整体安装的稳定性。

② 机座要承受机械臂的全部重量和载荷，因此机械臂的机座和腰部轴及轴承的结构要有足够大的强度和刚度，以保证其承载能力。

③ 机座是码垛机构的第一个回转关节，它对机器人上部码垛机构末端的运动精度影响最大，因此在设计时要特别注意腰部轴系及传动链的精度与刚度的保证。

3）手腕结构的设计需要注意以下设计原则。

① 手腕的自由度数，应根据作业需要设计。

② 腕部安装在机械臂的末端，在设计手腕时，应力求减小其质量和体积，结构力求紧凑。

③ 手腕要与末端执行器相连，因此结构上要便于装卸末端执行器。

④ 手腕机构要有足够的强度和刚度，以保证力与运动的传递。

2．码垛机构的分类

码垛机构，也就是小型工业码垛机器人，是一种面向工业领域的多关节机械手或多自由度的机器装置（以下简称机械臂）。如图 5.1.62 所示，机械臂按照运动形式大致可分为直角坐标型、圆柱坐标型、极坐标型及关节型四大类。

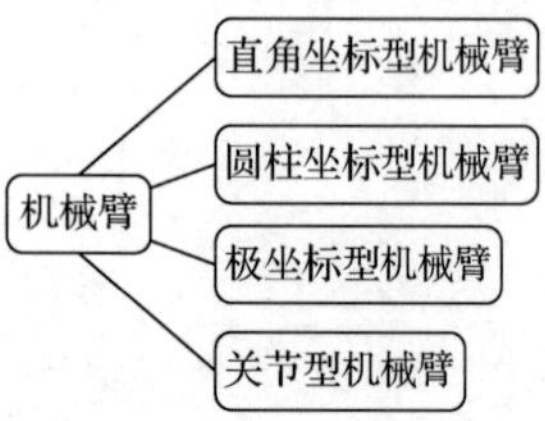

图 5.1.62　机械臂的分类

直角坐标型机械臂由 3 个相互正交的移动机构组成，带动腕部分别沿 x、y、z 轴做直线移动。其结构简单，运动位置精度高，但是所占空间比较大。直角坐标型机械臂的结构模型如图 5.1.63 所示。

圆柱坐标型机械臂由一个转动机构和两个移动机构组成。相对来说其所占空间比较小，工作范围比较大，应用较广泛。圆柱坐标型机械臂的结构模型如图 5.1.64 所示。

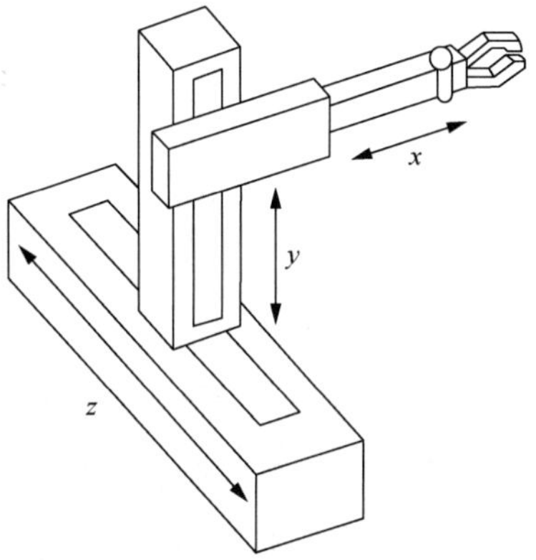

图 5.1.63　直角坐标型机械臂的结构模型

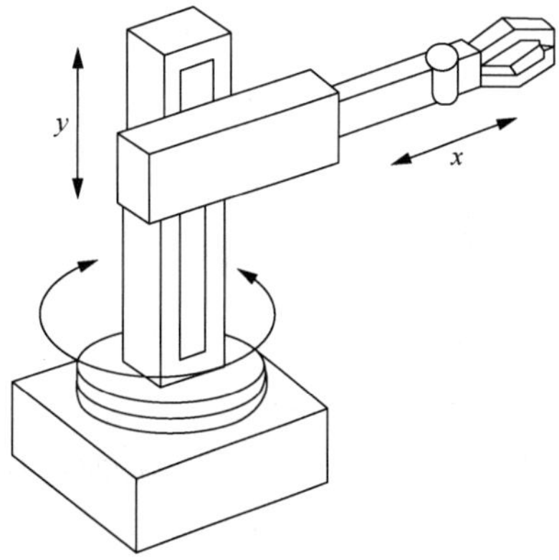

图 5.1.64　圆柱坐标型机械臂的结构模型

极坐标型机械臂由两个转动机构和一个移动机构组成。其手臂能绕 z 轴做俯仰运动，能抓取地面上的物料。极坐标型机械臂的结构模型如图 5.1.65 所示。

视频：其他码垛机械臂方案展示

关节型机械臂由动力型旋转关节与前、下两个小臂机构组成。关节型机械臂以臂部各相邻部件的相对角度移动为运动坐标，其动作灵活，所占空间小，动作范围大。关节型机械臂的结构模型如图 5.1.66 所示。

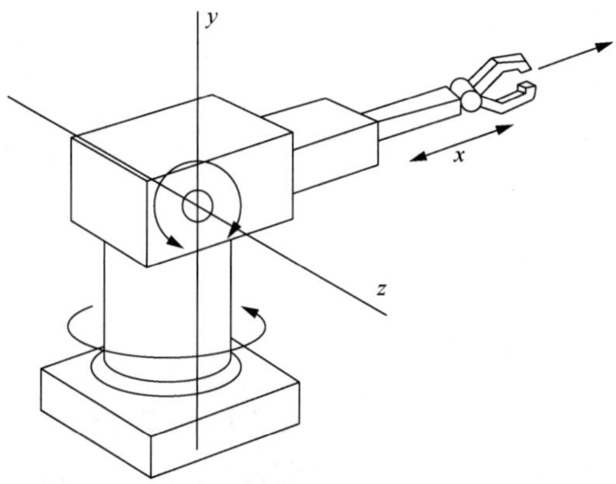

图 5.1.65　极坐标型机械臂的结构模型

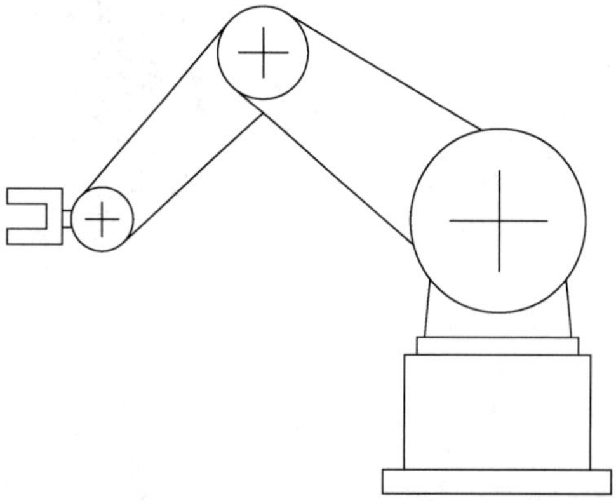

图 5.1.66　关节型机械臂的结构模型

机械臂在设计过程中需要遵循以下几项原则。

1）足够的承载力。手臂是支撑手腕的部件，设计时不仅要考虑抓取物料或工具的质量，同时还要考虑动负载与转动惯量。

2）高强度。为了防止机械臂在运动过程中发生过大的形变，手臂的界面形状要进行合理的选择。

3）导向性能好，定位精度高。为了防止手臂在直线运动过程中沿运动轴线发生相对转动，应设置导向装置。

4）质量轻，转动惯量小。为了提高机械臂的运动速率，要尽量减小手臂运动部分的质量，以减小整个手臂对回转轴的转动惯量。

5）合理设计与腕部和机身的连接部位。机械臂的安装形式与位置不仅关系到机器人的强度、刚度和承载能力，还直接影响上部码垛机构的整体外观。

3．连杆式机械臂模型解析

平行四连杆式机械臂有 3 个自由度，其能运动的关节主要包含由一号舵机带动的整个机械臂、由二号舵机带动的可弯曲大臂、由三号舵机带动的可弯曲小臂。平行四连杆式机械臂有两个特点：第一，由于平行四连杆机构的作用使机械爪总能保持在水平状态，机械爪上、下抓取的角度不可改变；第二，小臂与水平面的夹角并不会随着大臂与水平面夹角的变化而变化（图 5.1.67 中的β不会随着α的变化而变化）。整个二型连杆式机械臂的简化模型如图 5.1.67 所示。

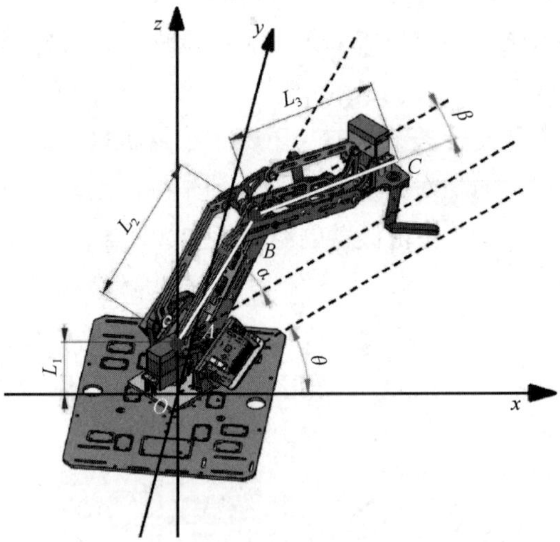

图 5.1.67　平行四连杆式机械臂的简化模型

整个机械臂 $OABC$ 以 O 点为圆心可绕 z 轴做转动，OA 的固定长度 L_1 为整个机械臂转动中心距离安装平面的高度（如果想进一步简化模型，可将 A 点设置成坐标原点，这并不影响模型本身），AB 的臂长固定为 L_2 的大臂，BC 的臂长固定为 L_3 的小臂，C 点为机械爪的位置。

若 C 点需要到达坐标（x_C,y_C,z_C），已知 AB 的臂长为固定值 L_2，BC 的臂长为固定值 L_3，整个机械臂的转动角度为θ（水平方向转动），大臂 AB 的转动角度为α（竖直方向转动），小臂 BC 的转动角度为β（竖直方向转动，图 5.1.67 中的β值为负），则可获得以下公式：

$$L_1 + L_2 \sin\alpha + L_3 \sin\beta = z_C \tag{5.1.1}$$

$$(L_2 \cos\alpha + L_3 \cos\beta)\cos\theta = x_C \tag{5.1.2}$$

$$(L_2 \cos\alpha + L_3 \cos\beta)\sin\theta = y_C \tag{5.1.3}$$

其中，式（5.1.1）为大臂 AB 与小臂 BC 在 z 轴上的投影，式（5.1.2）和式（5.1.3）为大臂 AB 与小臂 BC 在 x 轴与 y 轴上的投影。由于式（5.1.1）、式（5.1.2）、式（5.1.3）为独立公式，所以这 3 个公式联立可求解 α 、 β 、 θ 值。但需要注意的是，联立这几个公式获得的不是唯一解，所以需要根据机械机构本身的限制和运动策略的选择确定最终解。

4．码垛机构的动力源

本项目中的码垛机构以平行四连杆机械臂为核心机构，整个码垛机构利用 4 个舵机实现整体的机械运动，其中一号舵机可实现机械臂的旋转，二号、三号舵机可实现机械臂连杆的上、下、前、后运动，四号舵机的旋转可实现机械爪的张开、抓取运动，具体如图 5.1.68 所示。

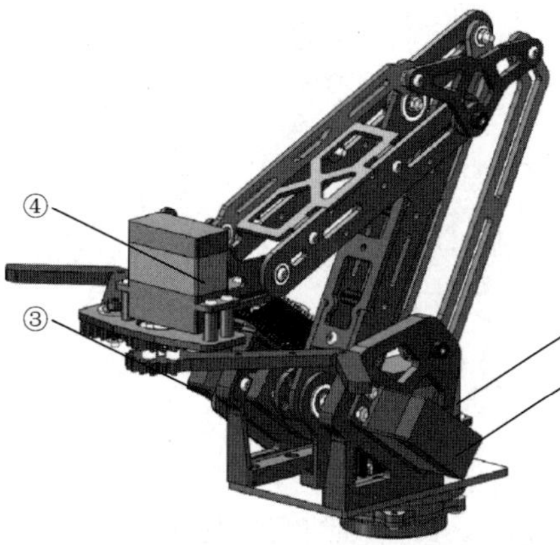

图 5.1.68　机械臂示意图

该码垛机构中所有的动力源都为舵机，按照用途分类其隶属于控制电动机，但是舵机又有多种分类，具体介绍如下。

（1）舵机的构成及分类

舵机是一种位置（角度）伺服驱动器，适用于需要变化角度并能够保证该角度不变直到下一次变化为止的控制系统。

舵机主要由控制电路、直流电动机、电位计（角度传感器）、齿轮组、动力输出轴、舵机壳等构成，如图 5.1.69 所示。

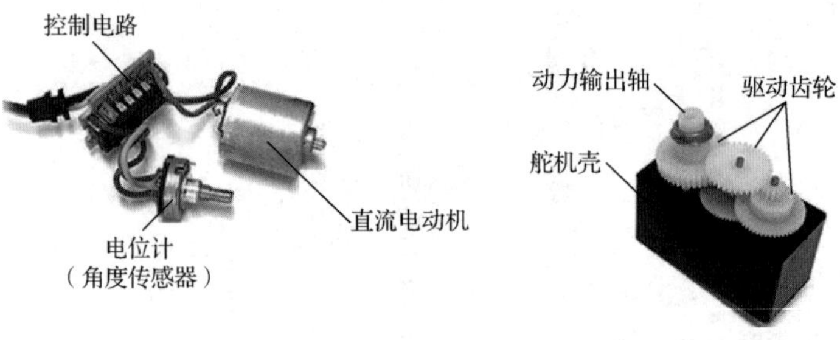

图 5.1.69 舵机的构成

关于舵机的精准位置控制，存在如图 5.1.70 所示的闭环控制机制，即位置检测器（电位计）是它的输入传感器。舵机转动的位置发生变化，位置检测器的电阻值就会跟着变化。通过控制电路读取该电阻值的大小，就能根据阻值适当调整电动机的速度和方向，使电动机向指定角度旋转，从而实现舵机的精确转动角度的控制。

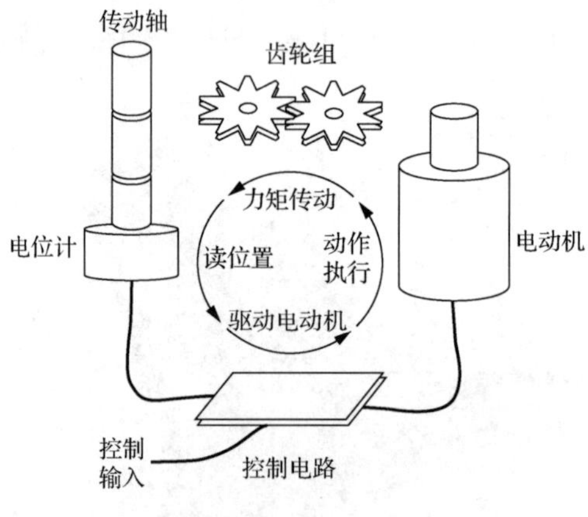

图 5.1.70 舵机的控制系统

由舵机的概念可知，舵机可以控制输出轴的转动角度，而一般的角度舵机是指 180° 舵机。180° 舵机即舵机输出轴的转动角度只能是 0° ～180°，不能 360° 连续旋转，并且大部分厂家会做机械限位，如 180° 舵机加机械限位后从机械机构上就决定了输出轴的转动角度只能是 0° ～180°。

由于市场实际的需求，市面上存在 180° 舵机、270° 舵机、300° 舵机等角度舵机，并且它们的控制方式与构成大同小异。

除了角度舵机，市面上还存在一种可 360° 旋转的“伪舵机”（360° 舵机），这种舵机不可控制转动角度，它是连续转动的，但是其可以控制转动速度与方向。

因此如果对舵机进行简单分类，那么可以将其分为角度舵机和 360° 舵机。

（2）舵机的控制

在讲解舵机的控制方式前，需要先介绍 PWM 的概念。PWM 通过对一系列脉冲的宽度进行调制，等效出所需要的波形（包含形状及幅值），对模拟信号电平进行数字编码，也就是说，通过调节占空比的变化来调节信号、能量等的变化。占空比是指在一个周期内，信号处于高电平的时间占据整个信号周期的百分比。

PWM 信号最重要的两个参数是周期和占空比，既然涉及周期，就表明 PWM 信号是一种周期性循环出现的信号。舵机的外部引线如图 5.1.71 所示。

图 5.1.71　舵机的外部引线

电源线为红色，地线为黑色，PWM 控制线为黄色或白色。控制线用于传输角度控制信号，这个角度是由控制信号脉冲的占空比决定的。

舵机的控制一般需要一个周期为 20ms 左右的时基脉冲，该脉冲的高电平部分一般为 0.5～2.5ms。脉冲的高电平宽度也就是占空比决定的电动机转动的距离。

例如，对于 1.5ms 的脉冲，占空比为 7.5%，电动机将转向 90° 的位置（通常称为中立位置，对于 180° 舵机来说，就是 90° 位置）。如果脉冲宽度小于 1.5ms，那么电动机轴向朝向 0° 的方向；如果脉冲宽度大于 1.5ms，那么电动机轴向就朝向 180° 的方向。同理，如果脉冲宽度为 1ms，那么电动机轴向就朝向 45° 的方向；如果脉冲宽度为 2ms，那么电动机轴向就朝向 135° 的方向。以 180° 舵机为例，对应的控制关系如图 5.1.72 所示。

t/ms	占空比	角度/(°)
0.5	0.5/20 =2.5%	0
1.5	1.5/20 =7.5%	90
2.5	2.5/20 =12.5%	180

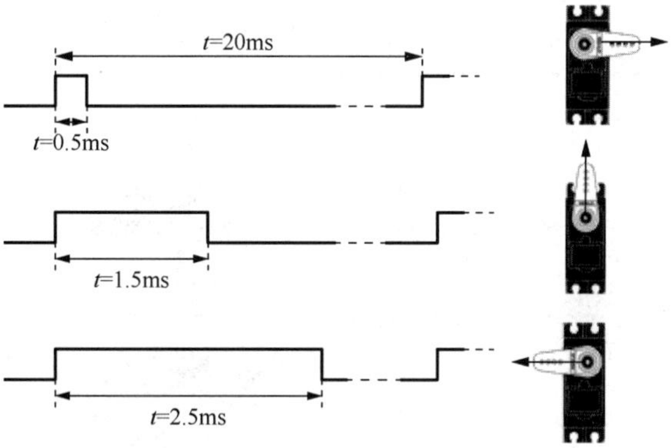

图 5.1.72　对应的控制关系

由此可见，在舵机本身精度能达到的范围内，控制信号的精度越高，可控制舵机偏转的最小角度就越小，控制也就越精确。

拓展训练

1）请使用 3D 绘图软件自行绘制机械臂爪，从而使其更适合抓取球状物料。

2）角度舵机的转动速度一般由舵机自身的参数决定，请思考如何实现角度舵机的转动速度控制。

任务 5.2 搭建及实现码垛机器人控制系统

任务目标

掌握码垛机构的控制结构，掌握舵机驱动模块的功能及使用方法，理解各核心程序的主要功能及各入口参数、结构体参数的具体含义。

任务实施

活动 5.2.1 连接控制系统硬件电路

四麦轮码垛机器人控制系统在四麦轮循迹机器人控制系统的基础上增加了舵机驱动模块，所使用到的模块清单如表 5.2.1 所示。

表 5.2.1 模块清单

模块名称	实物图	数量
主控板		1
直流电动机驱动模块		4
舵机驱动模块		1
循迹模块	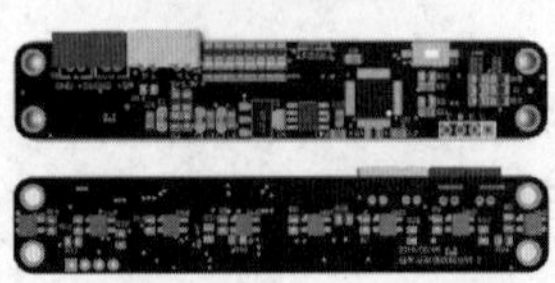	4

续表

模块名称	实物图	数量
5V 电源稳压模块		1
3S 锂电池		1
电压报警器		1

连接四麦轮码垛机器人控制系统硬件电路用到的线束清单如表 5.2.2 所示。

表 5.2.2　线束清单

线束名称	实物图	数量
电源开关线		1
驱动模块供电线（12V）	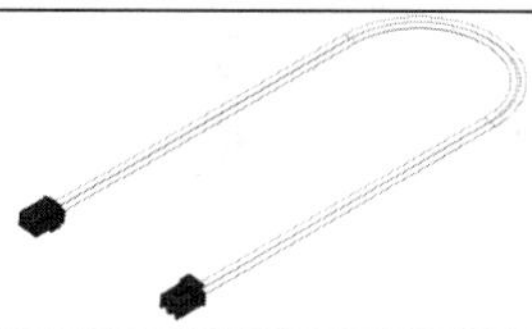	5
主控板、传感器电源线（5V）		5
通信线		9
底盘电动机驱动线（35mm 电动机用）	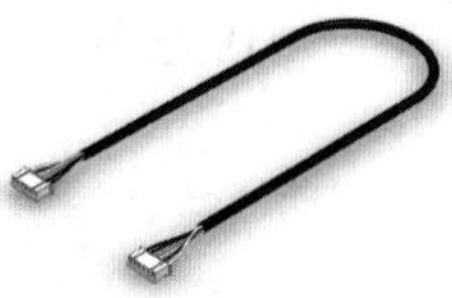	4

四麦轮码垛机器人控制系统接线的原理图如图 5.2.1 所示。

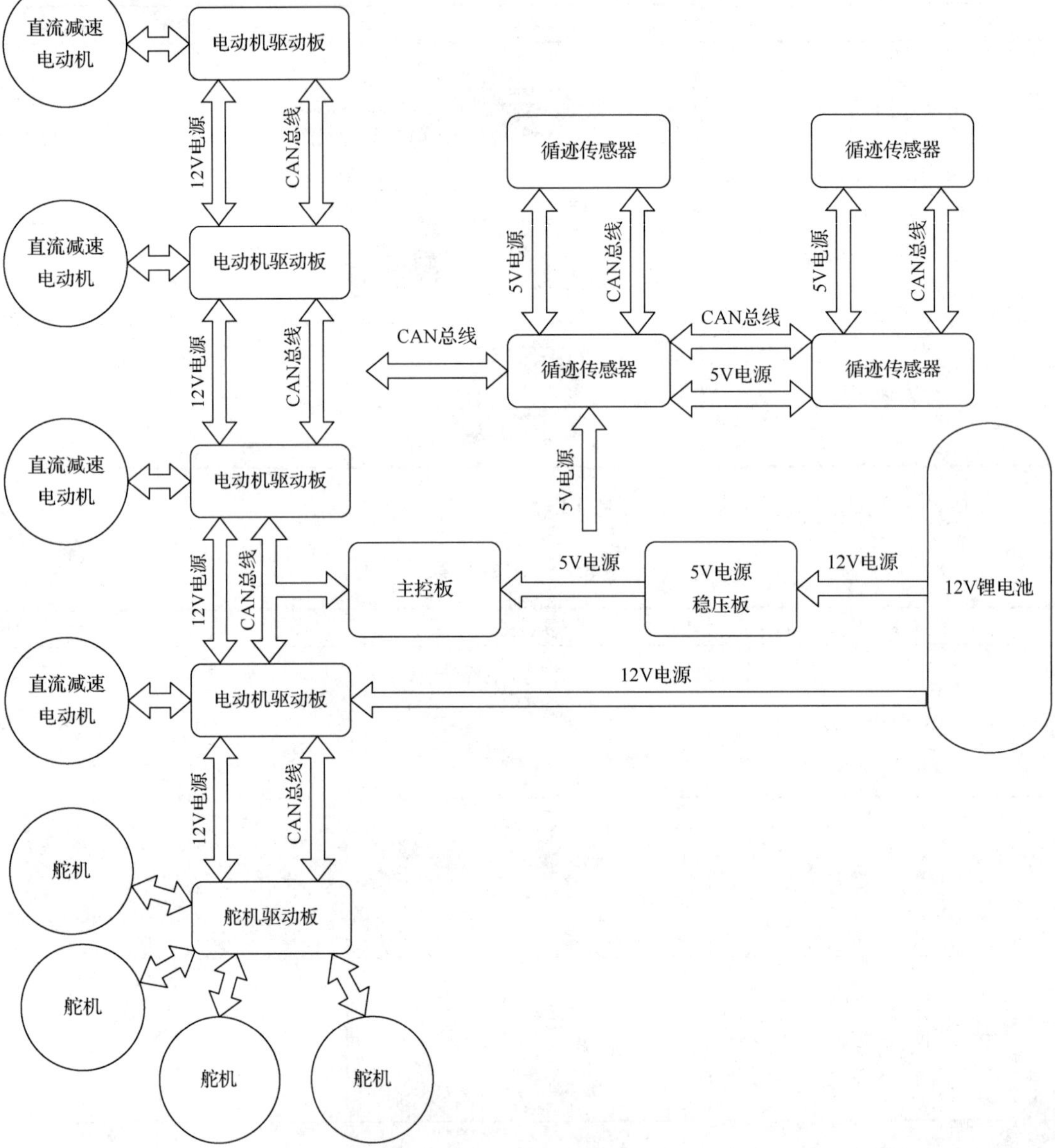

图 5.2.1　控制系统接线的原理图

直流电动机驱动模块、舵机驱动模块、循迹模块通过 CAN 总线与主控板实现数据通信，电源采用 12V 的 3S 锂电池，直流电动机驱动模块、舵机驱动模块与 5V 电源稳压模块的输入电压为 12V，主控板与循迹模块的电源电压为 5V，连接时，将主控板与循迹模块的电源接口与 5V 电源稳压板的任意一个 5V 接口相连即可。

主控板的 CAN 接口与直流电动机驱动模块、舵机驱动模块、循迹模块的 CAN 接口相连，具体的接线方式如图 5.2.2 所示。

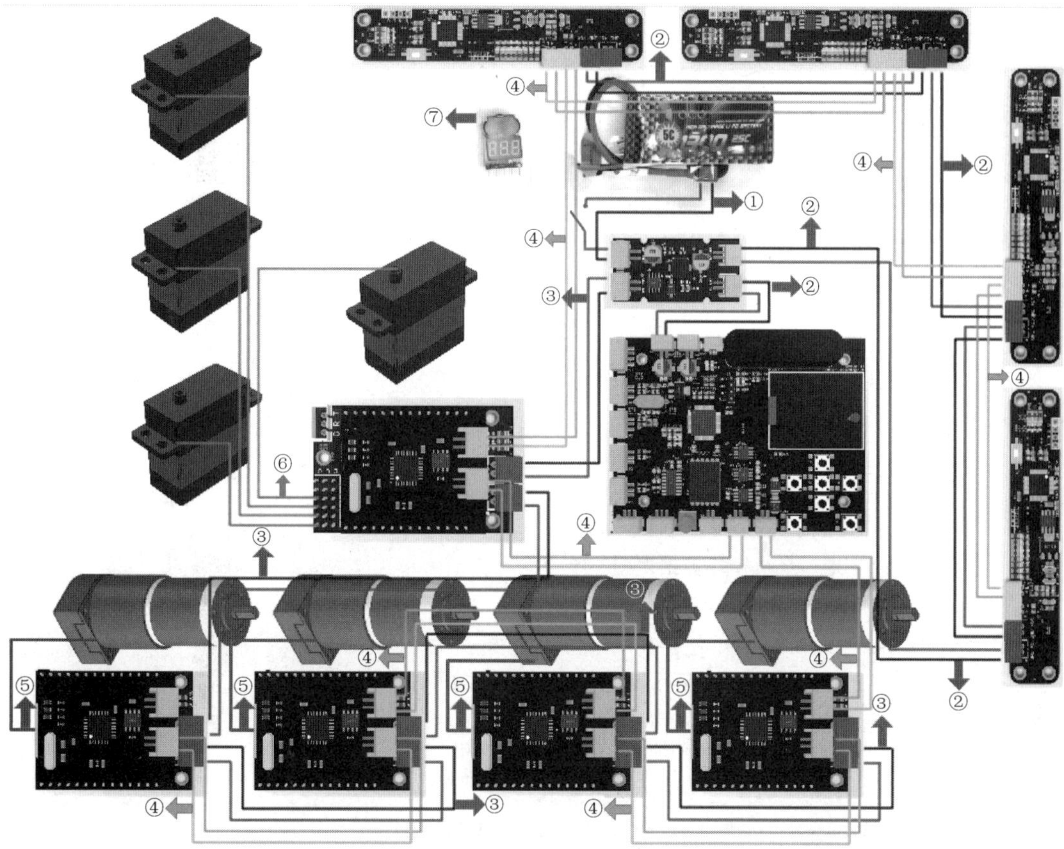

图 5.2.2　控制系统的接线方式

① 12V 电源输入：使用电源开关线 XHB2.54-2P 转航模电池 T 形插头（座），将锂电池连接到 5V 电源稳压模块的其中任意一个 12V 输入口。

② 主控模块 5V 供电：将主控板 S1（或 S2）-电源接口（红色 2P）使用 PH2.0-2P 转 PH2.0-2P（30cm 白线-红头）线与电源板的任意 5V 输出口连接。

③ 驱动模块 12V 供电：使用驱动模块供电线（12V）XHB2.54-2P 转 XHB2.54-2P（30cm 白线-红头）线，将两个驱动模块的电源输入口并联，并使用同样的线束连接到 5V 电源稳压模块的其中任意一个 12V 输入口。

④ 各控制模块 CAN 通信：将 S8（或 S9）-CAN 接口使用 PH2.0-2P 转 PH2.0-2P（30cm 白线-黄头）线与其他模块的任意一个 CAN 接口相连，并在最后确保所有控制模块连接到同一条 CAN 总线上。

⑤ 底盘电动机连接：使用底盘电动机驱动线（37mm 电动机用）PH2.0-6P 转 GH1.25-4P（红黄绿黑）+XHB2.54-4P（蓝白）线，将电动机驱动模块与 37mm 电动机相连。

⑥ 舵机连接：使用舵机自带线束将舵机连接于舵机驱动模块中对应的控制端口。驱动板上共有 6 组端口，其中每组端口各有 3 个排针，G 代表地（GND），V 代表电源（6.3V），C 代表控制信号。

⑦ 电压报警器：当使用电池时，必须连接电压报警器用于提示电池电量。

活动 5.2.2 编写控制程序

四麦轮码垛机器人控制程序只需在四麦轮循迹机器人基础上添加码垛机构控制程序即可，因此在原程序工程中增加 SLAVE_SteeringEngine_6CH.c\h 文件，并修改数据声明、定时器中断程序、应用初始化程序、应用程序 4 处。

需要声明的数据有循迹模块相关结构体、舵机驱动模块结构体、舵机运动角度数组、舵机运动速度数据、直流电动机驱动模块相关结构体、底盘运动控制相关结构体，具体如下。

```
/*******循迹模块数据声明*******/
TrackingDef_t Tracking_Device1;
TrackingDef_t Tracking_Device2;
TrackingDef_t Tracking_Device3;
TrackingDef_t Tracking_Device4;
/*******6 通道舵机模块数据声明*******/
#define SERVO_NUM_MAX 6
SteeringEngine6CHDef_t Servo_Device_S;
uint16_t AngleValue[SERVO_NUM_MAX]={1500,1500,1500,1500,1500,1500};
uint16_t AngleTimeValue[SERVO_NUM_MAX]={500,500,500,500,500,500};
/*******直流电动机驱动模块数据声明*******/
DCMotorMiniwattDef_t DCMotorMiniwatt1_S;
DCMotorMiniwattDef_t DCMotorMiniwatt2_S;
DCMotorMiniwattDef_t DCMotorMiniwatt3_S;
DCMotorMiniwattDef_t DCMotorMiniwatt4_S;
/*******底盘控制数据声明*******/
UnderpanPostureDef_t UnderpanPosture_S;
```

其中，定时器中断中的程序包括：①6 路舵机转动角度与转动速度控制；②循迹功能扫描，用于根据获取的循迹传感器数据，计算循迹功能相关数据；③底盘运动控制，根据循迹功能相关数据，通过底盘运动控制实现循迹。具体程序如下。

```
static void TimeBreakExecution_Handler(void)
{
    static uint16_t time=0;
    int16_t yawbuff=0;
    int16_t y_axisbuff=0;
    int16_t x_axisbuff=0;

    //=========舵机控制函数===============================
      time++;
      if(time == 20)
      {//20ms 发送一次舵机控制指令
          time=0;
```

```
        SLAVE_SteeringEngine6CH_MoreMotorControl(&Servo_Device_S,
                                             AngleValue[0],AngleTimeValue[0],
                                             AngleValue[1],AngleTimeValue[1],
                                             AngleValue[2],AngleTimeValue[2],
                                             AngleValue[3],AngleTimeValue[3],
                                             AngleValue[4],AngleTimeValue[4],
                                             AngleValue[5],AngleTimeValue[5]);
      }
    //==========循迹扫描函数=========================
    LinePatrol_Scan();
    y_axisbuff=LinePatrolData_S.y_axis_Practicalout;
    x_axisbuff=LinePatrolData_S.x_axis_Practicalout;
    yawbuff=LinePatrolData_S.yaw_Practicalout;
    //==========底盘控制扫描函数=====================
    UnderpanPosture_S.y_axis=y_axisbuff;
    UnderpanPosture_S.yaw=yawbuff;
    UnderpanPosture_S.x_axis=x_axisbuff;
    UnderpanControl_Scan(&UnderpanPosture_S);
    //=========CAN 通信协议============================
    Tim_GetCurrentTimeAdd_Scan1MS();      //必须 1ms 扫描一次此函数
    CANCommunication_Scan();              //最好也是 1ms 扫描一次
}
```

应用初始化程序中包含循迹传感器初始化、底盘运动控制初始化、循迹功能初始化、舵机驱动模块初始化，具体程序如下。

```
static void ApplicationProgram_Iint(void)
{
/***********************数据初始化*************************/
    SLAVE_Tracking_Init(&Tracking_Device1,1,0x00);
 //初始化循迹模块,ID 号为 1
    SLAVE_Tracking_Init(&Tracking_Device2,2,0x00);
 //初始化循迹模块,ID 号为 2
    SLAVE_Tracking_Init(&Tracking_Device3,3,0x00);
 //初始化循迹模块,ID 号为 3
    SLAVE_Tracking_Init(&Tracking_Device4,4,0x00);
 //初始化循迹模块,ID 号为 4
    SLAVE_DCMotorMiniwatt_Init(&DCMotorMiniwatt1_S,1);//ID 号为 1
    SLAVE_DCMotorMiniwatt_Init(&DCMotorMiniwatt2_S,2);//ID 号为 2
    SLAVE_DCMotorMiniwatt_Init(&DCMotorMiniwatt3_S,3);//ID 号为 3
    SLAVE_DCMotorMiniwatt_Init(&DCMotorMiniwatt4_S,4);//ID 号为 4

    SLAVE_SteeringEngine6CH_Init(&Servo_Device_S,1);
 //初始化舵机模块数据,ID 号为 1
```

```
    UnderpanControl_Init(&UnderpanPosture_S,
                        FOUR_DRIVE_McNamara,
                        400,
                        &DCMotorMiniwatt1_S,    //1 号
                        &DCMotorMiniwatt2_S,    //2 号
                        &DCMotorMiniwatt3_S,    //3 号
                        &DCMotorMiniwatt4_S);   //4 号
    LinePatrol_Init(1,
            &Tracking_Device1.Tracking_UploadData.DATE.SignalData, //前
            &Tracking_Device2.Tracking_UploadData.DATE.SignalData, //左
            &Tracking_Device3.Tracking_UploadData.DATE.SignalData, //后
            &Tracking_Device4.Tracking_UploadData.DATE.SignalData); //右
    /*********************CAN 初始化***************************/
    CANCommunication_Init();
    /*******************定时器初始化*************************/
    Timer_SetHandler(TimeBreakExecution_Handler);//1ms
}
```

在应用程序中，可根据具体需求添加循迹功能与码垛机构的控制功能，具体举例如下。

```
void ApplicationProgram_main(void)
{
    ApplicationProgram_Iint();
    Execute_LinePatrol(CarDirection_Head,100,2,1);
    Execute_LinePatrol(CarDirection_Right,100,2,1);

    SLAVE_SteeringEngine6CH_MoreMotorControl(&Servo_Device_S,1500,20,1500,
                              20,1500,20,1500,20,1500,20,1500,20); //松开爪子
    WaitForTheCarToStop();
    SLAVE_SteeringEngine6CH_MoreMotorControl(&Servo_Device_S,1500,20,1640,
                        1500,1220,1500, 630,300,1500,20,1500,20);
 //移动机械臂
    Execute_LinePatrol(CarDirection_Head,100,2,1);
    WaitForTheCarToStop();
    HAL_Delay(1800);
    SLAVE_SteeringEngine6CH_MoreMotorControl(&Servo_Device_S,2020,300,
1640,1500,1220,1500, 630,300,1500,20,1500,20); //夹紧爪子
    while(1)
    {
    }
}
```

上述应用程序的具体功能：第一步，循迹机器人向前循迹移动两根横线；第二步，向

右循迹移动两根横线（四麦轮机器人底盘横向右移）；第三步，松开机械爪；第四步，等待底盘循迹运动结束；第五步，控制舵机使机械臂移动到相应的位置；第六步，循迹机器人向前循迹移动两根横线；第七步，等待底盘循迹运动结束；第八步，延时等待 1.8s，以确保机械臂运动到位；第九步，夹紧手爪，抓取物料。

知识链接

视频：舵机驱动模块使用

1. 舵机驱动模块

功能：控制与驱动舵机，可同时控制角度舵机与 360° 舵机。舵机驱动模块的 3D 图如图 5.2.3 所示，具体说明如下。

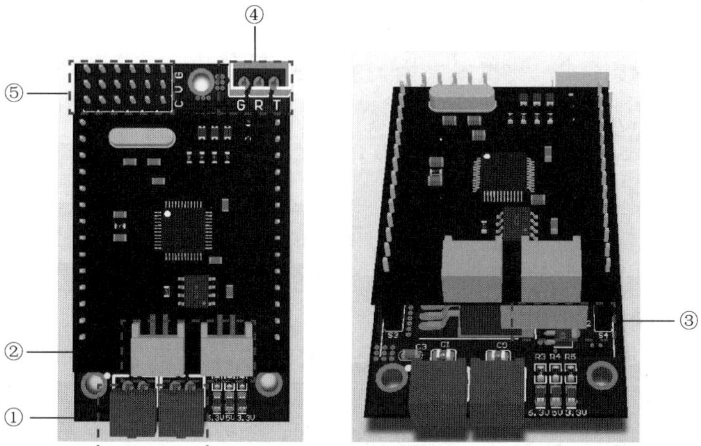

图 5.2.3 舵机驱动模块的 3D 图

① 两路驱动模块 12V 电源接口：连接到稳压模块的输入端口或其他 12V 模块的电压输入口，使用 XHB2.54-2P 转 XHB2.54-2P 线进行连接。

② 双 CAN 总线通信接口：可实现转接功能，与外部 CAN 模块进行通信，连接到各模块的相同 CAN 接口，一般直接连接到其他需要进行通信模块的 CAN 接口，使用 PH2.0-2P 转 PH2.0-2P 线进行连接。

③ TTL 串口（TTL 转 USB）：串口波特率为 115200b/s，该串口线用于模块与上位机的连接通信，利用上位机上的 DL.exe 软件对模块进行参数修改的操作。具体操作方式为：使用 PH2.0-4P 转 4P 杜邦头（30cm 白线-白头与黑头）（线束一端为 PH2.0-4P 端子，另一端为 4P 杜邦头）线，连接到上位机，利用 DL.exe 软件修改参数。该串对应引脚从左到右为 TX、RX、GND、3.3V。

④ TTL 通信串口：用于连接舵机控制上位机，波特率为 9600b/s。具体操作为：连接到开源机械臂上位机，利用 V1.1.exe 软件控制舵机。该串口对应引脚从左到右为 GND、RX、TX。

⑤ PWM 舵机接口：共可以连接 6 个舵机，对应引脚从上到下为 GND、6.3V、信号线。

舵机驱动模块上有 3 个发光二极管，指示当前模块的信息和状态，发光二极管的状态说明如表 5.2.3 所示。

表 5.2.3 发光二极管的状态说明

灯标号	名称	现象	说明
L1	种类号指示灯	慢速连闪 4 下	驱动模块的种类号为 4
L2	ID 号指示灯	快速连闪或常灭	闪烁的次数对应的就是 ID 号，常灭时 ID 为 0
L3	通信指示灯	常亮	当前未进行 CAN 通信
		闪烁	开机时，L1、L2 常灭说明存储芯片有问题；L1、L2 正常闪烁说明正在进行 CAN 通信或串口通信

舵机驱动模块通信协议的说明如下。

（1）运行控制接收及响应

1）接收（主控模块发送数据给循迹模块）。

传输循环率为异步模式，协议模式为请求模式，数据长度为 8 字节。

CAN 通信模式为扩展帧模式，为方便起见，将目标地址、目标 ID 号、命令号、来源地址、来源 ID 号的信息直接体现在扩展帧 ID 中，具体信息构成如下：页为 0，目标地址为 0x04，目标 ID 号为 x，命令号为 y，来源地址为 0x01，来源 ID 号为 0。

由于舵机驱动模块共有 6 个控制通道，所以命令号 y 具体表达的含义为：通道 1 和通道 2 的 y 值为 2，通道 3 和通道 4 的 y 值为 3，通道 5 和通道 6 的 y 值为 4。

扩展帧 ID 为 0x004xy010。

视情况变化的 8 字节指令详解 1 如表 5.2.4 所示。

表 5.2.4 视情况变化的 8 字节指令详解 1

数据域	内容	说明
DATA[0]	通道 N 的舵机控制 PWM 值	PWM 值低 8 位
DATA[1]		PWM 值高 8 位
DATA[2]	通道 N 的舵机控制时间	时间值低 8 位
DATA[3]		时间值高 8 位
DATA[4]	通道 N+1 的舵机控制 PWM 值	PWM 值低 8 位
DATA[5]		PWM 值高 8 位
DATA[6]	通道 N+1 的舵机控制时间	时间值低 8 位
DATA[7]		时间值高 8 位

2）响应（舵机驱动模块发送数据给主控模块）。

传输循环率为异步模式，协议模式为答应模式，数据长度为 7 字节。

CAN 通信模式为扩展帧模式，为方便起见，将目标地址、目标 ID 号、命令号、来源地址、来源 ID 号的信息直接体现在扩展帧 ID 中，具体信息构成如下：页为 0，目标地址为 0x01，目标 ID 号为 0，命令号为 y，来源地址为 0x04，来源 ID 号为 x。

扩展帧 ID 为 0x0010y04x。

视情况变化的 8 字节指令详解 2 如表 5.2.5 所示。

表 5.2.5　视情况变化的 8 字节指令详解 2

数据域	内容	说明
DATA[0]	通道 1 的舵机控制 PWM 值	返回刚刚发送的参数
DATA[1]		
DATA[2]	通道 1 的舵机控制时间	
DATA[3]		
DATA[4]	通道 2 的舵机控制 PWM 值	
DATA[5]		
DATA[6]	通道 2 的舵机控制时间	
DATA[7]		

（2）驱动板参数设置接收及响应

1）接收（主控模块发送数据给循迹模块）。

传输循环率为异步模式，协议模式为请求模式，数据长度为 8 字节。

CAN 通信模式为扩展帧模式，为方便起见，将目标地址、目标 ID 号、命令号、来源地址、来源 ID 号的信息直接体现在扩展帧 ID 中，具体信息构成如下：页为 0，目标地址为 0x04，目标 ID 号为 x，命令号为 5，来源地址为 0x01，来源 ID 号为 0。

扩展帧 ID 为 0x004x5010。

视情况变化的 8 字节指令详解 3 如表 5.2.6 所示。

表 5.2.6　视情况变化的 8 字节指令详解 3

数据域	内容	说明
DATA[0]	设置模式	置 1 有效； bit0：修改 ID； bit1：存储数据，数据存储后须重新上电，这里主要存储角度信息，舵机当前角度为开机角度值； bit2：运行动作组； bit3：停止动作组的运行； bit4～bit7：保留
DATA[1]	ID 号	—
DATA[2]	动作组编号	—
DATA[3]	保留	—
DATA[4]	保留	—
DATA[5]	保留	—
DATA[6]	保留	—
DATA[7]	保留	—

2）响应（舵机驱动模块发送数据给主控模块）。

传输循环率为异步模式，协议模式为答应模式，数据长度为 8 字节。

CAN 通信模式为扩展帧模式，为方便起见，将目标地址、目标 ID 号、命令号、来源地址、来源 ID 号的信息直接体现在扩展帧 ID 中，具体信息构成如下：页为 0，目标地址为 0x01，目标 ID 号为 0，命令号为 5，来源地址为 0x04，来源 ID 号为 x。

扩展帧 ID 为 0x0010504x。

视情况变化的 8 字节指令详解 4 如表 5.2.7 所示。

表 5.2.7 视情况变化的 8 字节指令详解 4

<table>
<tr><th>数据域</th><th>内容</th><th>说明</th></tr>
<tr><td>DATA[0]</td><td>设置模式</td><td>参数值为 0</td></tr>
<tr><td>DATA[1]</td><td>ID 号</td><td rowspan="7">返回刚刚发送的参数</td></tr>
<tr><td>DATA[2]</td><td>动作组编号</td></tr>
<tr><td>DATA[3]</td><td>保留</td></tr>
<tr><td>DATA[4]</td><td>保留</td></tr>
<tr><td>DATA[5]</td><td>保留</td></tr>
<tr><td>DATA[6]</td><td>保留</td></tr>
<tr><td>DATA[7]</td><td>保留</td></tr>
</table>

注：修改完 ID 号后请将控制板重新上电。

2. 码垛机构控制核心代码介绍

四麦轮码垛机器人的码垛机构控制子程序包含在 SLAVE_SteeringEngine_6CH.c\h 文件中，其主要通过控制多个舵机来实现机械臂的相关运动，其中与机械臂控制相关的数据说明如表 5.2.8 所示。

表 5.2.8 码垛机构控制相关结构体数据

<table>
<tr><td>类型名</td><td>SteeringEngine6CHDef_t</td></tr>
<tr><td>类型定义</td><td><pre>typedef struct SteeringEngine_6CH_T
{
    uint8_t CAN_Number;
    union
    {
        #define PG_RXSTE_PARA_DATA_LEN   8
        uint8_t Datum[PG_RXSTE_PARA_DATA_LEN];
        struct
        {
            union
            {
                uint8_t byte;
                #define SETPARA_ID_FLG   0x01
                #define SETPARA_MEMORY_FLG   0x02
                #define SETPARA_ACTFULLRUN_FLG 0x04
                #define SETPARA_ACTFULLSTOP_FLG 0x08</pre></td></tr>
</table>

续表

<table>
<tr><td>类型定义</td><td><pre>
            struct{
                uint8_t modifyidflg   :1;
                uint8_t memoryflg   :1;
                uint8_t actFullRunflg :1;
                uint8_t actFullStopflg :1;
                uint8_t retain   :4;
            }bit;
        }mode;
        uint8_t Serial_Number;
        uint8_t actFullnum;
        uint8_t retain1;
        uint8_t retain2;
        uint8_t retain3;
        uint8_t retain4;
        uint8_t retain5;
    }DATE;
}SteeringEngine_SetPara;

union
{
    #define PG_RXSTE_ServoCtrl_DATA_LEN 8
    uint8_t Datum[PG_RXSTE_ServoCtrl_DATA_LEN];
    struct{
        uint16_t ServoPwmDutySetCh1;
        uint16_t TimeCh1;
        uint16_t ServoPwmDutySetCh2;
        uint16_t TimeCh2;
    }DATE;
}SteeringEngine_ControlData[3];

struct SteeringEngine_6CH_T* next;
} SteeringEngine6CHDef_t;
</pre></td></tr>
<tr><td>类型描述</td><td>该结构体用于与舵机控制模块进行通信</td></tr>
<tr><td>参数说明</td><td>CAN_Number：对应舵机控制模块的 ID 号；
SteeringEngine_SetPara：参数设置的联合体；
SteeringEngine_ControlData：控制舵机数据的联合体；
next：指向下一个链表节点的指针</td></tr>
</table>

SLAVE_SteeringEngine_6CH.c 中包含的与码垛机构控制有关的子程序说明具体如表 5.2.9～表 5.2.15 所示。

表 5.2.9 舵机驱动模块控制数据初始化程序

函数原型	`uint8_t SLAVE_SteeringEngine6CH_Init(SteeringEngineDef_t* handle, uint8_t list);`
功能概述	声明并初始化舵机模块的通信数据
参数说明	handle：指向舵机模块通信数据的指针； list：舵机模块对应的 ID 号
返回值	1：成功； 0：失败（数据已经声明过）

表 5.2.10 舵机驱动模块 ID 号修改程序

函数原型	`void SLAVE_SteeringEngine6CH_NumberSet(SteeringEngineDef_t*handle, uint8_t number);`
功能概述	修改对应舵机模块的 ID 号
参数说明	handle：指向舵机模块通信数据的指针； number：要修改成的 ID 号
返回值	无

表 5.2.11 舵机驱动模块初始数据赋值程序

函数原型	`void SLAVE_SteeringEngine6CH_MovementMemory(SteeringEngineDef_t* handle);`
功能概述	设置对应舵机模块的当前控制数据为初始数据
参数说明	handle：指向舵机模块通信数据的指针
返回值	无

表 5.2.12 舵机模块中对应 2 个通道的舵机角度与转动速度控制程序

函数原型	`void SLAVE_SteeringEngine6CH_MotorControl(`
	`SteeringEngine6CHDef_t*handle,`
	`uint8_t Channel,`
	`uint16_t ServoPwmDutySetCh1,`
	`uint16_t time1,`
	`uint16_t ServoPwmDutySetCh2,`
	`uint16_t time2);`

功能概述	修改舵机模块中对应通道的舵机控制数据
参数说明	handle：指向舵机模块通信数据的指针； Channel：通道选择。 ServoPwmDutySetCh1：Channel 为 0 时，通道 1 的舵机控制值；Channel 为 1 时，通道 3 的舵机控制值；Channel 为 2 时，通道 5 的舵机控制值。 time1：舵机的运行时间，值越大，舵机的运行速度越慢。 ServoPwmDutySetCh2：Channel 为 0 时，通道 2 的舵机控制值；Channel 为 1 时，通道 4 的舵机控制值；Channel 为 2 时，通道 6 的舵机控制值。 time2：舵机的运行时间，值越大，舵机的运行速度越慢
返回值	无

表 5.2.13　舵机模块中对应 6 个通道的舵机角度与转动速度控制程序

<table>
<tr><td>函数原型</td><td><pre>void SLAVE_SteeringEngine6CH_MoreMotorControl(
                                   SteeringEngine6CHDef_t* handle,
                                   uint16_t ServoPwmDutySetCh1,
                                   uint16_t time1,
                                   uint16_t ServoPwmDutySetCh2,
                                   uint16_t time2,
                                   uint16_t ServoPwmDutySetCh3,
                                   uint16_t time3,
                                   uint16_t ServoPwmDutySetCh4,
                                   uint16_t time4,
                                   uint16_t ServoPwmDutySetCh5,
                                   uint16_t time5,
                                   uint16_t ServoPwmDutySetCh6,
                                   uint16_t time6);</pre></td></tr>
<tr><td>功能概述</td><td>修改舵机模块 6 路通道的舵机控制数据</td></tr>
<tr><td>参数说明</td><td>handle：指向舵机模块通信数据的指针；
ServoPwmDutySetCh1：通道 1 的舵机控制值；
time1：通道 1 的舵机运行时间，值越大，舵机的运行速度越慢；
ServoPwmDutySetCh2：通道 2 的舵机控制值；
time2：通道 2 的舵机运行时间，值越大，舵机的运行速度越慢；
ServoPwmDutySetCh3：通道 3 的舵机控制值；
time3：通道 3 的舵机运行时间，值越大，舵机的运行速度越慢；
ServoPwmDutySetCh4：通道 4 的舵机控制值；
time4：通道 4 的舵机运行时间，值越大，舵机的运行速度越慢；
ServoPwmDutySetCh5：通道 5 的舵机控制值；
time5：通道 5 的舵机运行时间，值越大，舵机的运行速度越慢；
ServoPwmDutySetCh6：通道 6 的舵机控制值；
time6：通道 6 的舵机运行时间，值越大，舵机的运行速度越慢</td></tr>
<tr><td>返回值</td><td>无</td></tr>
</table>

表 5.2.14　舵机模块动作组的控制程序

<table>
<tr><td>函数原型</td><td><pre>void SLAVE_SteeringEngine6CH_FullActRun(SteeringEngine6CHDef_t*
handle,uint8_t actFullnum);</pre></td></tr>
<tr><td>功能概述</td><td>使对应舵机模块运行动作组</td></tr>
<tr><td>参数说明</td><td>handle：指向舵机模块通信数据的指针；
actFullnum：动作组编号</td></tr>
<tr><td>返回值</td><td>无</td></tr>
</table>

表 5.2.15　舵机模块动作停止控制程序

函数原型	`void SLAVE_SteeringEngine6CH_FullActStop(SteeringEngine6CHDef_t* handle);`
功能概述	使对应舵机模块停止运行动作组
参数说明	handle：指向舵机模块通信数据的指针
返回值	无

思考与练习

请基于四麦轮码垛机器人编写程序实现以下功能：四麦轮码垛机器人抓取 A1、B1、C1 这 3 个点的物料，并分别搬运摆放至 C2、A2、B2 这 3 个点，物料为直径 60mm、高度 120mm 的圆柱体。场地及对应位置点如下图所示。

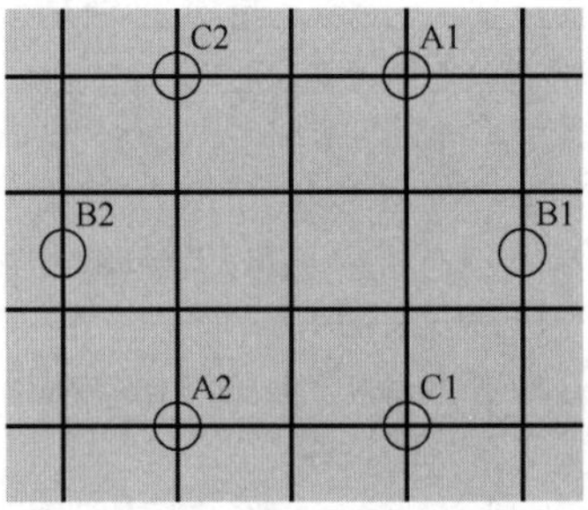

场地及对应位置点图

项目 6 机器人视觉技术应用

◎ 项目导读

本项目介绍两种视觉模块的应用，分别是基于 MaixPy 和基于树莓派的视觉技术应用。

其中，基于 MaixPy 的视觉技术应用部分简要介绍其固件的安装步骤及 IDE 的使用方法，具体应用方面主要介绍颜色识别、线条识别、二维码识别，同时介绍串口通信，以方便与主控板的数据进行交互。

基于树莓派的视觉技术应用部分简要介绍系统的安装方法及远程操作的方法，具体应用方面主要介绍 USB 摄像头的驱动，以及基于 OpenCV 的颜色识别、形状识别、二维码识别。

◎ 学习目标

通过对本项目的学习，应达成如下学习目标。

知识目标	能力目标	思政素养目标
1．了解使用 MaixPy 进行颜色识别、线条识别、二维码识别的要点。 2．了解树莓派系统的安装方法及相关操作要点。 3．了解利用基于树莓派的视觉技术对图像进行颜色处理、形状识别、二维码识别的相关操作要点	1．能够使用 MaixPy 进行颜色识别、线条识别、二维码识别。 2．能够安装并设置树莓派系统、SSH 操作，连接 USB 摄像头，安装 OpenCV-Python 库。 3．能够使用树莓派视觉技术对图像进行颜色处理、形状识别、二维码识别	1．强化专注、细致、严谨、负责的工作态度。 2．强化吃苦耐劳、专注执着的工匠精神，提升职业素养和信息素养

任务 6.1 基于 MaixPy 的视觉技术应用

任务目标

安装 MaixPy 软件，并对其固件进行升级。掌握使用 MaixPy 进行颜色识别、线条识别、二维码识别的要点，掌握 USB 摄像头的驱动方法，理解基于 OpenCV 的颜色识别、形状识别、二维码识别。

任务实施

活动 6.1.1 MaixPy 固件的升级与 IDE 的安装使用

1．MaixPy 固件的升级

本书选择的 MaixPy 硬件开发板为 Maix BiT（with Mic），首次对 Maix BiT 进行固件升级时，需要做以下准备工作。

1）确保 Maix BiT 开发板通过 Type-C 线与计算机相连后能被计算机识别。因为板子是通过 USB 转串口设备与计算机相连的，所以需要根据板子的 USB 转串口芯片型号安装驱动。在网上搜索“FT2232 驱动”下载安装即可，然后可以在设备管理器中看到串口设备，即表明驱动成功。

2）MaixPy 固件升级工具的名称为“kflash_gui”，在网上搜索下载即可，升级工具版本可以下载最新版本。kflash_gui 下载完成后，会得到一个压缩包，将压缩包解压到一个文件夹，双击 kflash_gui.exe 即可运行。

3）固件文件有两种文件格式，分别为以.bin 和.kfpkg 为扩展名的文件，此处推荐.bin 文件，固件下载地址为 http://cn.dl.sipeed.com/MAIX/MaixPy/release/master。为了满足不同开发人员的需求，最新的固件包包含几个不同名称的固件文件，可根据需求自行选择，其主要区别如下。

① maixpy_v*_no_lvgl.bin：MaixPy 固件，不带 LVGL 版本（LVGL 是嵌入式 GUI 框架，写界面时需要用到）。

② maixpy_v*_full.bin：完整版的 MaixPy 固件（MicroPython+OpenMV API+lvgl）。

③ maixpy_v*_minimum.bin：MaixPy 固件的最小集合，不支持 MaixPy IDE，不包含 OpenMV 的相关算法。

固件的具体升级步骤如下。

步骤 1：将 Maix BiT 开发板用 Type-C 线与计算机相连，并在设备管理器中观察串口号，具体如图 6.1.1 所示。

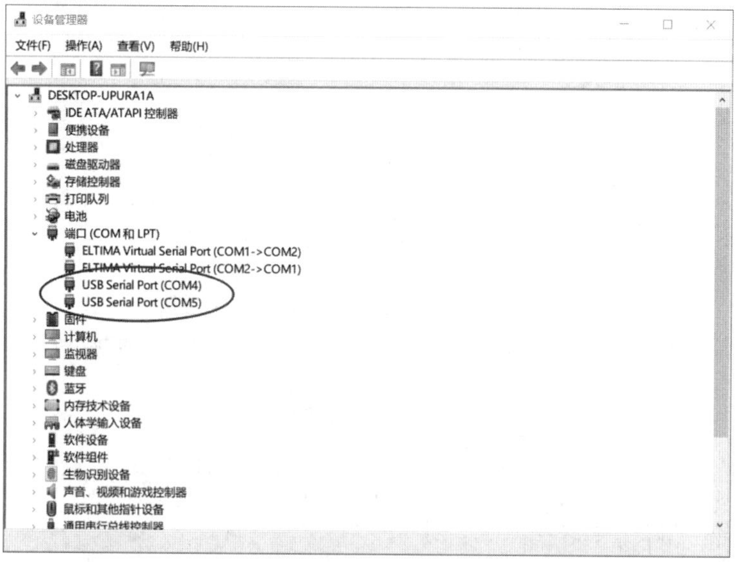

图 6.1.1　设备串口号

步骤 2：双击 kflash_gui.exe，运行固件升级工具。固件升级工具的操作界面如图 6.1.2 所示。

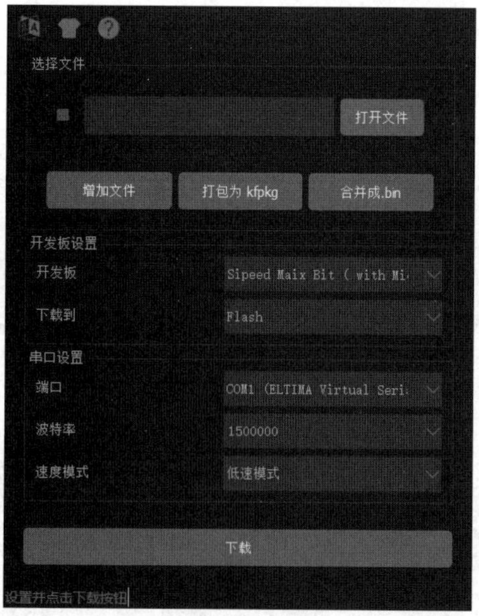

图 6.1.2　固件升级工具的操作界面

步骤 3：选择目标硬件为 Sipeed Maix Bit(with Mic)，选择与目标硬件通信的计算机串口（串口有两个，在不确定的情况下，两个都需进行测试）号，然后单击“打开文件”按钮，在打开的对话框中选择固件文件（固件文件按需求选择），最后单击“下载”按钮即可，如图 6.1.3 所示。

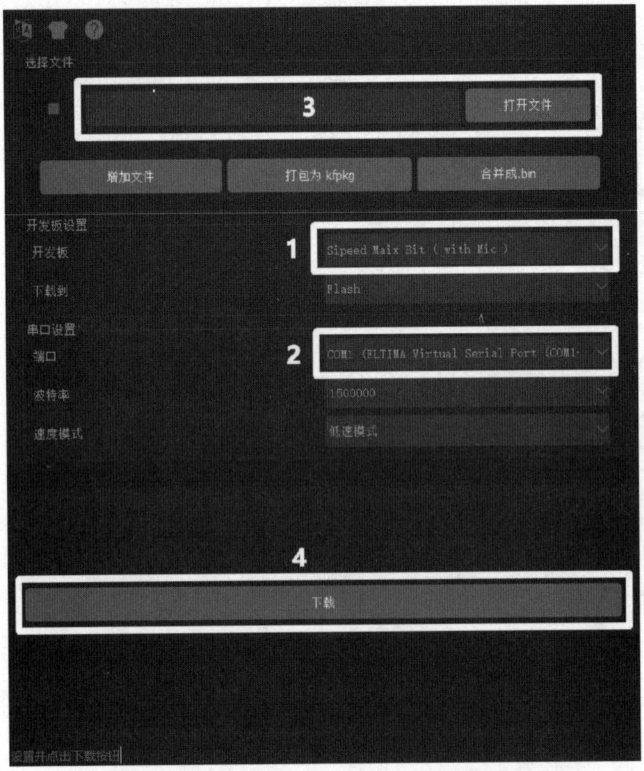

图 6.1.3　固件升级工具操作顺序图

步骤 4：固件升级完成后，软件界面如图 6.1.4 所示。

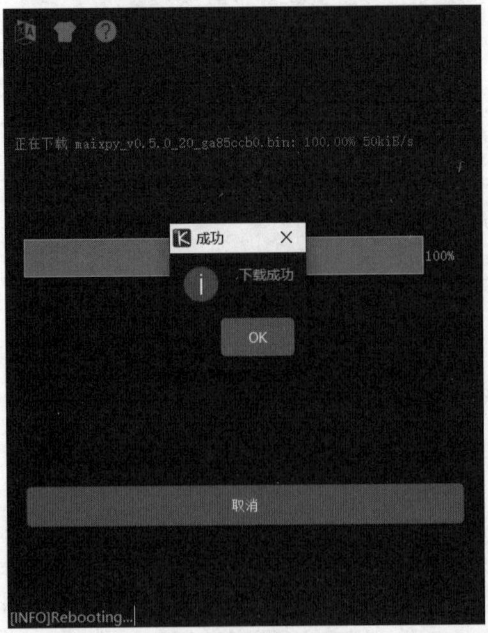

图 6.1.4　固件升级完成界面

2．MaixPy IDE 的安装

MaixPy 使用 Micropython 脚本语法，不需要像 C 语言一样进行编译，其实不用 IDE 也能使用。使用 IDE 可以方便在计算机上实时编辑脚本，并上传到开发板，以及直接在开发板上执行脚本、在计算机上实时查看摄像头图像、保存文件到开发板等。使用 IDE 时，因为压缩、传输需要耗费一部分资源，所以性能会有所降低，但对调试来说影响不大。

MaixPy IDE 安装文件的下载地址为 http://cn.dl.sipeed.com/MAIX/MaixPy/ide/_/v0.2.4，由于大部分用户使用 Windows 操作系统，所以建议下载 maixpy-ide-windows-*.exe 文件。

MaixPy IDE 的安装步骤如下。

步骤 1：双击 MaixPy IDE 安装包，在打开的对话框中直接单击“下一步”按钮，如图 6.1.5 所示。

步骤 2：在打开的如图 6.1.6 所示的界面中选择安装目录，然后单击“下一步”按钮。

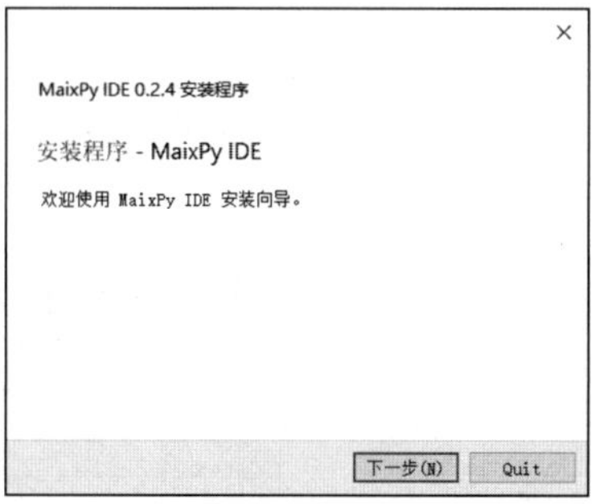

图 6.1.5　MaixPy IDE 安装界面 1

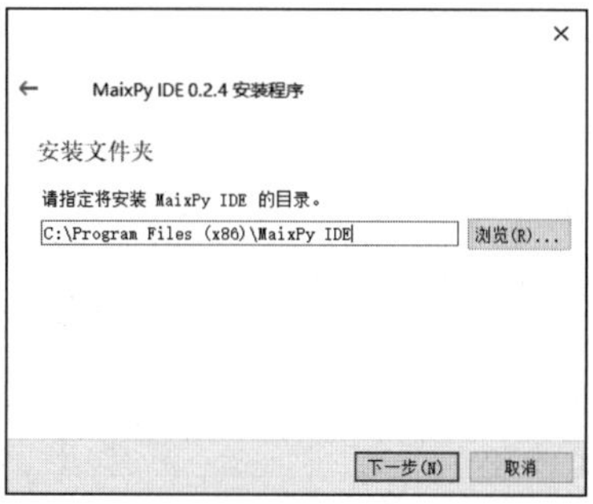

图 6.1.6　MaixPy IDE 安装界面 2

步骤 3：在打开的如图 6.1.7 所示的界面中选中“我接受此许可。”单选按钮，然后单击“下一步”按钮。

步骤 4：在打开的如图 6.1.8 所示的界面中直接单击“下一步”按钮。

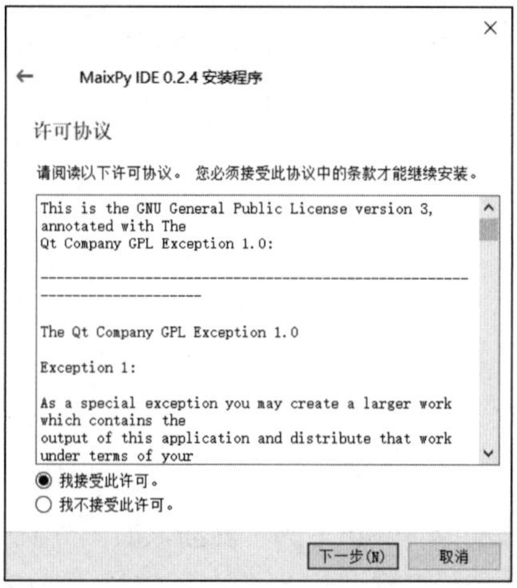

图 6.1.7　MaixPy IDE 安装界面 3

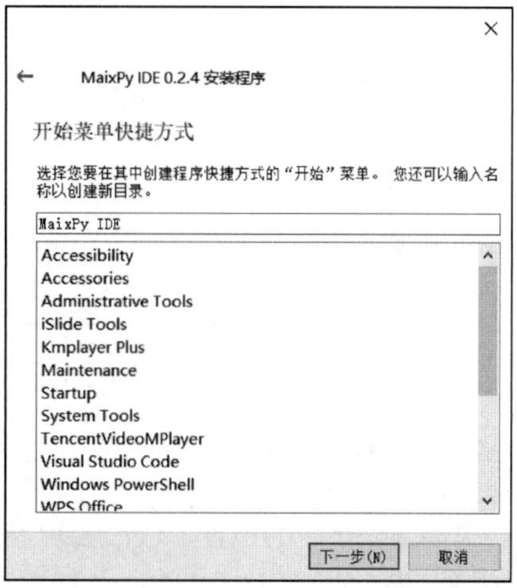

图 6.1.8　MaixPy IDE 安装界面 4

步骤 5：在打开的如图 6.1.9 所示的界面中直接单击“安装”按钮。

步骤 6：等待安装完毕，如图 6.1.10 所示。

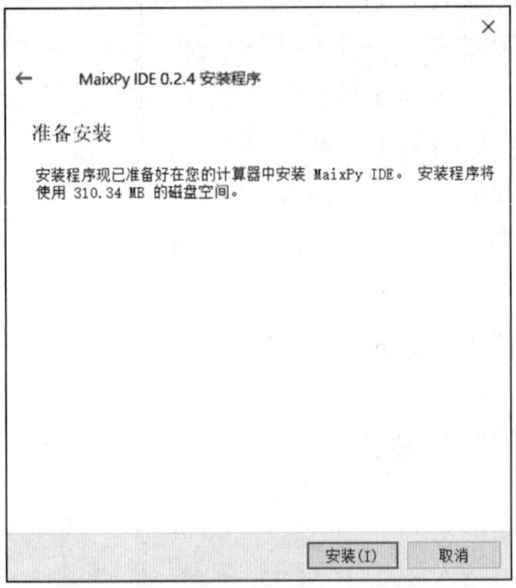

图 6.1.9　MaixPy IDE 安装界面 5

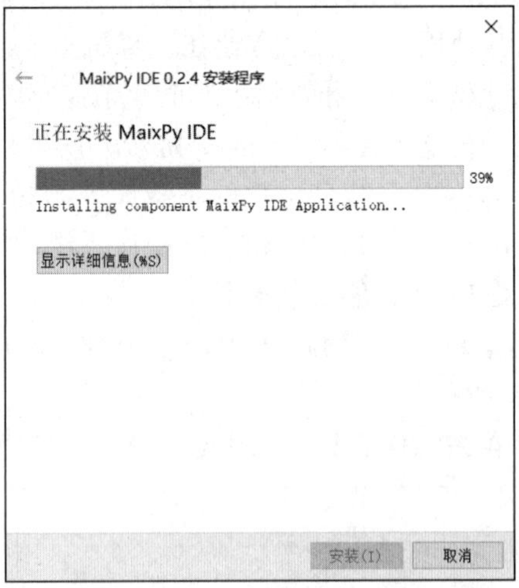

图 6.1.10　MaixPy IDE 安装界面 6

步骤 7：在打开的如图 6.1.11 所示的界面中单击“完成”按钮，整个安装过程即可完成。

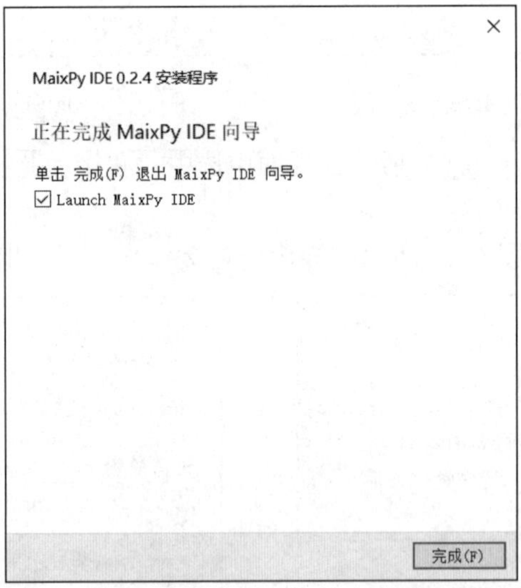

图 6.1.11　MaixPy IDE 安装界面 7

3．MaixPy IDE 的使用

首次启动 MaixPy IDE 时，软件会自动打开“helloworld_1.py”界面，如图 6.1.12 所示。其中，区域 1 为功能菜单区；区域 2 为常用功能区；区域 3 为编程区；区域 4 为图片缓存区；区域 5 位图片数据统计区；区域 6 为硬件连接、代码运行控制区。

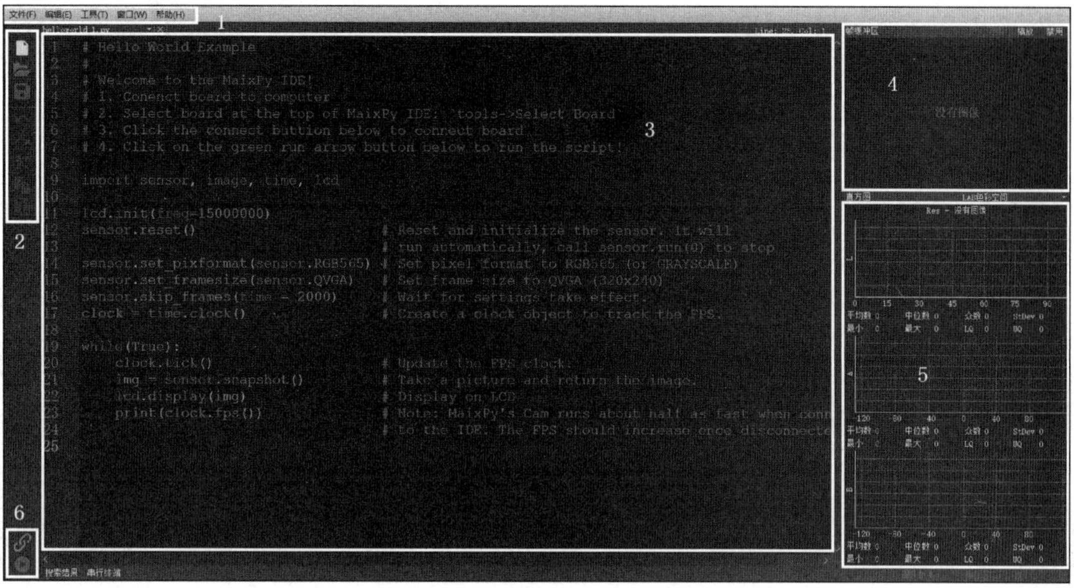

图 6.1.12　MaixPy IDE 的打开界面

IDE 运行后，将目标硬件用 Type-C 线与计算机相连，然后选择“工具”→“选择开发板”→“Sipeed Maix Bit(with Mic)”选项，进行硬件类型的选择，如图 6.1.13 所示。

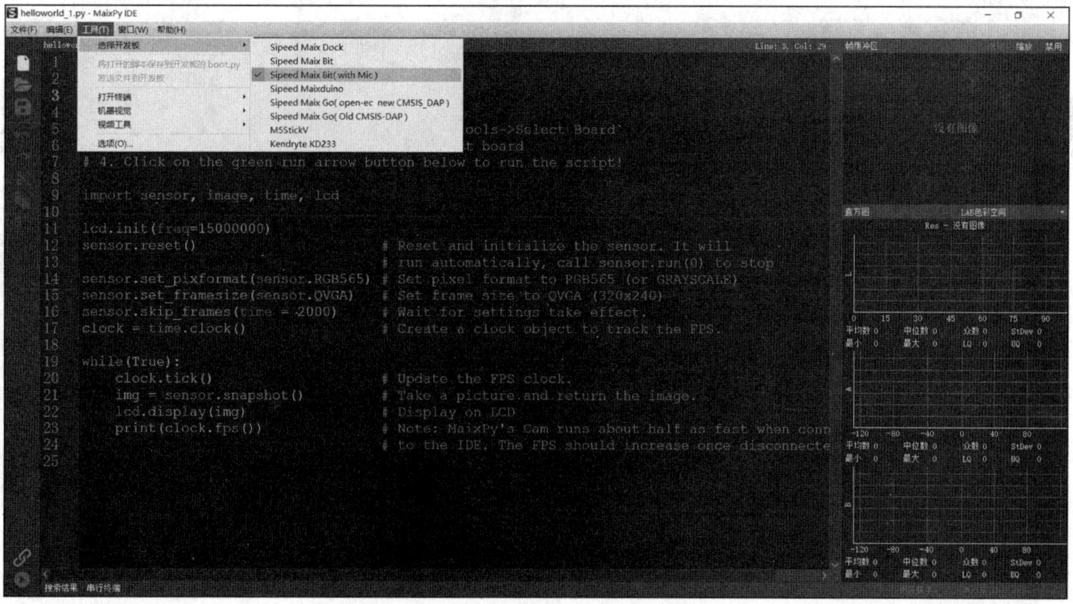

图 6.1.13　选择硬件开发板的类型

单击图 6.1.12 区域 6 中的“链接”按钮，并选择串口，进行 IDE 与开发板的连接，如图 6.1.14 所示。IDE 与开发板连接成功后，“运行”按钮变为可操作状态，如图 6.1.15 所示。

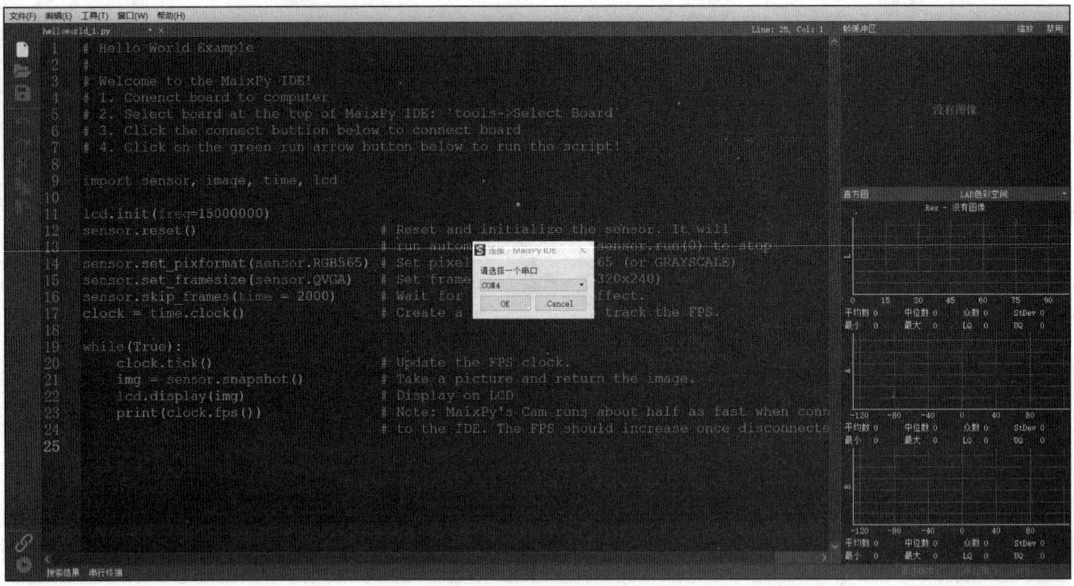

图 6.1.14　连接开发板

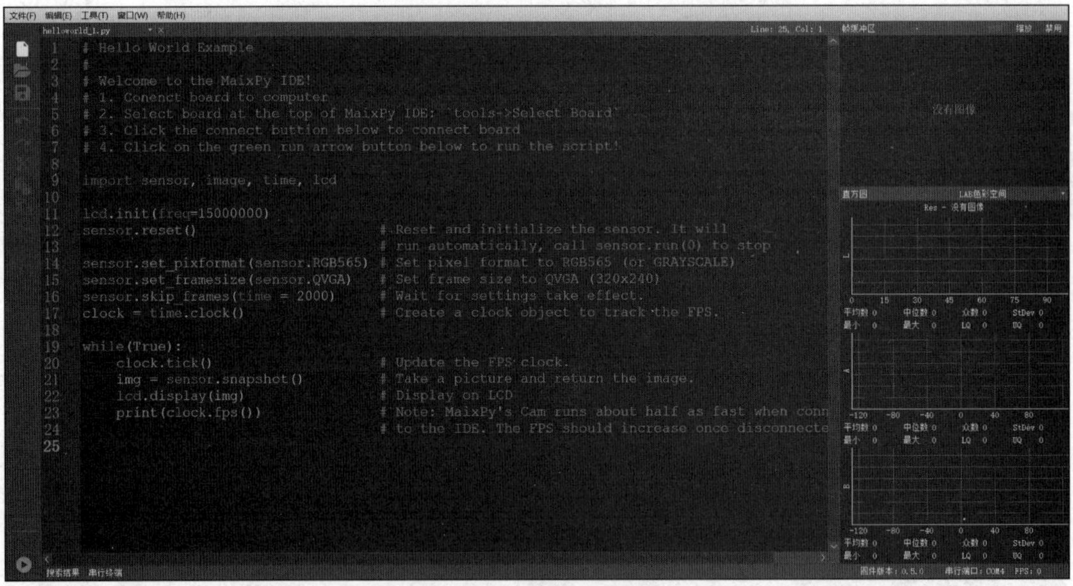

图 6.1.15　连接开发板成功

直接单击图 6.1.12 区域 6 中的“运行”按钮运行 IDE 自带的例程，由于例程中自带图片拍摄功能，在区域 4 图片缓存区中会直接显示摄像头获取的图像，具体如图 6.1.16 所示。

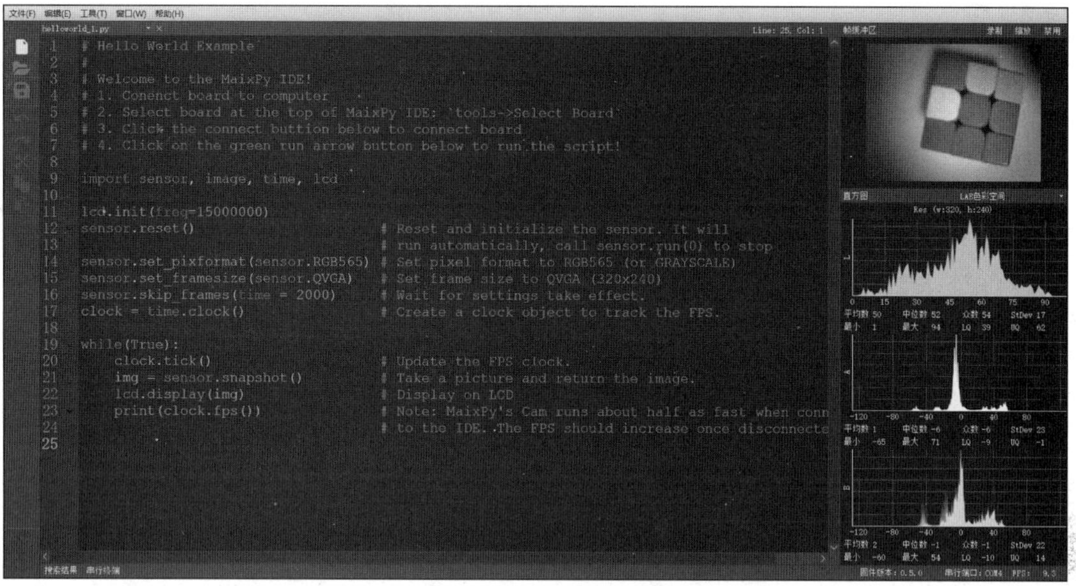

图 6.1.16　运行脚本程序

活动 6.1.2　基于 MaixPy 的颜色识别

视频：基于 MaixPy 的颜色识别

例程解析如下。

```
#识别红、绿、蓝颜色
#这个例子展示了如何在图像中识别颜色
import sensor, image #导入需要的模块
#颜色检测阈值的设定 (L Min, L Max, A Min, A Max, B Min, B Max)
thresholds=[(19, 73, 8, 65, 3, 42), #red
            (26, 76, -50, -18, -12, 33), #green
            (24, 77, -31, 13, -70, -22) #blue
            ]
sensor.reset() #初始化相机
sensor.set_pixformat(sensor.RGB565) #设置相机的图像模式
sensor.set_framesize(sensor.QQVGA)  #设置相机的图像大小
while(True):
    img=sensor.snapshot() #获取一帧图像
#遍历blobs,可以修改 pixels_threshold、area_threshold,
#以控制筛选色块的大小
    for blob in img.find_blobs(thresholds, pixels_threshold=200,
area_threshold=200):
        img.draw_rectangle(blob.rect())        #绘制色块边框
        img.draw_cross(blob.cx(), blob.cy())  #绘制色块中心点
        img.draw_keypoints([(blob.cx(), blob.cy(), int(math.degrees
(blob.rotation())))], size=20) #绘制色块的旋转角度
```

活动 6.1.3 基于 MaixPy 的线条识别

例程解析如下。

```
#以下是识别直线的例程
#这个例子展示了如何在图像中查找线条。对于在图像中找到的每个线对象,
#都会返回一个包含线条旋转的线对象
import sensor, image  #导入需要的模块
sensor.reset() #初始化相机
sensor.set_pixformat(sensor.RGB565)   #设置相机的图像模式
sensor.set_framesize(sensor.QQVGA)    #设置相机的图像大小
min_degree=0 #筛选直线的最大、最小角度
max_degree=179
while(True):
    img=sensor.snapshot() #获取一帧图像
    #遍历 lines
    for l in img.find_lines(threshold=1000, theta_margin=25, rho_margin=25):
        #筛选符合条件的直线
        if (min_degree <= l.theta()) and (l.theta() <= max_degree):
            img.draw_line(l.line(), color=(255, 0, 0))
        #绘制筛选后的直线
```

活动 6.1.4 基于 MaixPy 的二维码识别

例程解析如下。

```
#识别二维码
#这个例子展示了如何在图像中检测二维码
import sensor, image  #导入需要的模块
sensor.reset()          #初始化相机
sensor.set_pixformat(sensor.RGB565)   #设置相机的图像模式
sensor.set_framesize(sensor.QQVGA)    #设置相机的图像大小
while(True):
    img=sensor.snapshot() #获取一帧图像
    #遍历所有的二维码
    for code in img.find_qrcodes():
        print(code)         #输出二维码数据
```

知识链接

1. MaixPy 基本知识

MaixPy 是将 MicroPython 移植到 K210（一款 64 位双核带硬件 FPU 和卷积加速器的

RISC-V CPU）的一个项目，支持 MCU 常规操作，同时在硬件上集成了机器视觉和机器听觉能力。本书选择 MaixPy 作为机器视觉入门是因为该项目所提供的开发板可以让机器视觉的开发更简便。

本书选择的 MaixPy 硬件开发板为 Maix BiT（with Mic），为了更好地发挥 Maix BiT 的性能，我们对 Maix BiT 进行了二次开发，增加了可控外部光源与散热风扇，具体如图 6.1.17 所示。

图 6.1.17　MaixPy 模块

2．颜色基础知识

颜色或色彩是通过眼、脑和我们的生活体验所产生的一种对光的视觉效应。简单来说，颜色就是人对光的一种感觉，由大脑产生的一种感觉。可见光本身属于特定波长段的电磁波，其具体波长范围如图 6.1.18 所示。

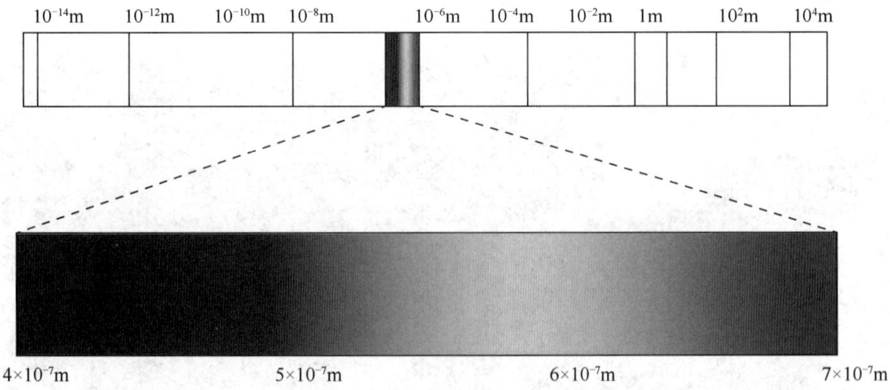

图 6.1.18　可见光的波长范围

人的感觉是主观的，怎么确定自己看到的颜色和其他人看到的颜色是一样的呢？这时就需要统一色彩的表述模式，常见的色彩模式主要有 RGB、YUV、CMYK、HSL、HSB（HSV）、Lab。

其中，RGB 模式称为“晶体管的语言”，是一种便于计算机识别或屏幕显示的色彩模式，采用加色法，R 为红色、G 为绿色、B 为蓝色。

YUV 模式是为使黑白电视也能接收彩色电视信号而发明出来的，其中 Y 为灰度、UV

为色度，可以与 RGB 相互转换。其优点是只需占用极少的频宽，缺点是色域较 RGB 小。

CMYK 模式称为“印刷之道”，当阳光照射到一个物体上时，这个物体将吸收一部分光线，并将剩下的光线进行反射，反射的光线就是我们所看见的物体颜色。此模式主要用于印刷，因使用染料三原色青（C）、品红（M）、黄（Y）及黑色（K）而得名。其色域小于 RGB，适用于印刷，是一种减色色彩模式。

HSL 模式和 HSB（或称为 HSV）模式被称为“设计师的爱”，这两种模式比较符合人对颜色的主观感受，因为设计师在设计颜色时一般先想好大概需要什么颜色，放上去后若发现太亮、与周围颜色不协调等问题，则微调颜色，使其更符合预期。其中，HSL 中的 H（hue）为色相，S（saturation）为饱和度，L（lightness）为亮度；HSB 中的 H（hue）为色相，S（saturation）为饱和度，B（brightness）为明度。

Lab 模式称为“真实之眼”，它是基于人对颜色的感觉指定的模型。Lab 中的数值描述正常视力的人能够看到的所有颜色，其中：L 代表亮度；a 的正数代表红色，负数代表绿色；b 的正数代表黄色，负数代表蓝色。

在 MaixPy 中进行颜色识别时主要采用的就是 Lab 模式。

（1）阈值设置

颜色模式用于准确描述颜色，在确定了使用何种颜色表述模式后，只需要对这种表述模式中的参数设定大小范围，即可明确想要的颜色是哪个范围区间内的颜色。

MaixPy 主要采用 Lab 模式识别颜色，那么如何获取想要识别颜色的 L、a、b 参数的数值范围呢？MaixPy IDE 自带的“阈值编辑器”功能使参数范围的获取变得简单，具体操作步骤如下。

步骤 1：选择菜单栏中的“工具”→“机器视觉”→“阈值编辑器”选项，如图 6.1.19 所示。

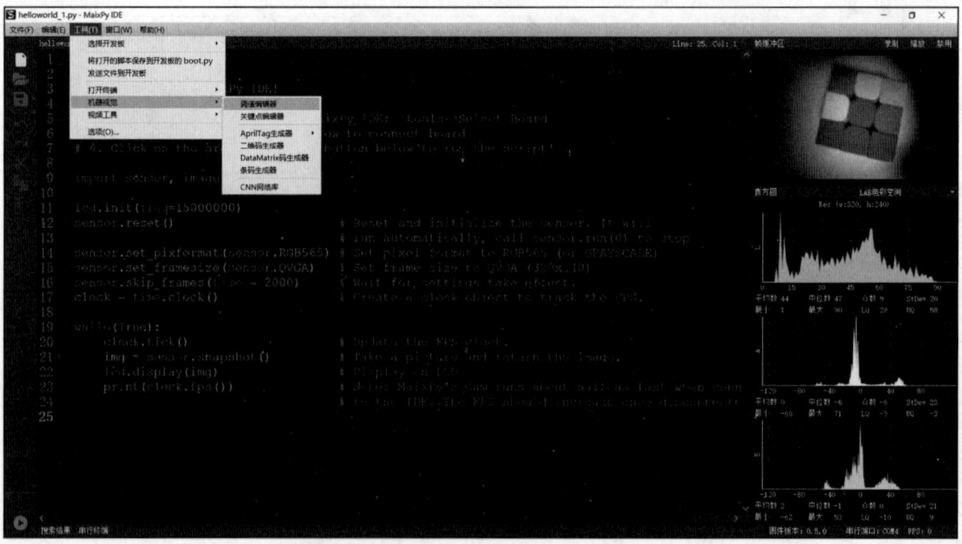

图 6.1.19　启动“阈值编辑器”功能

步骤 2：在打开的“阈值编辑器”对话框中选择图片来源，单击“帧缓冲区”按钮，将摄像头获取的照片作为阈值处理对象（如果单击“图像文件”按钮，则通过路径将已经存在的图片作为阈值处理对象），如图 6.1.20 所示。

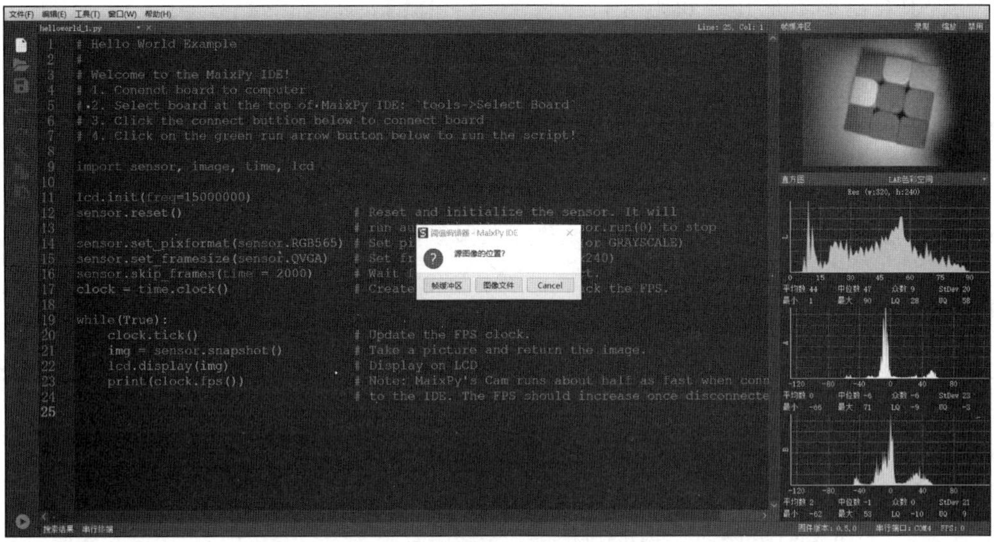

图 6.1.20　选择图片来源

步骤 3： 拖动 L、A、B 最小值与最大值的滑动按钮，根据源图像与二进制图像的对比，设置合适的 L、A、B 值，如图 6.1.21 所示，然后单击“Close”按钮。

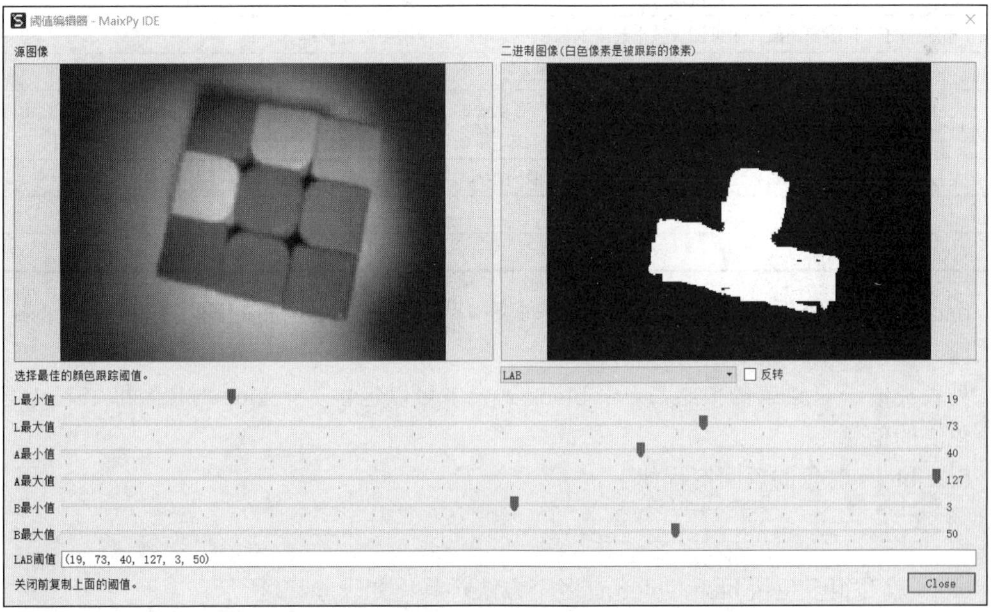

图 6.1.21　设置阈值

最终获取的颜色阈值（假定设置阈值数据名为 red）数据结构如下：red=(minL,maxL, minA,maxA,minB,maxB)。

元组中的数值分别是 Lab 模式下 L、a、b 参数的最大值和最小值。

（2）核心函数

在 MaixPy 中，颜色识别属于机器视觉下的功能，因此颜色识别的程序主要存在于 image 模块中，其核心函数是 find_blobs 函数，该函数具体的表述方式如下。

```
img.find_blobs(thresholds,roi=Auto,x_stride=2,y_stride=1,
           invert=False,area_threshold=10,pixels_threshold=10,
           merge=False,margin=0,threshold_cb=None,merge_cb=None)
```

其中，img 为图片对象（可自行定义图片对象的名称，图片对象可以通过 img=sensor.snapshot( )获取），可以发现这个函数的入口参数较多，每个入口参数的功能如表 6.1.1 所示。

表 6.1.1　find_blobs 函数的参数功能

参数名称	参数功能
thresholds	颜色阈值，这个参数是一个列表，可以包含多个颜色阈值。如果只需要一种颜色，那么在这个列表中只需要有一个颜色参数阈值；如果想要有多种颜色，那么在这个列表中就需要有多个颜色阈值
roi	需要检测的图片区域。roi 的格式是（x,y,w,h）的元组，其中：x 为区域中左上角的 x 坐标，y 为区域中左上角的 y 坐标，w 为区域的宽度，h 为区域的高度
x_stride	色块的 x 方向上最小宽度的像素，默认为 2。如果只想查找 x 方向上宽度为 10 个像素以上的色块，那么就设置这个参数为 10
y_stride	色块的 y 方向上最小宽度的像素，默认为 1。如果只想查找 y 方向上宽度为 5 个像素以上的色块，那么就设置这个参数为 5
invert	反转阈值，把阈值以外的颜色作为阈值进行查找。该功能在 True 时开启，在 False 时关闭
area_threshold	面积阈值，如果色块被框起来的面积小于这个值，则会被过滤掉
pixels_threshold	像素个数阈值，如果色块像素的数量小于这个值，则会被过滤掉
merge	合并，如果设置为 True，那么合并所有重叠的 blob 为一个。合并时，它会合并所有的 blob，无论是什么颜色。如果不想混淆多种颜色的 blob，那么只需要分别调用不同颜色阈值的 find_blobs 即可
margin	边界，如果设置为 1，当两个 blobs 的间距为 1 个像素点时，也会被合并
threshold_cb	—
merge_cb	—

find_blobs 对象返回的是多个 blob 的列表（注意区分 blobs 和 blob，这只是一个名称，用来区分多个色块和一个色块）。

列表类似于 C 语言的数组，一个 blobs 列表中可以包含多个 blob 对象，每个 blob 包含一个色块的信息。

find_blobs 对象的返回例程如下。

```
blobs=img.find_blobs([red])
```

blobs 就是很多色块 blob，blob 有多个方法，具体如表 6.1.2 所示。

表 6.1.2　blob 的方法

方法的名称	方法的功能
blob.rect( )	返回这个色块的外框——矩形元组（x,y,w,h），可以直接在 image.draw_rectangle 中使用
blob.x( )	返回色块的外框的 x 坐标（数据类型为 int），也可以通过 blob[0]来获取

续表

方法的名称	方法的功能
blob.y( )	返回色块的外框的 y 坐标（数据类型为 int），也可以通过 blob[1]来获取
blob.w( )	返回色块的外框的宽度 w（数据类型为 int），也可以通过 blob[2]来获取
blob.h( )	返回色块的外框的高度 h（数据类型为 int），也可以通过 blob[3]来获取
blob.pixels( )	返回色块的像素数量（数据类型为 int），也可以通过 blob[4]来获取
blob.cx( )	返回色块的外框的中心 x 坐标（数据类型为 int），也可以通过 blob[5]来获取
blob.cy( )	返回色块的外框的中心 y 坐标（数据类型为 int），也可以通过 blob[6]来获取
blob.rotation( )	返回色块的旋转角度（单位为弧度，数据类型为 float）。如果色块类似一个铅笔，那么这个值为 0°～180°；如果色块是一个圆，那么这个值是无用的；如果色块完全没有对称性，那么会得到 0°～360°，也可以通过 blob[7]来获取
blob.code( )	返回一个 16bit 的数字，每 bit 会对应一个阈值。例如： `blobs=img.find_blobs([red, blue, yellow], merge=True)` 如果这个色块是红色的，那么它的 code 就是 0001；如果这个色块是蓝色的，那么它的 code 就是 0010。需要注意的是，一个 blob 可能是合并的，如果是红色和蓝色的 blob，那么这个 blob 就是 0011。这个功能可以用于查找颜色代码，也可以通过 blob[8]来获取
blob.count( )	如果 merge=True，那么就会有多个 blob 被合并到一个 blob，这个函数返回的就是数量。如果 merge=False，那么返回值总是 1，其也可以通过 blob[9]来获取
blob.area( )	返回色块的外框的面积，应该等于 wh
blob.density( )	返回色块的密度。这等于色块的像素数除以外框的区域。如果密度较低，则说明目标锁定得不是很好。例如，识别一个红色的圆，返回的 blob.pixels( )是目标圆的像素点数，blob.area( )是圆的外接正方形的面积

3. 线条识别的核心函数

在现实世界中有很多平面及线性的结构，所以直线在图像中频繁可见。这些富有意义的特征在物体识别和图像理解领域扮演着重要的角色。霍夫变换是检测直线的经典算法，它最初只用于检测直线，被拓展后能够检测其他的简单结构。

在 MaixPy 中，线条识别属于机器视觉下的功能，因此线条识别的程序主要存在于 image 模块中，而其核心函数为 find_lines 函数，其具体的表述方式如下。

```
img.find_lines(threshold, theta_margin, rho_margin)
```

其中，img 为图片对象（可自行定义图片对象的名称，图片对象可以通过 img= sensor.snapshot( )获取），每个入口参数的功能如表 6.1.3 所示。

表 6.1.3　find_lines 函数的参数功能

参数名称	参数功能
threshold	控制从霍夫变换中监测到的直线，只返回大于或等于阈值的直线。应用程序的阈值正确值取决于图像。注意：一条直线的大小是组成直线所有索贝尔滤波像素大小的总和
theta_margin	合并 θ 相似的直线
rho_margin	合并 ρ 相似的直线

find_lines 返回的是多个 line 的列表。

line 对象有多个方法，具体如表 6.1.4 所示。

表 6.1.4　line 对象的方法

方法的名称	方法的功能
line.line( )	返回一个直线元组（x_1, y_1, x_2, y_2），可以直接在 image.draw_line 中使用
line.x1( )	返回直线的 p_1 顶点的 x 坐标，也可以通过 line[0]来获取
line.y1( )	返回直线的 p_1 顶点的 y 坐标，也可以通过 line[1]来获取
line.x2( )	返回直线的 p_2 顶点的 x 坐标，也可以通过 line[2]来获取
line.y2( )	返回直线的 p_2 顶点的 y 坐标，也可以通过 line[3]来获取
line.length( )	返回直线的长度，即 sqrt($(x_2-x_1)^2 + (y_2-y_1)^2$)，也可以通过 line[4]来获取
line.magnitude( )	返回霍夫变换后的直线的长度，也可以通过 line[5]来获取
line.theta( )	返回霍夫变换后的直线的角度（0°～179°），也可以通过 line[7]来获取
line.rho( )	返回霍夫变换后的直线 p 值，也可以通过 line[8]来获取

4. 二维码识别的核心函数

二维条码（简称二维码）是在一维条码的基础上扩展出的另一维具有可读性的条码，使用黑白矩形图案表示二进制数据，被设备扫描后可获取其中所包含的信息。一维条码的宽度记载着数据，而其长度没有记载数据。二维码的长度、宽度均记载着数据。二维码有一维条码没有的“定位点”和“容错机制”。容错机制在即使没有辨识到全部的条码或条码有污损时，也可以正确地还原条码上的信息。二维码的种类很多，不同的机构开发出的二维码具有不同的结构及编写、读取方法。

视频：基于 MaixPy 的二维码识别及串口通信

在 MaixPy 中，二维码识别也属于机器视觉下的功能，因此二维码识别的程序主要存在于 image 模块中，而其核心函数为 find_qrcodes 函数，该函数具体的表述方式如下。

```
img.find_qrcodes()
```

其中，img 为图片对象（可自行定义图片对象的名称，图片对象可以通过 img=sensor.snapshot( )获取），该函数无须填写参数。

find_qrcodes 返回的是多个 qrcode 的列表。

qrcode 对象有多个方法，具体如表 6.1.5 所示。

表 6.1.5　qrcode 对象的方法

方法的名称	方法的功能
qrcode.corners( )	返回一个由该对象的 4 个角组成的 4 个元组（x,y）的列表。4 个角通常是从左上角开始沿顺时针顺序返回的
qrcode.rect( )	返回一个矩形元组(x, y, w, h)，用于如二维码的边界框的 image.draw_rectangle 等其他的 image 方法
qrcode.x( )	返回二维码的边界框的 x 坐标（数据类型为 int），也可以通过 qrcode[0]获取
qrcode.y( )	返回二维码的边界框的 y 坐标（数据类型为 int），也可以通过 qrcode[1]获取
qrcode.w( )	返回二维码的边界框的 w 坐标（数据类型为 int），也可以通过 qrcode[2]获取

续表

方法的名称	方法的功能
qrcode.h( )	返回二维码的边界框的 *h* 坐标（数据类型为 int），也可以通过 qrcode[3]获取
qrcode.payload( )	返回二维码有效载荷的字符串，如 URL，也可以通过 qrcode[4]获取
qrcode.version( )	返回二维码的版本号（数据类型为 int），也可以通过 qrcode[5]获取
qrcode.mask( )	返回二维码的掩码（数据类型为 int），也可以通过 qrcode[7]获取
qrcode.data_type( )	返回二维码的数据类型，也可以通过 qrcode[8]获取
qrcode.eci( )	返回二维码的 ECI。ECI 存储了 QR 码中存储数据字节的编码。若想要处理包含超过标准 ASCII 文本的二维码，则需要查看这一数值，也可以通过 qrcode[9]获取
qrcode.is_numeric( )	若二维码的数据类型为数字式，则返回 True
qrcode.is_alphanumeric( )	若二维码的数据类型为文字数字式，则返回 True
qrcode.is_binary( )	若二维码的数据类型为二进制式，则返回 True。如果处理所有类型的文本，则需要检查 ECI 是否为 True，以确定数据的文本编码。通常它只是标准的 ASCII，但是它也可能是有 2 字节字符的 UTF8
qrcode.is_kanji( )	若二维码的数据类型为日本汉字，则返回 True

5．MaixPy 串口通信

在 K210 中共有 3 个 UART，每个 UART 可以进行自由的引脚映射。在 MaixPy 中进行串口通信时，需要使用 fm 来对芯片引脚进行映射和管理。如下所示，将 PIN10 设置为 UART2 的发送引脚，将 PIN11 设置为 UART2 的接收引脚。

```
fm.register(board_info.PIN10,fm.fpioa.UART2_TX)
fm.register(board_info.PIN11,fm.fpioa.UART2_RX)
```

再调用构造函数创建 UART 对象，构造函数如下。

```
uart=machine.UART(uart,baudrate,bits,parity,stop,timeout,read_buf_len)
```

该函数中每个入口参数的功能如表 6.1.6 所示。

表 6.1.6　machine.UART 函数中各参数的功能

参数名称	参数功能
uart	UART 号，可以使用以下 3 个中的 1 个：machine.UART.UART1、machine.UART.UART2、machine.UART.UART3
baudrate	UART 波特率
bits	UART 数据宽度，支持 5、6、7、8，默认为 8
parity	奇偶校验位，支持 None、machine.UART.PARITY_ODD、machine.UART.PARITY_EVEN，默认为 None
stop	停止位，支持 1、1.5、2，默认为 1
timeout	串口接收超时时间
read_buf_len	串口接收缓冲，串口通过中断来接收数据，如果缓冲满了，将自动停止接收数据

在 MaixPy 中，串口的程序存在于 machine 模块中，并有多个方法，具体如表 6.1.7 所示。

表 6.1.7　串口的方法

方法的名称	方法的功能	参数说明	返回值
uart.init(baudrate,bits,parity,stop,timeout, read_buf_len)	用于初始化 UART，一般在构造对象时已经初始化，这里用于重新初始化 UART	参数与构造函数相同	无
uart.read(num)	用于读取串口缓冲中的数据	num：读取字节数，一般输入缓冲中的数据	bytes 类型数据
uart.readline(num)	用于读取串口缓冲数据的一行，/r/n 结尾为一行	num：读取行的数量	bytes 类型数据
uart.write(buf)	用于使用串口发送数据	buf：串口缓冲中需要发送的数据	数据长度
uart.deinit( )	注销 UART 硬件，释放占用的资源	无	无

例程解析如下。

```
#串口通信例程
#这个例子展示了如何实现 MaixPy 两个串口间的自发自收
from fpioa_manager import fm #导入模块
from machine import UART
#引脚配置
#将 PIN15 设置为 UART1 的发送引脚,将 PIN17 设置为 UART1 的接收引脚
fm.register(board_info.PIN15,fm.fpioa.UART1_TX)
fm.register(board_info.PIN17,fm.fpioa.UART1_RX)
#将 PIN9 设置为 UART2 的发送引脚,将 PIN10 设置为 UART2 的接收引脚
fm.register(board_info.PIN9,fm.fpioa.UART2_TX)
fm.register(board_info.PIN10,fm.fpioa.UART2_RX)
#创建串口对象,波特率为 115200,8 位数据,无校验位,1 位停止位, #最大接收速度为 4096
uart_A=UART(UART.UART1, 115200, 8, None, 1, timeout=1000, read_buf_len=4096)
uart_B=UART(UART.UART2, 115200, 8, None, 1, timeout=1000, read_buf_len=4096)
write_str='hello world'                    #发送字符串
for i in range(20):
  uart_A.write (write_str)                 #串口 A 发送数据
  read_data=uart_B.read()                  #串口 B 接收所有的数据
  read_str=read_data.decode('utf-8') #字符类型转换
  print("string=",read_str)                #输出字符串
  if read_str == write_str:                #接收与发送的字符串相同
    print("baudrate:115200 bits:8 parity:None stop:1 ---check Successfully")
uart_A.deinit()                            #释放串口
```

```
24. uart_B.deinit()  #释放串口 B
25. del uart_A       #删除串口 A 的对象
26. del uart_B       #删除串口 B 的对象
```

拓展训练

1）借助 MaixPy 的颜色识别例程，分析外界光源对颜色识别的影响。

2）请基于 MaixPy 编写程序实现以下功能：七巧板颜色与形状的识别，直接以英文形式标注识别结果，并将识别结果通过串口输出。

任务 6.2　安装树莓派

任务目标

尝试树莓派系统的安装与系统参数的设置，学会树莓派的 SSH（secure shell，安全外壳协议）操作，掌握树莓派 USB 摄像头的使用及 OpenCV-Python 库的安装方法。

任务实施

要让树莓派运行起来，首先要安装树莓派支持的操作系统，树莓派支持的操作系统较多，包括 NOOBS、Raspbian、Ubuntu Mate、Snappy Ubuntu Core、CentOS、Windows IoT 等。优先推荐 Raspbian 系统。

烧录树莓派系统，首先需要准备一张 8GB 以上（强烈推荐 32GB 及以上）的 TF 卡，TF 卡的读写速度等级推荐 Class10（如果想自行安装运行 64 位系统，则需要更高速度等级的 TF 卡）。

活动 6.2.1　下载系统镜像

系统镜像的官方下载地址为 www.raspberrypi.org/downloads，进入该网站后的页面如图 6.2.1 所示。

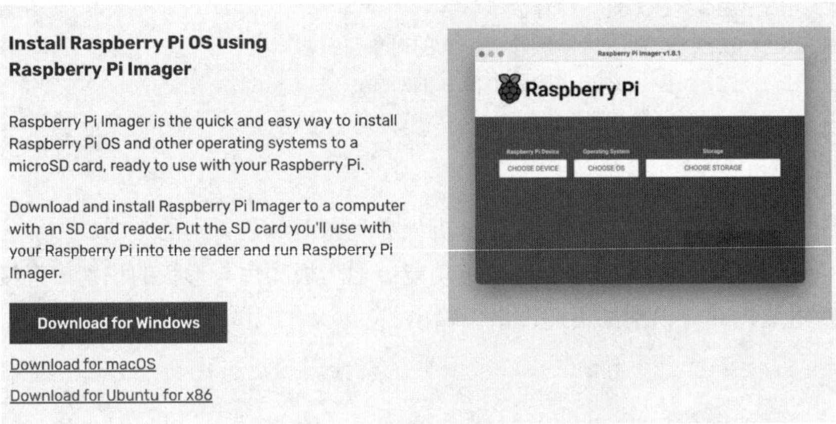

图 6.2.1　树莓派系统镜像下载页面

图 6.2.1 中显示的是 TF 卡树莓派系统镜像的安装软件，但使用该软件在安装镜像过程中需要实时下载镜像文件，而镜像下载的服务器在国外，这导致安装过程需要很长的时间，此处并不推荐。树莓派系统的安装除上面这种系统外，还有 NOOBS 和 Raspbian 这两种系统。

NOOBS（new out of box system，全新开箱即用系统）其实就是一个系统安装器。它实际上还分为 NOOBS 和 NOOBS Lite，这两个版本本质上是一样的，区别在于 NOOBS 自带了完整版的 Raspbian OS 安装包，NOOBS Lite 仅仅是 NOOBS 本身。

NOOBS 中除 Raspbian OS 外还可以安装其他版本，只需要在 NOOBS 中选择想要安装的系统，它就会自动下载安装，选择多个系统也可以。但是由于 NOOBS 服务器也在国外，同样安装速度非常慢，所以建议直接下载带有 Raspbian OS 完整安装包的 NOOBS。

NOOBS 使用很方便，但仍然有许多问题。例如，随时重装系统对于刚接触的新人虽然比较友好，但副作用是 NOOBS 和系统安装包都会占用 4GB 以上的空间，对于一个 TF 卡用户来说这损失了很大的空间，是极其不划算的。这里推荐选择直接下载 Raspbian 镜像文件。目前树莓派系统官方网站已停止提供 Raspbian 镜像文件的下载服务，可通过相关论坛或网站下载使用。这里仍以之前官网提供的下载信息进行介绍。

Raspbian 镜像文件下载页面如图 6.2.2 所示。

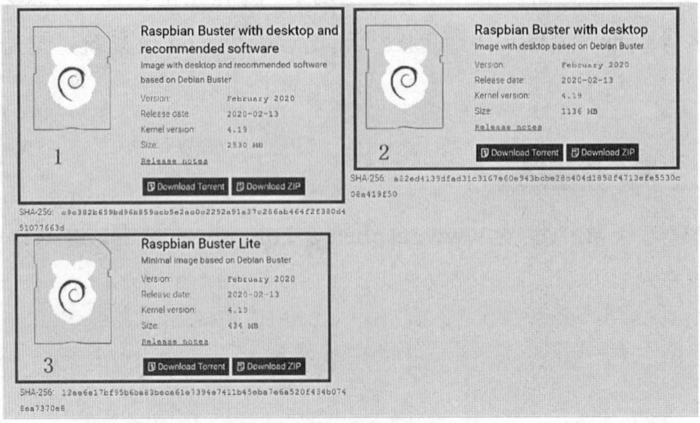

图 6.2.2　Raspbian 镜像文件下载页面

图 6.2.2 中标注 1 的为带桌面系统、常用工具和软件的 Raspbian 镜像文件；标注 2 的为带桌面系统的 Raspbian 镜像文件；标注 3 的为不带桌面系统的 Raspbian 镜像文件（只能使用命令行操作）。作为初学者，推荐选用标注 1 的镜像文件，单击“Download ZIP”按钮直接下载镜像压缩文件。

1．镜像烧录工具

镜像烧录工具可以使用 Etcher，该工具根据操作版本的不同可分别支持 Windows、macOS 及 Linux 操作系统，下载地址为 https://www.balena.io/etcher/，这个工具将下载的镜像文件写入 TF 卡中，操作非常简单。

步骤 1：安装并启动 Etcher，使用 TF 卡读写器将 TF 卡插入计算机的 USB 接口。

步骤 2：选择要安装的 img 文件，选择 TF 卡对应的磁盘分区，具体如图 6.2.3 所示。

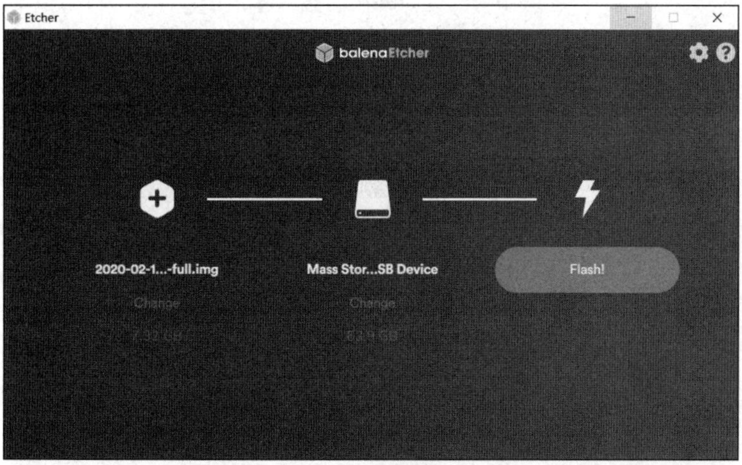

图 6.2.3　设置镜像烧录

步骤 3：单击“Flash!”按钮进行镜像文件的烧录，如图 6.2.4 所示。

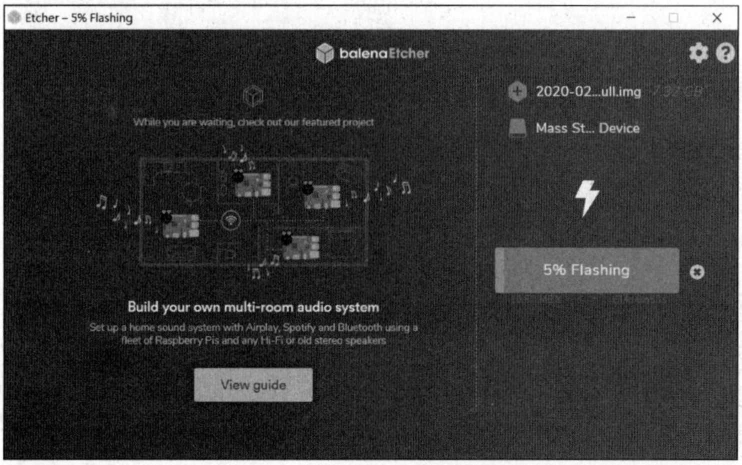

图 6.2.4　镜像文件的烧录

步骤 4：取消 TF 卡格式化，如图 6.2.5 所示；镜像文件烧录成功，如图 6.2.6 所示。

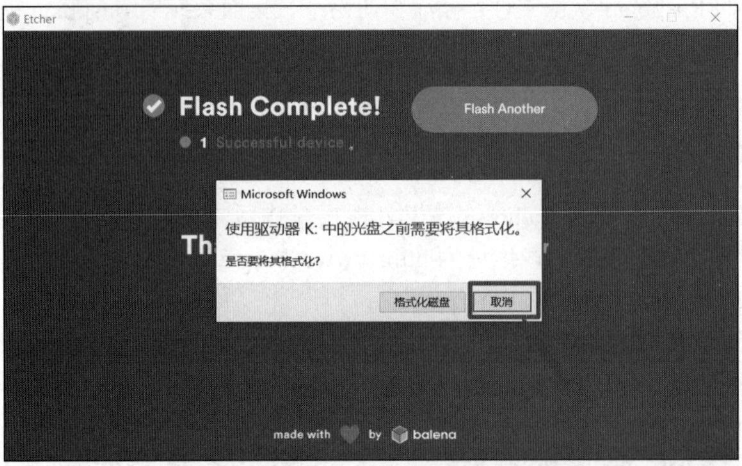

图 6.2.5　取消 TF 卡格式化

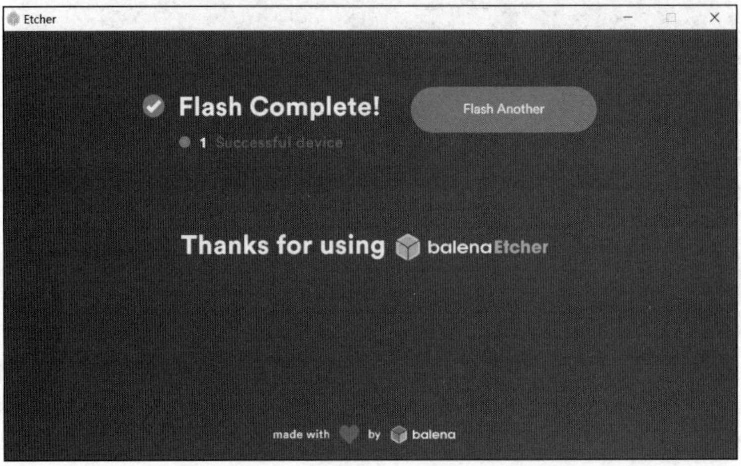

图 6.2.6　镜像文件烧录成功

2．镜像文件烧录失败后的 TF 卡处理

在镜像文件烧录后可能出现由于镜像文件有问题导致无法正常开机的情况，此时需要重新烧录镜像文件，但是此时的 TF 卡并不能被 Windows 操作系统完全识别，因此需要通过以下步骤对 TF 卡进行处理。

步骤 1：打开 C:\Windows\System32 目录，找到 cmd.exe，右击，在弹出的快捷菜单中选择“以管理员身份运行”选项。

步骤 2：在打开的窗口中输入“diskpart”命令，然后按 Enter 键，如图 6.2.7 所示。

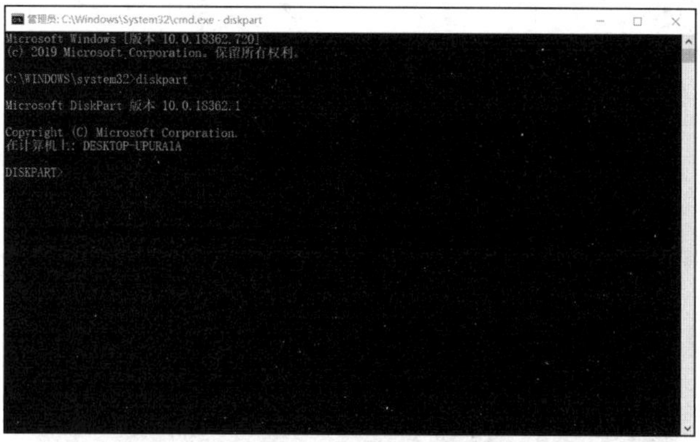

图 6.2.7　TF 卡格式化操作 1

步骤 3：输入“list disk”命令，然后按 Enter 键，如图 6.2.8 所示。

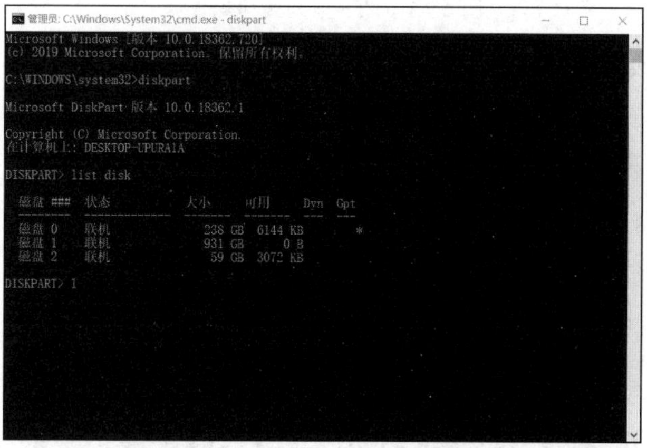

图 6.2.8　TF 卡格式化操作 2

步骤 4：根据磁盘容量大小，选择代表 TF 卡的磁盘，并输入“select disk *x*”（*x* 代表磁盘号）命令，然后按 Enter 键，如图 6.2.9 所示。

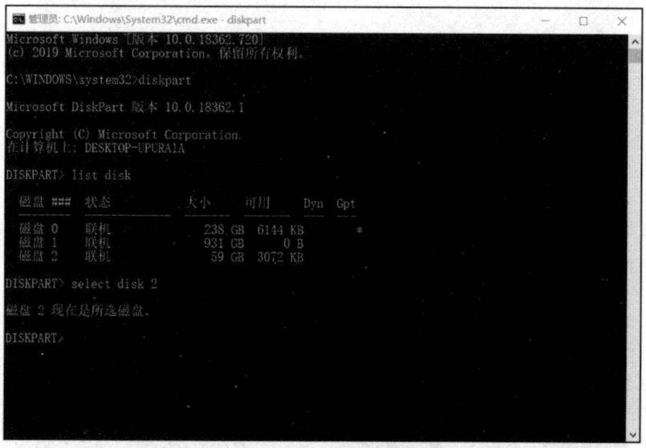

图 6.2.9　TF 卡格式化操作 3

步骤 5：输入“clean”命令，然后按 Enter 键，如果命令失败则再次输入“clean”命令，然后按 Enter 键，如图 6.2.10 所示。

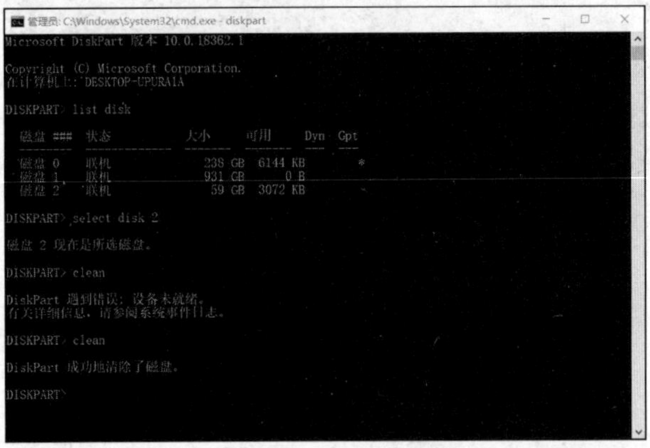

图 6.2.10　TF 卡格式化操作 4

步骤 6：输入“create partition primary”命令，然后按 Enter 键，如图 6.2.11 所示。

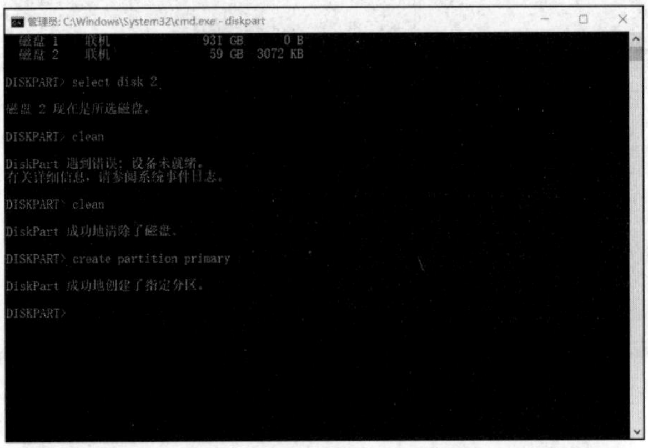

图 6.2.11　TF 卡格式化操作 5

步骤 7：输入“active”命令，然后按 Enter 键，如图 6.2.12 所示。

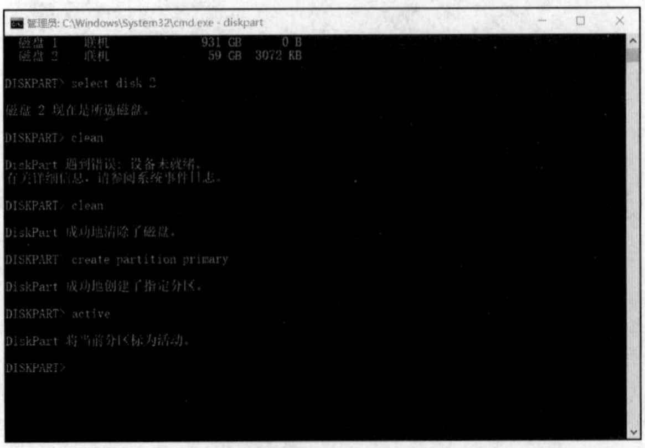

图 6.2.12　TF 卡格式化操作 6

步骤 8：输入“format fs=fat32 quick”命令，如果 TF 卡容量过大是不能格式化为 fat32 的，此时需要更改格式，或者直接在“我的电脑”下找到这个盘符，然后右击，在弹出的快捷菜单中选择“格式化”选项，如图 6.2.13 所示，在打开的对话框中进行设置即可。

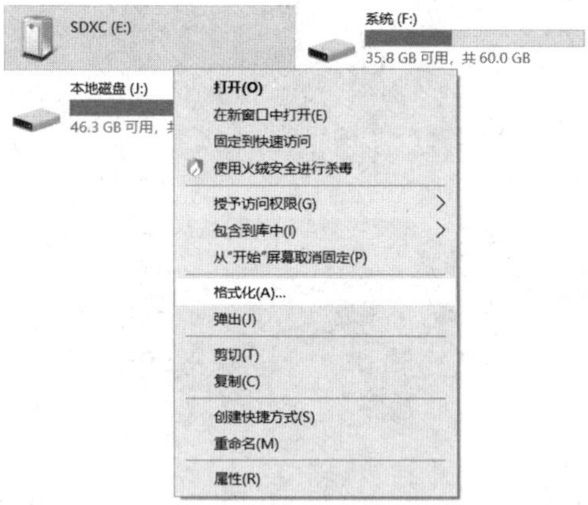

图 6.2.13　TF 卡格式化操作 7

活动 6.2.2　树莓派 SSH 操作

虽然树莓派自带 HDMI、USB 接口，并且 Raspbian 系统自带相应驱动，但是当没有鼠标、键盘与显示器，想要对树莓派进行相关操作时，首推 SSH 操作方式。常见的 SSH 操作软件是 PuTTY。

对首次开机的树莓派进行 SSH 远程登录操作，需要做以下几步。（由于 4 代树莓派自带 Wi-Fi，所以在后续的步骤讲解中，以通过 Wi-Fi 进行 SSH 远程登录操作为例。）

步骤 1：由于新版本的 Raspbian 系统默认关闭了 SSH 功能，所以需要将其修改为开启。将树莓派系统镜像文件烧录到 TF 卡后，在 Windows 操作系统下看到的 TF 卡变成了空间很小的名为 boot 的盘，在此目录下新建一个名为 ssh 的空白文件（无扩展名），系统将会在开机时自动开启 SSH 功能。

步骤 2：在相同的目录下新建一个名为 wpa_supplicant.conf 的空白文件，并在其中加入以下代码。

```
country=CN
ctrl_interface=DIR=/var/run/wpa_supplicant GROUP=netdev
update_config=1
network={
ssid="WiFi 名称,不删除引号,不能有中文"
psk="WiFi 密码,不删除引号"
priority=此处替换成数字,数字越大表示优先级越高
}
```

步骤 3：打开浏览器，在地址栏中输入“192.168.1.1”或“192.168.0.1”，然后按 Enter 键，进入路由器登录页面，具体如图 6.2.14 所示。现在很多型号的路由器 IP 地址都不同，

可以从路由器的背面查看路由器的 IP 地址。

图 6.2.14　路由器登录页面

步骤 4：输入登录密码，也就是 Wi-Fi 密码，然后单击“确定”按钮，进入管理页面，如图 6.2.15 所示。

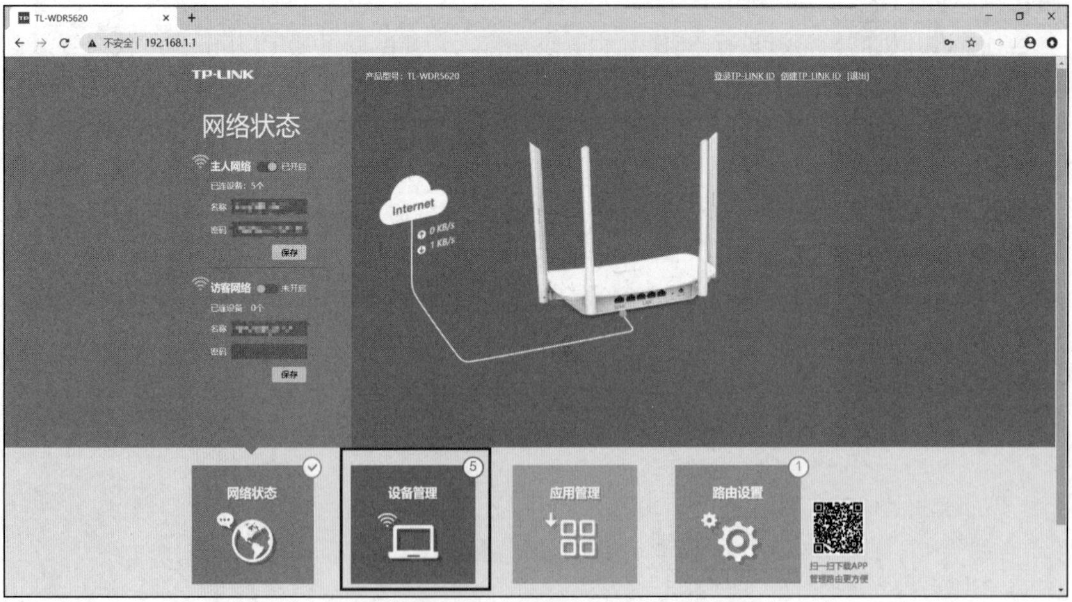

图 6.2.15　路由器管理页面

步骤 5：选择“设备管理”选项，即可看到连接 Wi-Fi 的设备，如图 6.2.16 所示。

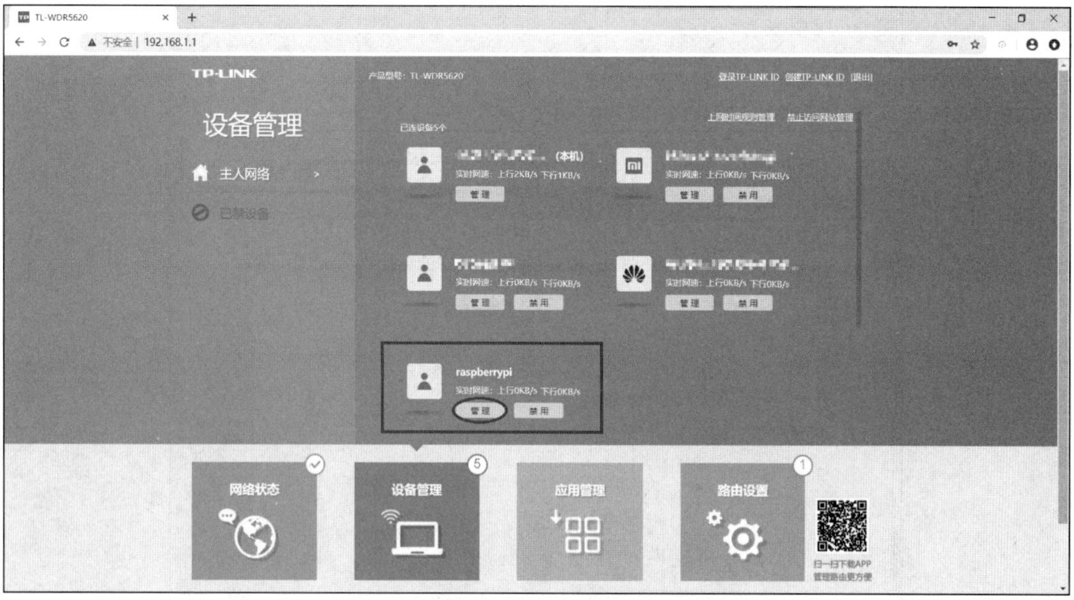

图 6.2.16　路由器的设备管理页面

步骤 6：找到树莓派，并单击“管理”按钮，即可获取其 IP 地址，如图 6.2.17 所示。

图 6.2.17　设备的 IP 地址

步骤 7：开启 PuTTY，并输入 IP 地址，如图 6.2.18 所示。

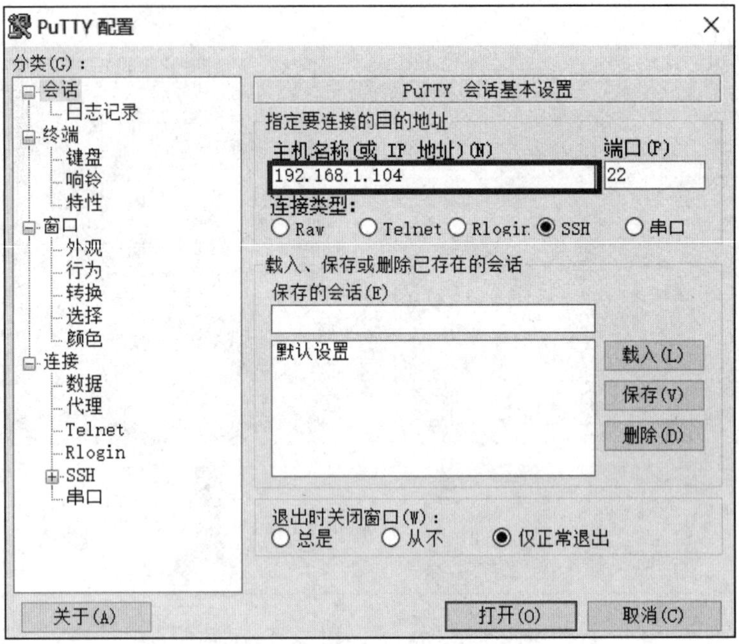

图 6.2.18　“PuTTY 配置”对话框

步骤 8：首次使用 PuTTY 连接树莓派时，会弹出“PuTTY 安全警告”提示框，直接单击“是”按钮即可，具体如图 6.2.19 所示。

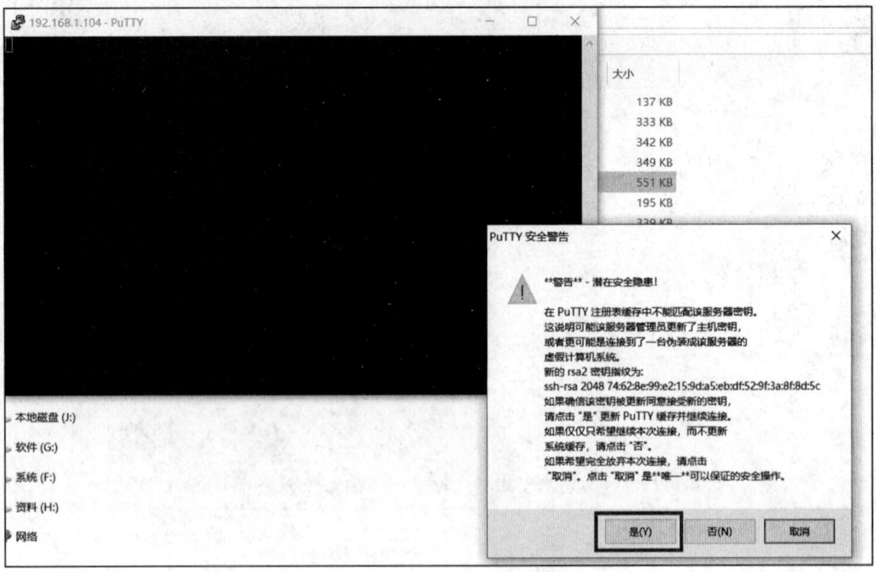

图 6.2.19　PuTTY 安全警告

步骤 9：在打开的窗口中输入树莓派的账号、密码，如图 6.2.20 所示。

图 6.2.20　输入树莓派的账号和密码

步骤 10：按 Enter 键，即可完成 SSH 远程登录，如图 6.2.21 所示。

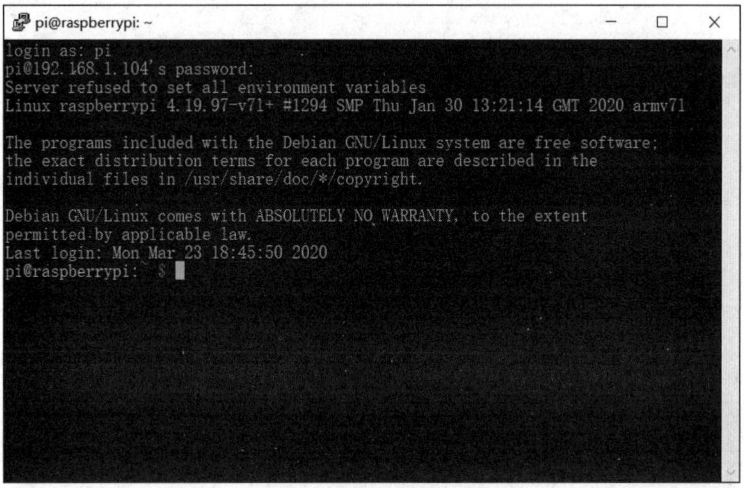

图 6.2.21　SSH 远程登录成功

步骤 11：在图 6.2.21 中，输入“sudo passwd pi”命令，然后按 Enter 键，即可重新设置用户密码。

活动 6.2.3　树莓派连接 USB 摄像头

使用树莓派进行图像处理时，第一步就需要实现树莓派外接摄像头，并通过摄像头进行图像拍摄或录像。树莓派官方网站有相关摄像头模块的推荐，也可以直接使用最常见的 USB 摄像头。本活动将讲解如何在树莓派中使用 USB 摄像头。由于需要观看摄像头的效果，推荐通过虚拟网络控制台（virtual network console，VNC）远程登录树莓派的图形界面，这样就无须为树莓派单独配备显示器了。

VNC 远程登录树莓派的图形界面的配置流程如下。

步骤 1：开启 PuTTY，执行 SSH 登录。

步骤 2：开启 Raspbian 的 VNC Server。在终端输入“sudo raspi-config”命令。raspi-config 是 Raspbian 系统自带的配置工具，树莓派的很多必要功能都需要通过它进行配置。此处只对 VNC 方面的配置进行介绍。raspi-config 的界面如图 6.2.22 所示。

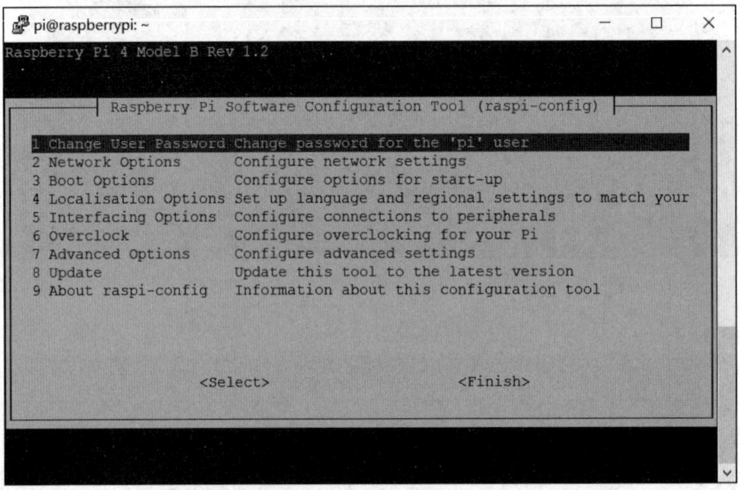

图 6.2.22　raspi-config 设置 1

步骤 3：选择第 5 项“Interfacing Options”，并按 Enter 键，进入如图 6.2.23 所示的界面。

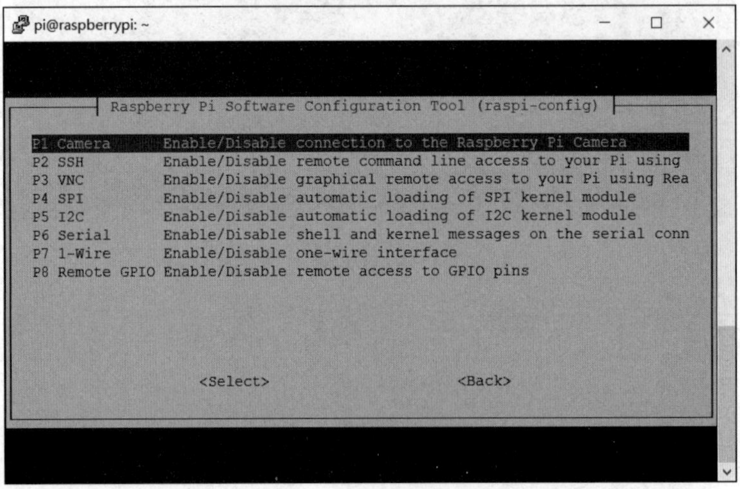

图 6.2.23　raspi-config 设置 2

步骤 4：选择第 3 项“VNC”，并按 Enter 键，进入如图 6.2.24 所示的界面。

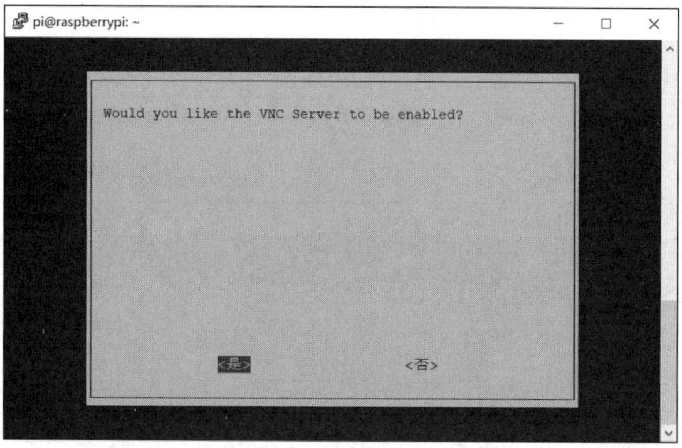

图 6.2.24　raspi-config 设置 3

步骤 5：选择“是”选项，并按 Enter 键，进入如图 6.2.25 所示的界面。

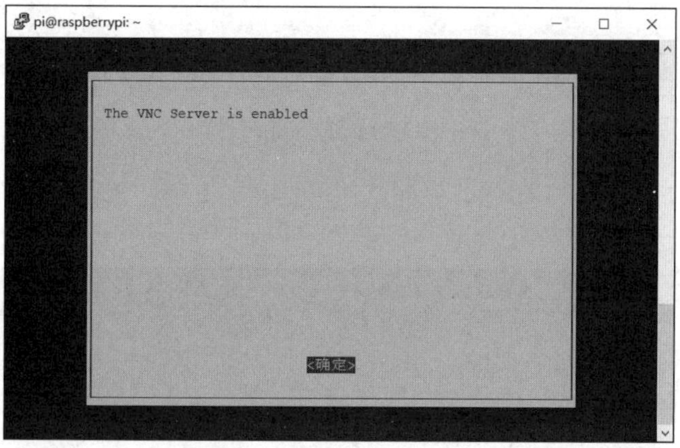

图 6.2.25　raspi-config 设置 4

步骤 6：设置结束，按 Enter 键进行确认，进入如图 6.2.26 所示的界面，选择“是”选项，然后按 Enter 键。

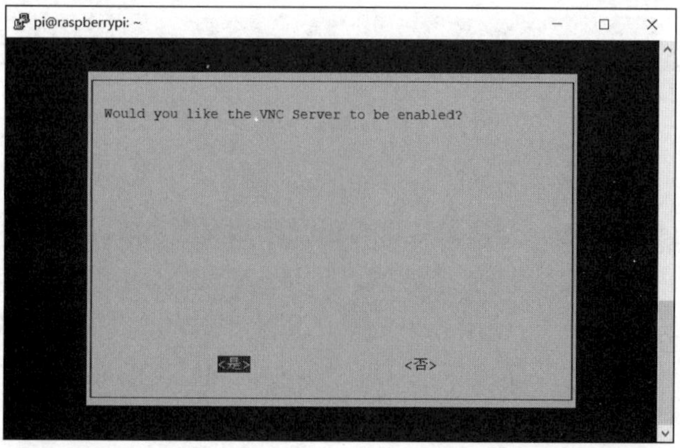

图 6.2.26　raspi-config 设置 5

步骤 7：由于使用 VNC 远程桌面操作，树莓派的默认显示分辨率过高会导致 VNC 客户端不能正常工作，所以需要将显示分辨率调整为 1024×768。回到如图 6.2.22 所示的 raspi-config 设置界面，选择第 7 项“Advanced Options”，并按 Enter 键，如图 6.2.27 所示。

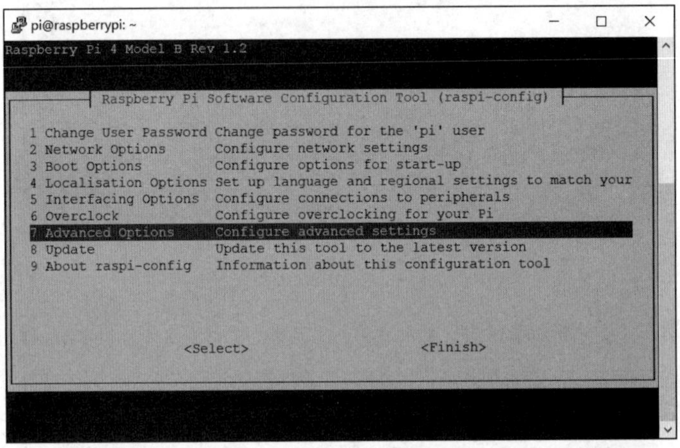

图 6.2.27　raspi-config 设置 6

步骤 8：进入如图 6.2.28 所示的界面，然后选择第 5 项“Resolution”，并按 Enter 键。

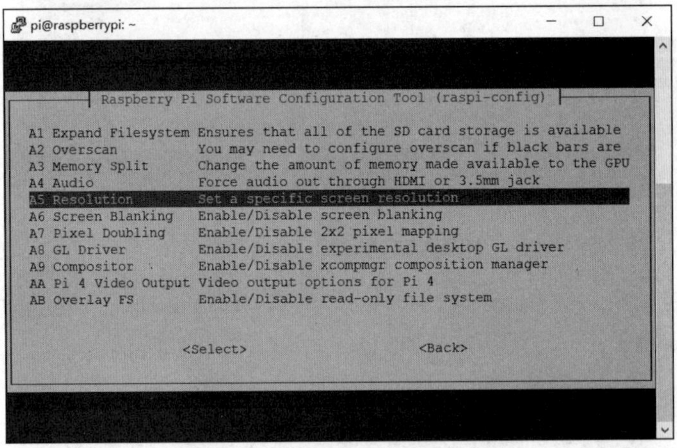

图 6.2.28　raspi-config 设置 7

步骤 9：选择 1024×768 的分辨率，并按 Enter 键。

步骤 10：退出设置状态，重启系统。树莓派部分设置完成。

步骤 11：在计算机上安装 VNC 客户端。在 RealVNC 官网下载 RealVNC Viewer，它是 RealVNC 的客户端，可跨平台使用。下载自己所需平台的客户端版本即可。下载地址为 https://www.realvnc.com/en/connect/download/viewer/，网站页面如图 6.2.29 所示。

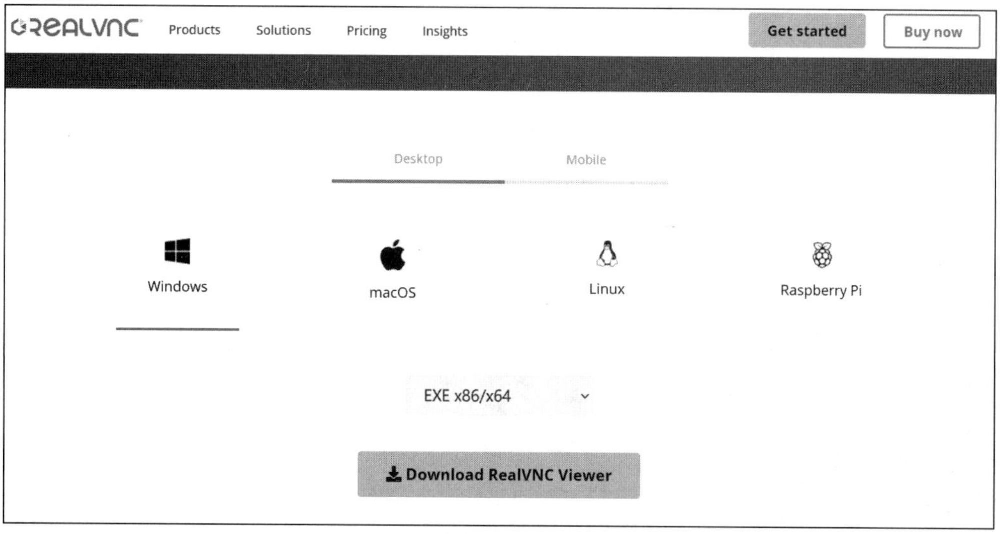

图 6.2.29　RealVNC Viewer 下载页面

步骤 12：下载完成后，运行 RealVNC Viewer，选择“File”→“New connection”选项新建连接，如图 6.2.30 所示。

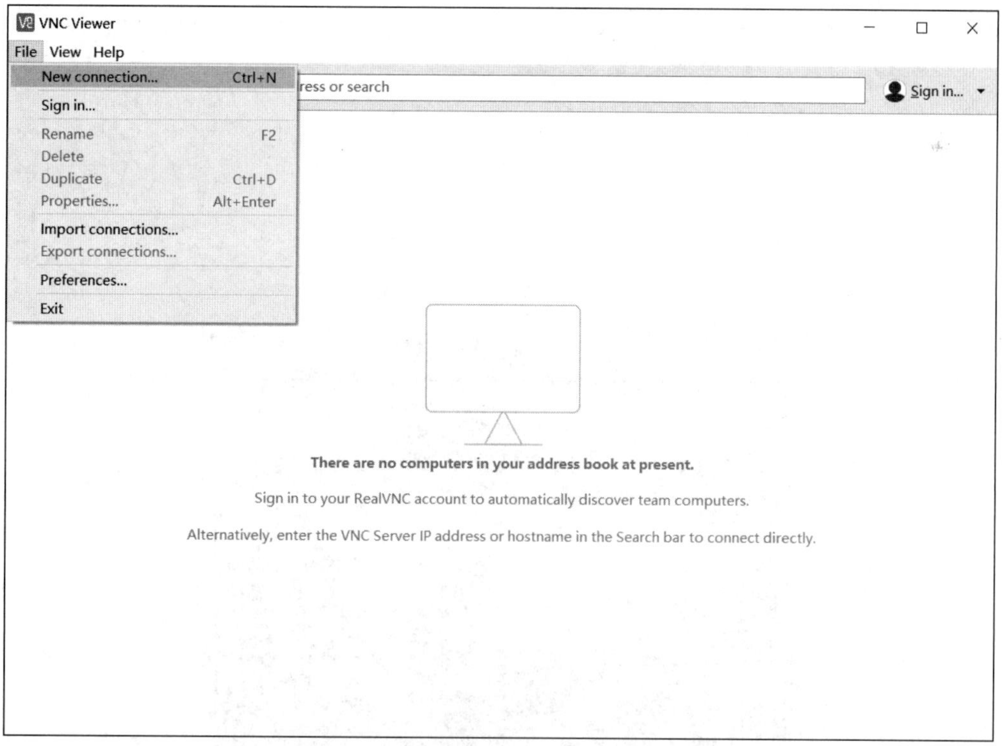

图 6.2.30　RealVNC Viewer 的运行界面 1

步骤 13：在打开的窗口中输入树莓派的 IP 地址，如图 6.2.31 所示，然后单击“OK”按钮。

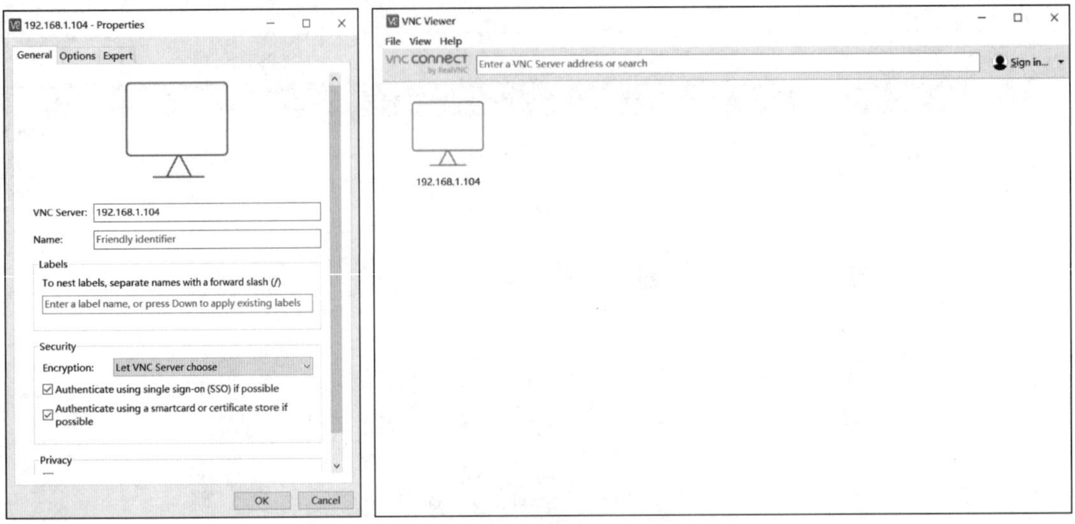

图 6.2.31　RealVNC Viewer 的运行界面 2

步骤 14：在打开的对话框中输入树莓派的登录用户名和密码，如图 6.2.32 所示，初始用户名为 pi，密码为 raspberry。然后单击“OK”按钮。

图 6.2.32　输入用户名和密码

步骤 15：进入树莓派的远程桌面，如图 6.2.33 所示。

图 6.2.33　树莓派的远程桌面

USB 摄像头的检测步骤如下。

步骤 1：VNC 远程登录树莓派的图形界面后，单击终端图标进入终端并输入 USB 设备检测命令“lsusb”，如图 6.2.34 所示。

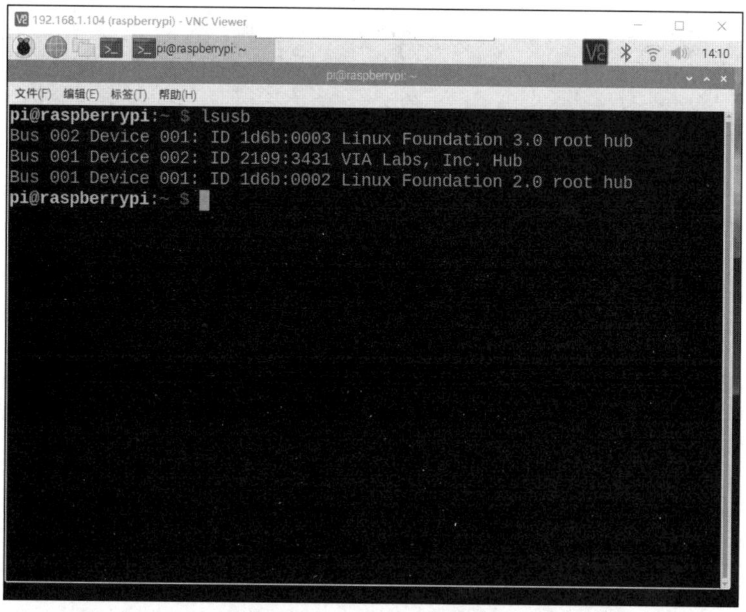

图 6.2.34　USB 设备检测 1

步骤 2：将 USB 摄像头插入树莓派的 USB 接口，并再次输入“lsusb”命令查看 USB 设备，新增的设备即为 USB 摄像头，如图 6.2.35 所示。

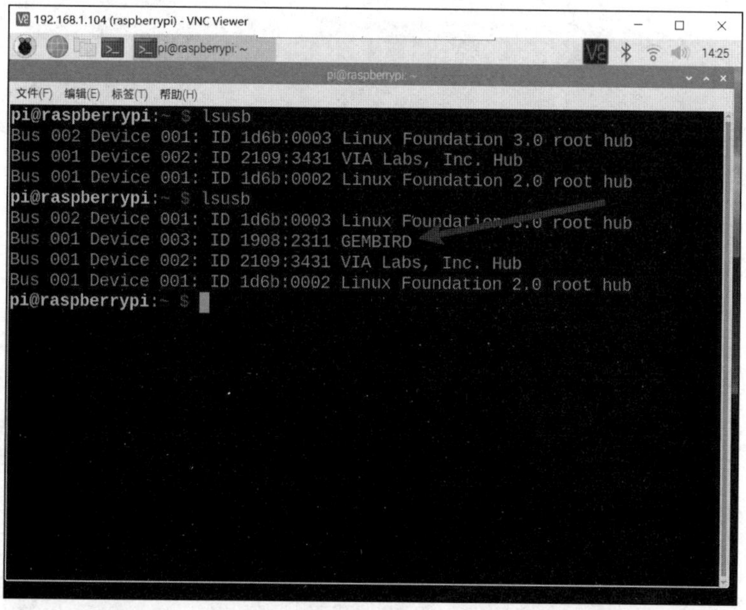

图 6.2.35　USB 设备检测 2

步骤 3：也可以输入“ls -l /dev/video*”命令查看摄像头设备，如图 6.2.36 所示。

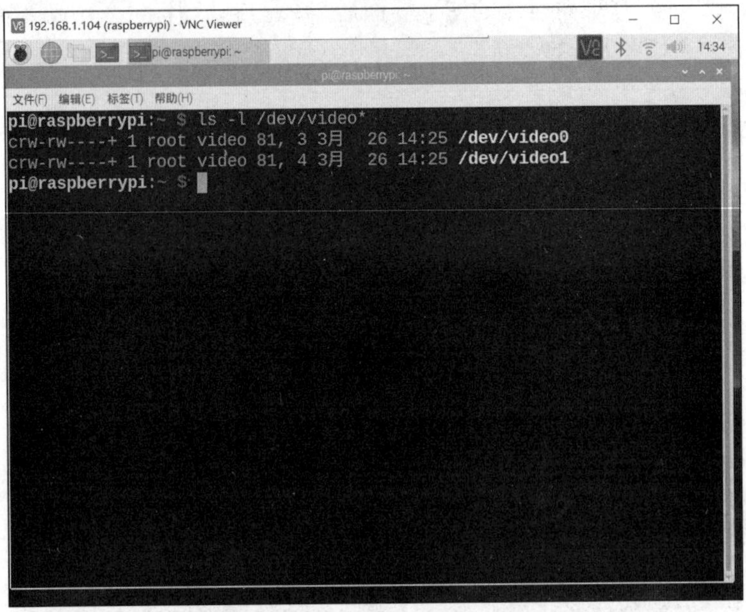

图 6.2.36　摄像头设备的检测

USB 摄像头的使用步骤如下。

步骤 1：将 USB 摄像头成功挂载到树莓派上后，使用“sudo apt-get install fswebcam”命令通过 Raspbian 的仓库来安装 fswebcam，如图 6.2.37 所示。

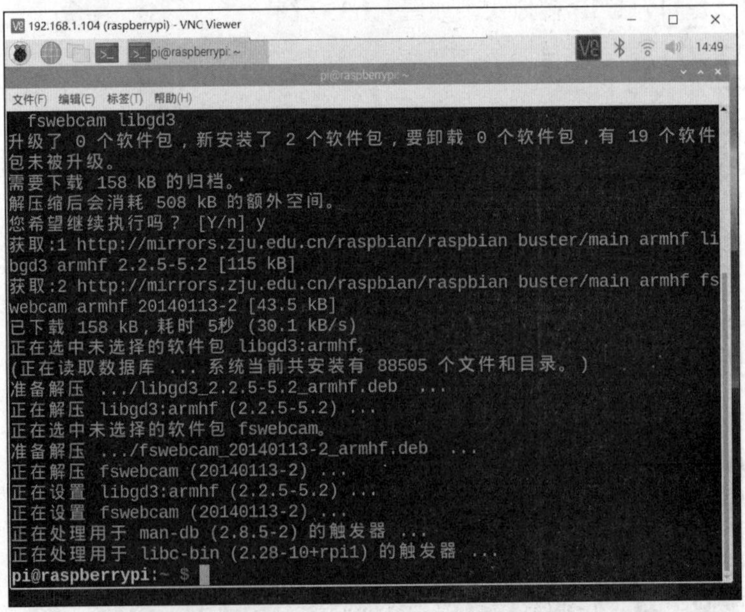

图 6.2.37　fswebcam 软件的安装

步骤 2：在终端运行“fswebcam --no-banner -r 640x480 ./image.jpg”命令来抓拍一张来

自摄像头的照片，并将其放到当前目录下，如图 6.2.38 所示。

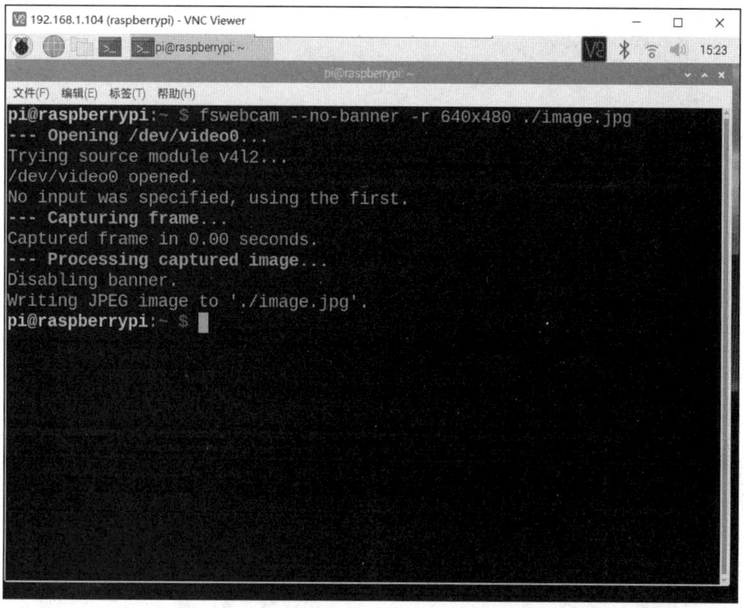

图 6.2.38 摄像头拍摄照片

步骤 3：在终端运行“gpicview image.jpg”命令来显示照片，如图 6.2.39 所示。

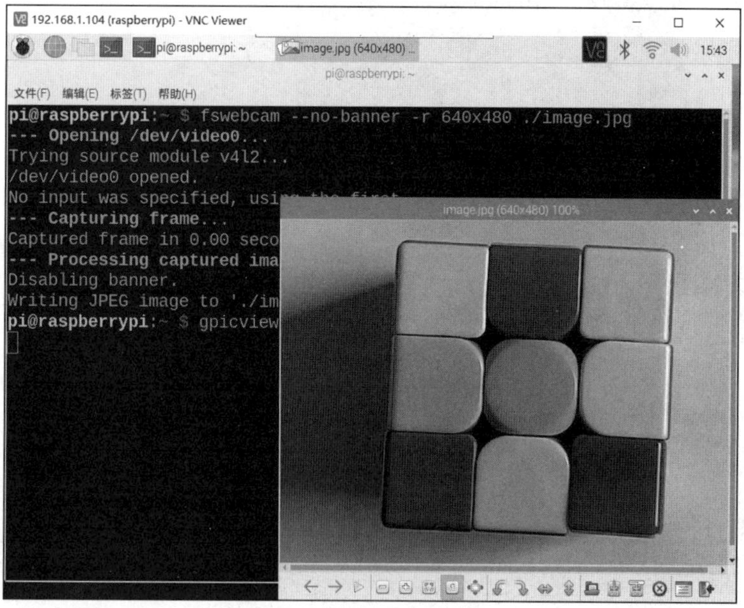

图 6.2.39 显示照片

也可以在图形界面直接通过文件管理器在对应文件夹下打开该图片，如图 6.2.40 和图 6.2.41 所示。

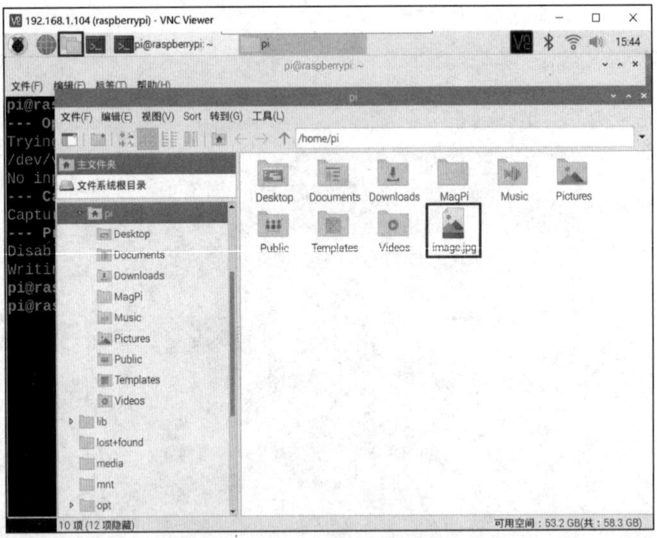

图 6.2.40　图形界面中的图片文件

图 6.2.41　在图形界面中浏览图片文件

至此摄像头调试完成，表明 USB 摄像头可以正常工作。

活动 6.2.4　安装 OpenCV

OpenCV 图像库有 C++版本及 Python 版本，鉴于 Python 语言在图像处理应用中越来越流行，并且拥有庞大的支撑包，所以选择 Python 版本的 OpenCV 图像库作为后续的应用主体。

为此在开始开发程序前，需要安装一些环境，具体步骤如下。

步骤 1： 安装 Python 3。Raspbian 系统自带 Python 3，因此无须安装。但是需要注意的是，Raspbian 系统同时安装了 Python 2 和 Python 3，且其默认指向 Python 2。为此可以使用“sudo apt-get autoremove python2.7”命令卸载 Python 2，并使用“sudo ln -s/usr/bin/python3.7/

usr/bin/python”命令将 Python 指向 Python 3，最后使用“python --version”命令查询 Python 指向的版本，如图 6.2.42 所示。

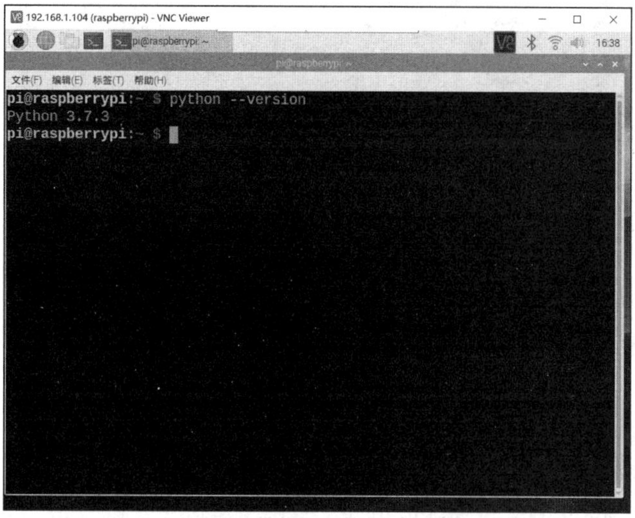

图 6.2.42　查询 Python 指向的版本

步骤 2：使用 nano 命令编辑/etc/apt/目录下的 sources.list 文件修改软件更新源，在终端输入“sudo nano /etc/apt/sources.list”命令。（文件修改完成后按 Ctrl+O 组合键保存，按 Enter 键确定，按 Ctrl+X 组合键退出修改并返回。）

步骤 3：使用 nano 命令编辑/etc/apt/sources.list.d/目录下的 raspi.list 文件修改系统更新源，在终端输入“sudo nano /etc/apt/sources.list.d/raspi.list”命令。

步骤 4：软件更新源与系统更新源更改完毕后，在终端输入“sudo apt-get update”命令进行软件的更新，如图 6.2.43 所示。

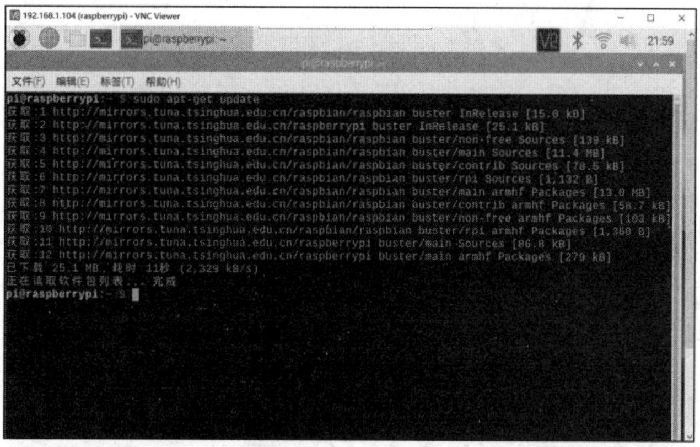

图 6.2.43　更新软件

步骤 5：软件更新源与系统更新源更改完成后，在终端输入“sudo apt-get upgrade”命令进行系统的更新，如图 6.2.44 所示。

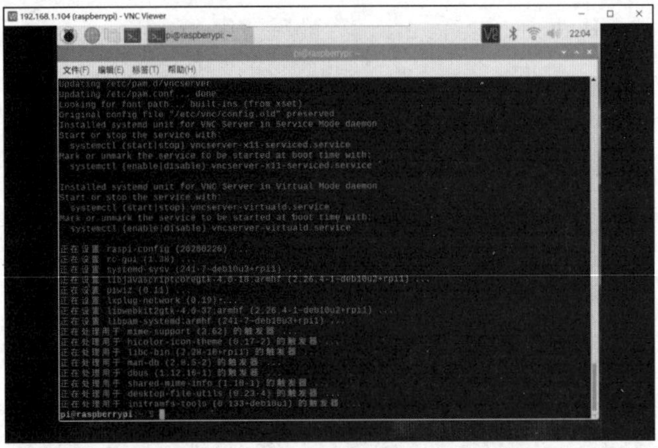

图 6.2.44　更新系统

步骤 6：更改文件/etc/pip.conf 中的内容，更换国内的 pip 源（下载内容的源头），具体命令为“sudo nano /etc/pip.conf”，并在文件中修改国内源网址。

步骤 7：输入“sudo python -m pip install --upgrade pip”命令升级 pip。

步骤 8：对 OpenCV 所需的依赖包进行安装，分别输入以下命令。

```
sudo apt-get install libjpeg8-dev -y
sudo apt-get install libtiff5-dev -y
sudo apt-get install libpng12-dev -y
sudo apt-get install -y libjasper-dev libqtgui4 libqt4-test
sudo apt-get install libatlas-base-dev gfortran -y
```

步骤 9：输入“sudo pip3 install opencv-pyhton”命令进行 Python 版本的 OpenCV 安装。如果安装成功，则可忽略后面的几步。（此处请务必注意，最新版本的 OpenCV-Pyhton 可能存在不支持树莓派系统的情况。）但是如果国内的源无适配的版本，而国外的源下载速度又极慢，则很可能出现安装失败的情况，如图 6.2.45 所示。

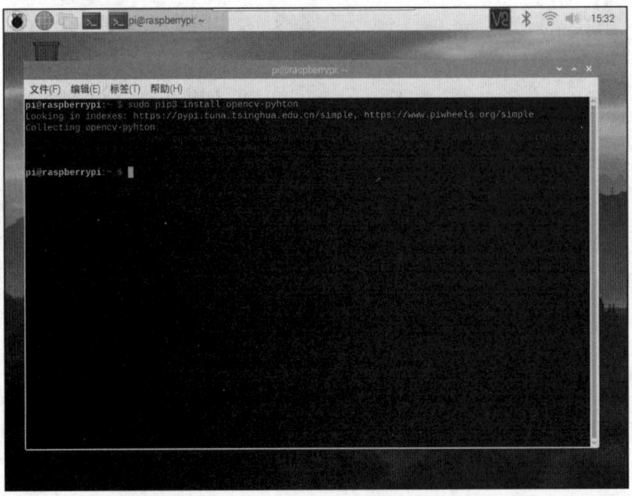

图 6.2.45　OpenCV 安装失败

步骤 10：在 Windows 操作系统下直接下载编译好的 OpenCV-Python 文件，该文件的扩展名为.whl，然后通过 VNC VIiewer 将 Windows 下的文件传输到树莓派下。首先设置树莓派的接收地址，如图 6.2.46 所示。

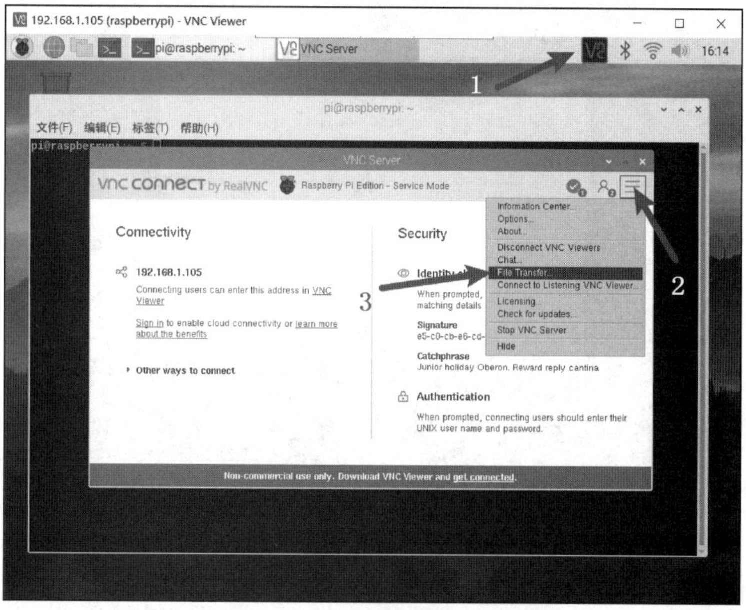

图 6.2.46 设置树莓派文件的接收地址 1

步骤 11：设置具体的树莓派接收地址，如图 6.2.47 所示。

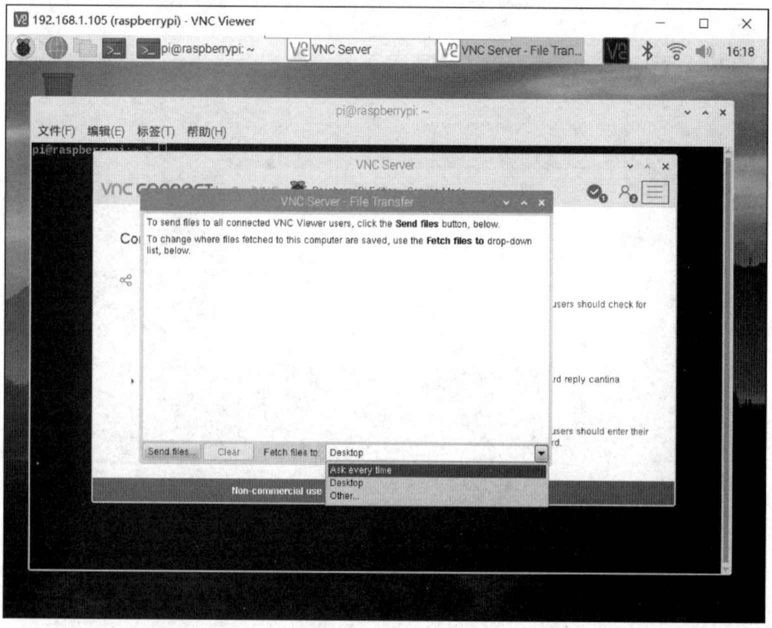

图 6.2.47 设置树莓派文件的接收地址 2

步骤 12：单击“Transfer files”按钮，在打开的窗口中选择计算机上需要传输的文件，如图 6.2.48 所示。

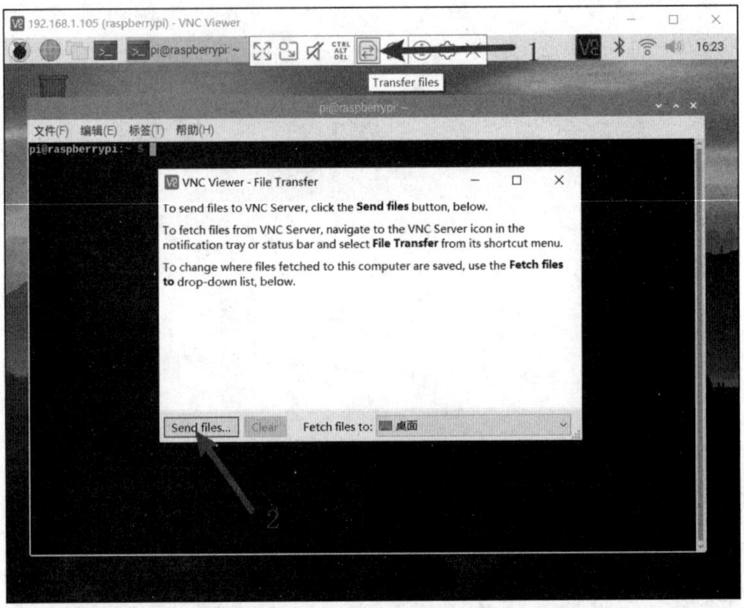

图 6.2.48　选择需要传输的文件

步骤 13：文件传输结束，请注意文件所在的位置，如图 6.2.49 所示。

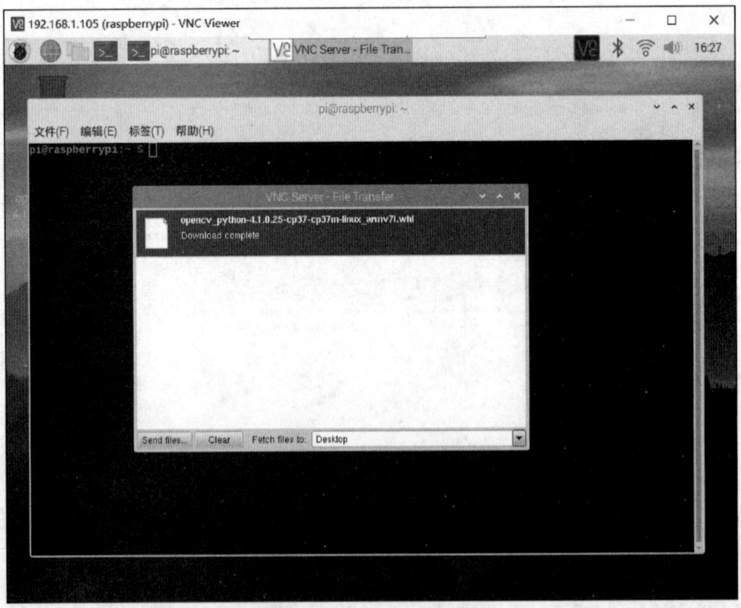

图 6.2.49　文件传输结束

步骤 14：使用“cd”命令进入该文件夹，然后使用“ls”命令查询文件，也可以直接在图形界面中查询文件，如图 6.2.50 和图 6.2.51 所示。

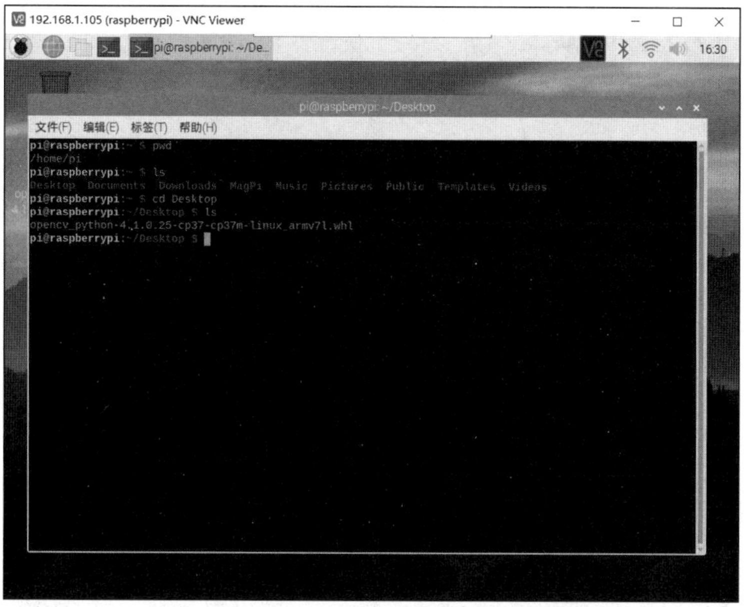

图 6.2.50　查询文件 1

图 6.2.51　查询文件 2

步骤 15: 使用“sudo pip3 install ××××”命令进行安装，其中××××表示文件的具体名称，如图 6.2.52 所示。

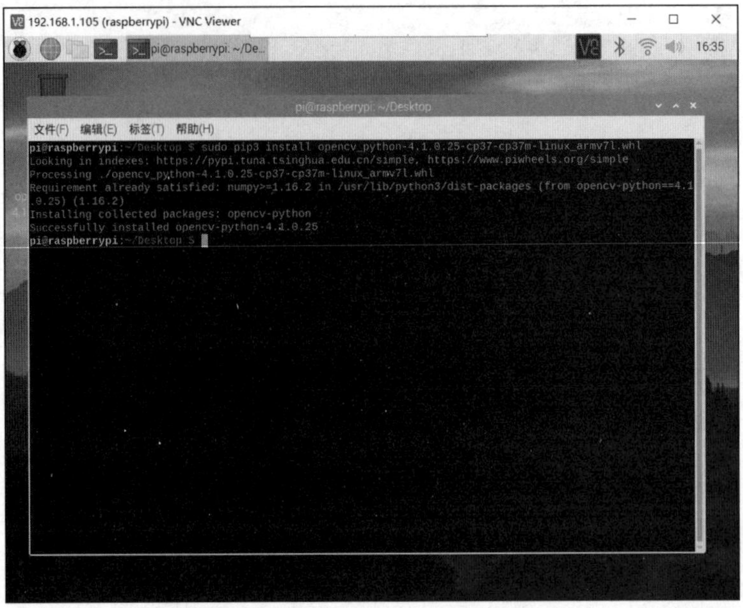

图 6.2.52　安装完毕

步骤 16：安装完成后，输入“python”命令运行 Python，并输入“import cv2”命令，如果未报错，则表明 OpenCV-Python 安装成功，然后输入“print(cv2.__version__)”（__为两个下画线）命令即可获取 OpenCV 的版本号，如图 6.2.53 所示。

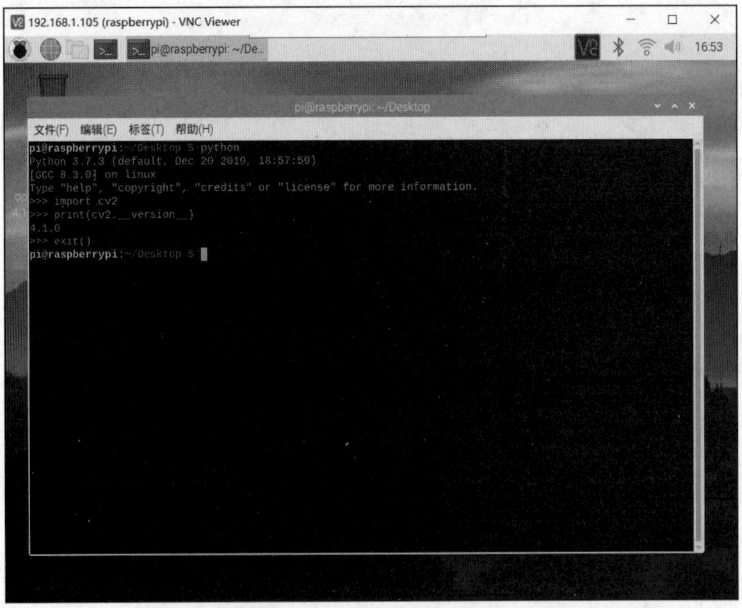

图 6.2.53　安装成功

任务 6.3 树莓派视觉技术的应用举例

任务目标

能够使用树莓派对图像进行处理。

任务实施

活动 6.3.1　基于树莓派的颜色识别

使用树莓派进行颜色识别时，在软件上需要借助 OpenCV-Python 库函数对图形进行阈值处理，而 OpenCV 的颜色模式主要采用 HSV 模式，该模式中的颜色参数分别为色调（H）、饱和度（S）、亮度（V）。颜色可以直接通过 H 进行判断，其在 OpenCV 中的取值范围为 0～180；饱和度 S 一般用于描述颜色的深度，以红色为例，人们主观上会描述浅红色、大红色、深红色等，其取值范围为 0～255；亮度 V 用于描述颜色的明暗程度，通常可以理解为颜色是否鲜艳或暗淡，其取值范围为 0～255。

使用树莓派进行图像处理的步骤基本一致，操作步骤如下。

步骤 1：硬件准备，开启树莓派，并将 USB 摄像头插入 USB 接口。

步骤 2：打开树莓派系统自带的 Python 开发环境 Thonny，如图 6.3.1 所示。

图 6.3.1　打开 Thonny

步骤 3：在打开的页面中输入相关程序，并单击“Save”按钮进行保存（本例命名为 first_exp.py），如图 6.3.2 所示。

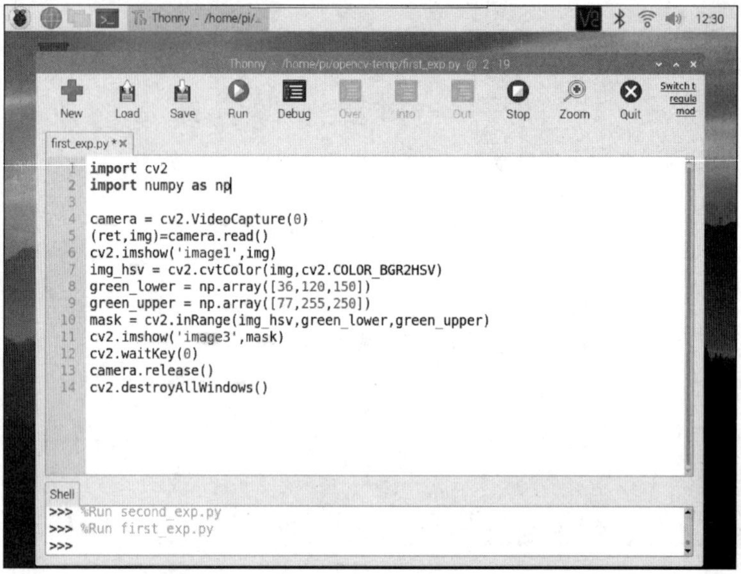

图 6.3.2　编写程序

步骤 4：单击“Run”按钮运行程序，并查看程序的效果，如图 6.3.3 所示。

图 6.3.3　运行程序

步骤 5：单击“Stop”按钮停止运行程序，单击“Quit”按钮退出 Thonny 软件，如图 6.3.4 所示。

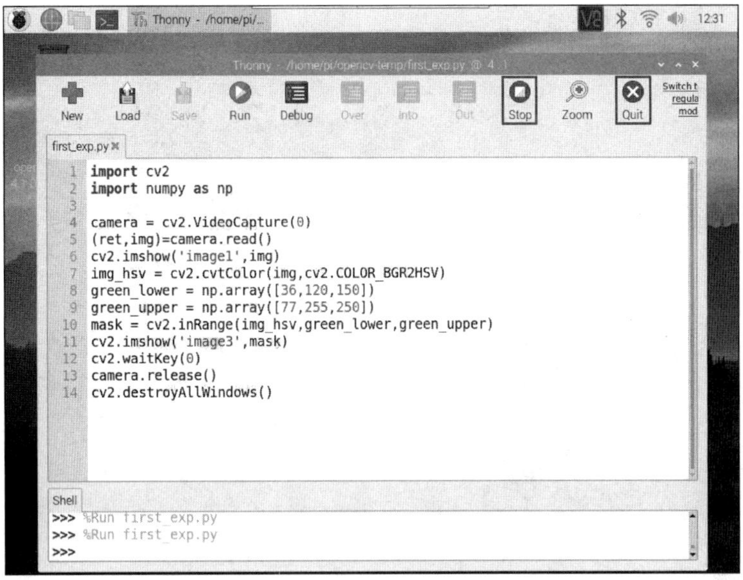

图 6.3.4 停止运行程序/退出 Thonny 软件

颜色识别的具体代码如下。(涉及的所有 OpenCV 函数及数据结构请参考《OpenCV 官方教程(For Python)》。)

```
import cv2
import numpy as np

camera=cv2.VideoCapture(0) #创建名称为 camera 的摄像头
(ret,img)=camera.read()     #通过摄像头获取图片并保存至 img 中
cv2.imshow('image1',img)    #在名称为 image1 的窗口中显示图片 img
img_hsv=cv2.cvtColor(img,cv2.COLOR_BGR2HSV)
#将图片颜色模式转换为 HSV 模式
green_lower=np.array([36,120,150]) #设置 HSV 绿色参数的下限
green_upper=np.array([77,255,250]) #设置 HSV 绿色参数的上限
mask=cv2.inRange(img_hsv,green_lower,green_upper)
#根据参数对图片进行掩模操作
cv2.imshow('image3',mask) #将掩模操作后的图片结果显示在窗口 image3 中
cv2.waitKey(0)            #等待任意按键被按下
camera.release()          #释放摄像头
cv2.destroyAllWindows()   #关闭所有的显示窗口
```

上述代码的运行效果如图 6.3.5 和图 6.3.6 所示。

图 6.3.5　摄像头拍摄的原图

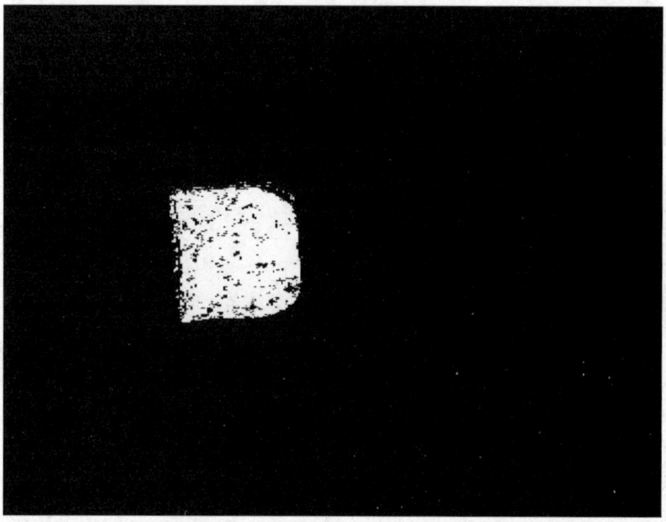

图 6.3.6　掩模处理后的图片效果

可以发现掩模的作用是将颜色参数范围内的区域显示为白色，将颜色参数范围外的区域显示为黑色。但是获取得到的掩模结果有明显的噪声，可以通过中值滤波将噪声滤去，然后寻找轮廓，并最终在原图上将绿色区域用红色圆圈标注出来，具体程序如下。

```
import cv2
import numpy as np
import imutils

camera=cv2.VideoCapture(0) #创建名称为 camera 的摄像头
(ret,img)=camera.read()      #通过摄像头获取图片并保存至 img 中
cv2.imshow('image1',img)     #在名称为 image1 的窗口中显示图片 img
img_hsv=cv2.cvtColor(img,cv2.COLOR_BGR2HSV)
```

```
#将图片颜色模式转换为 HSV 模式
green_lower=np.array([36,120,150])  #设置 HSV 绿色参数的下限
green_upper=np.array([77,255,250]) #设置 HSV 绿色参数的上限
mask=cv2.inRange(img_hsv,green_lower,green_upper)
#根据参数对图片进行掩模操作
cv2.imshow('image3',mask) #将掩模操作后的图片结果显示在窗口 image3 中
mask_mf=cv2.medianBlur(mask,7)       #中值滤波
cv2.imshow('middlefilter',mask_mf)  #显示中值滤波效果
cnts=cv2.findContours(mask_mf , cv2.RETR_EXTERNAL , cv2.CHAIN_APPROX_
SIMPLE) #查找中值滤波后的掩模图片轮廓(返回值有 3 个:图像、轮廓、层析结构)
cnts=imutils.grab_contours(cnts)     #单独返回轮廓
for c in cnts: #循环查找所有的轮廓
    ((x,y),radius)=cv2.minEnclosingCircle(c)
#最小包围圆形,返回半径、圆心坐标
    if radius > 20: #判断包围圆的半径
        x,y=int(x),int(y)
        cv2.circle(img,(x,y),int(radius),(0,5,525),2)
#在 img 对象中绘制圆
    img_result=img
    cv2.imshow('img_result',img_result) #显示标注绿色区域的图片
cv2.waitKey(0)             #等待任意按键被按下
camera.release()           #释放摄像头
cv2.destroyAllWindows() #关闭所有的显示窗口
```

上述代码的运行效果如图 6.3.7 和图 6.3.8 所示。

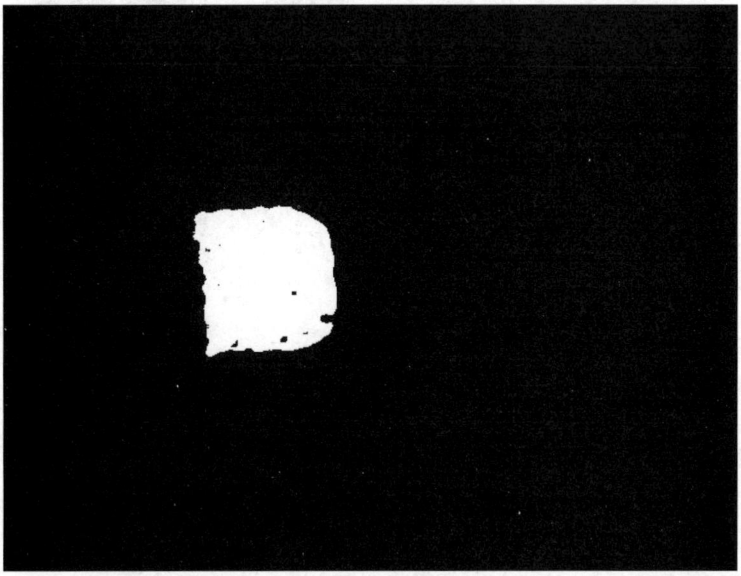

图 6.3.7　掩模图片中值滤波后的效果

图 6.3.8　标注绿色区域

为了后续方便设置颜色识别的参数范围，此处推荐类似 MaixPy 中“阈值编辑器”功能的软件，操作方法也一样，但是增加了 HSV 的颜色模式，将需要操作的图片直接拖动到软件界面即可打开图片，如图 6.3.9 所示。

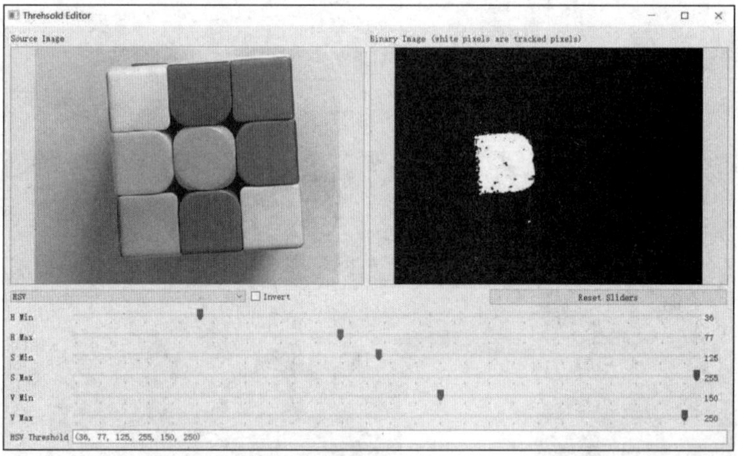

图 6.3.9　阈值编辑器

活动 6.3.2　基于树莓派的形状识别

在现实应用场景中，有时需要自动检测出图片中目标对应的形状，然后根据需求信息快速地找到目标。如果需要同时分析目标的颜色与形状，颜色识别可以根据活动 6.3.1 的内容来进行操作。如果只是单纯地需要进行形状的识别，则可以将图片颜色模式转换为灰度模式后再进行处理，这样能极大地减少计算量。

假定需要识别图像中的三角形物体，如图 6.3.10 所示。

图 6.3.10　形状识别的样图

具体的处理步骤如下。

步骤 1：导入图片（图片可以是由摄像头拍摄的，也可以是保存于特定目录下的图片文件），并将图片颜色模式转换为灰度模式。

步骤 2：使用阈值编辑器软件分析图片的灰度阈值，并记录灰度阈值。

步骤 3：根据灰度阈值参数，进行阈值分割（cv2.threshold( )）。

步骤 4：根据阈值分割的结果，在二值化图中寻找外形轮廓。

步骤 5：遍历每一个外形轮廓，并将轮廓面积（cv2.contourArea( )）过小的图过滤掉。

步骤 6：计算轮廓周长（cv2.arcLength( )），并根据周长设置参数后，通过多边拟合选择近似轮廓（cv2.approxPolyDP( )），并单独获取轮廓（imutils.grab_contours( )）。

步骤 7：根据定点判断形状（len( )），从而找出三角形。

步骤 8：计算轮廓中心（cv2.moments( )），并计算其中心坐标。

步骤 9：绘制三角形轮廓（cv2.drawContours( )），并标注（cv2.putText( )）。

步骤 10：显示带标注的图片（cv2.imshow( )）。

使用阈值编辑器软件分析图片的灰度阈值的具体结果如图 6.3.11 所示。

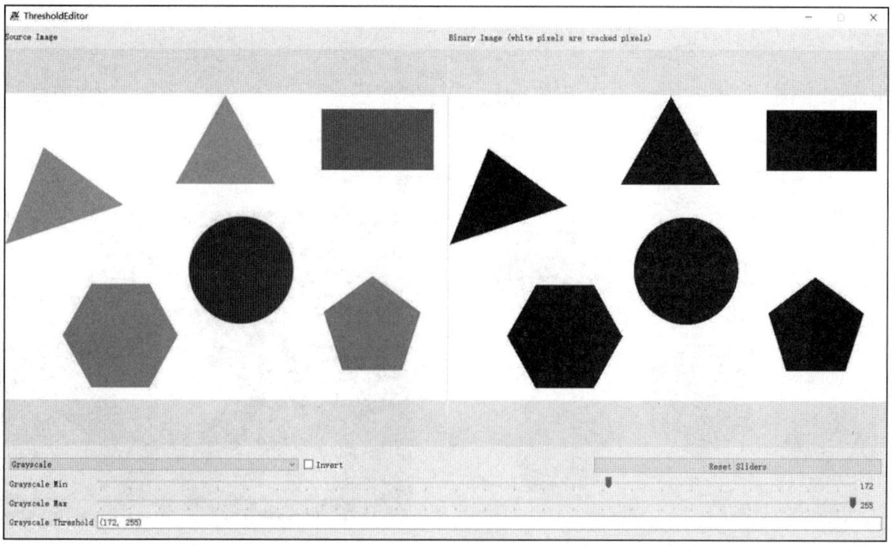

图 6.3.11　使用阈值编辑器软件的分析结果

具体程序如下。

```
import cv2
import numpy as np
import imutils

img=cv2.imread('./Third_Exp_img.jpg')
img_gray=cv2.cvtColor(img,cv2.COLOR_BGR2GRAY) #将图片颜色模式转换为灰度模式
ret,thresh=cv2.threshold(img_gray,170,255,cv2.THRESH_BINARY_INV)
cv2.imshow('image3',thresh) #进行二值化处理、颜色反转并显示结果
cnts=cv2.findContours(thresh, cv2.RETR_EXTERNAL, cv2.CHAIN_APPROX_SIMPLE)
cnts=imutils.grab_contours(cnts) #获取轮廓信息
for c in cnts:
    if cv2.contourArea(c) > 200:  #通过面积过滤轮廓
        peri=cv2.arcLength(c,True) #多边拟合参数准备,周长计算
        approx=cv2.approxPolyDP(c,0.04*peri,True) #多边拟合
        if len(approx) == 3:        #通过线段端点判定形状
            shape="triangle"
            M=cv2.moments(c)        #计算轮廓中心
            cx=int(M["m10"]/M["m00"])
            cy=int(M["m01"]/M["m00"]) #获取轮廓中心的具体坐标
            cv2.drawContours(img,[c],-1,(0,0,255),2) #在原图上绘制轮廓
            cv2.putText(img,shape,(cx,cy),cv2.FONT_HERSHEY_SIMPLEX,0.5,
(0,0,0),2) #在原图上标注形状文字
cv2.imshow('img_result',img)
cv2.waitKey(0)
cv2.destroyAllWindows()
```

此处需要特别说明的是，cv2.threshold( )中的最后一个参数，由于图片为白底，在根据阈值二值化后需要反转颜色，所以这个参数选择 THRESH_BINARY_INV。

程序处理过程中的图像效果如图 6.3.12～图 6.3.14 所示。

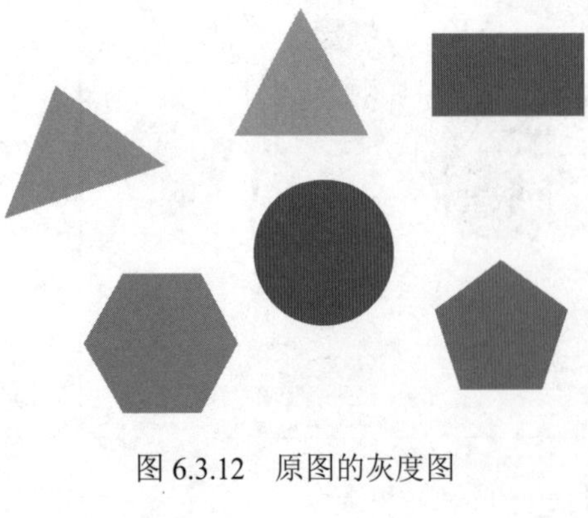

图 6.3.12　原图的灰度图

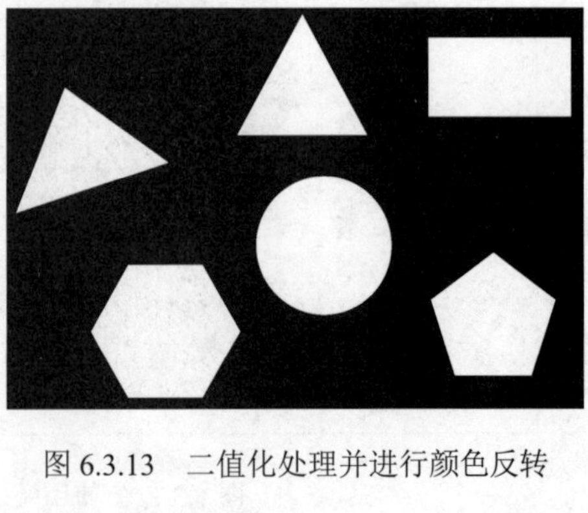

图 6.3.13　二值化处理并进行颜色反转

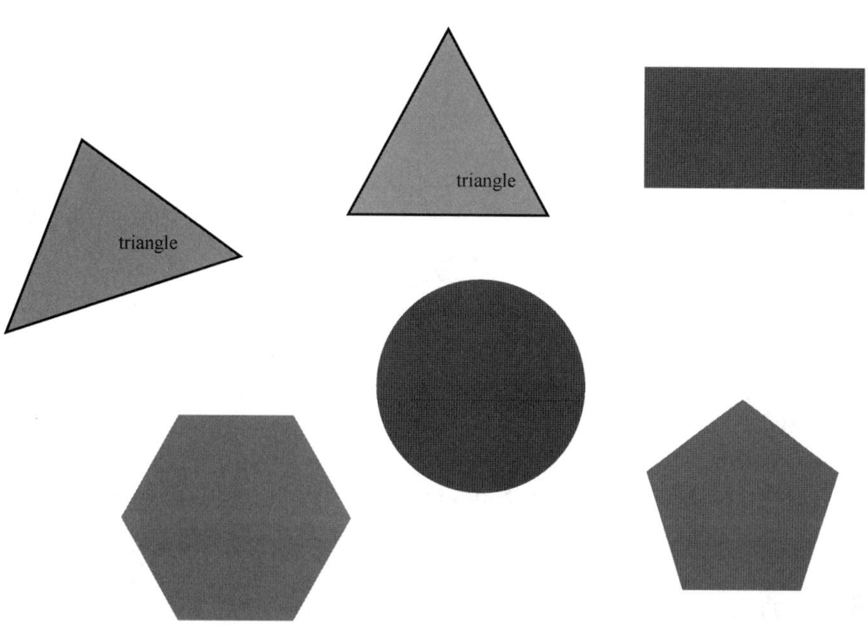

图 6.3.14　最终的处理结果

活动 6.3.3　基于树莓派的二维码识别

常用的二维码识别开源库主要有 ZBar 和 ZXing 两种，为了方便应用，选择基于 ZBar 库，并同时适用于 Python 2 和 Python 3 的条码识别库 pyzbar。

在树莓派上安装 pyzbar 时，可在终端直接输入安装命令“sudo pip3 install pyzbar”。为了增强对图像的处理，还可以安装 PIL（Python imaging library）库，PIL 是 Python 中的一个强大的图像处理库，但目前其只支持到 Python 2.7。所以这里安装 PIL 库的分支 pillow 库，虽然是分支，但是其图像处理能力也不弱于 PIL。

Pillow 库可以在树莓派上安装，也可以直接在终端输入安装命令“sudo pip3 install pillow”进行安装。如果在其他安装包中已经包含了这个库，则会提示已经安装。

二维码的识别步骤如下。

步骤 1：导入图片（图片可以是由摄像头拍摄的，也可以是保存于特定目录下的图片文件），并将图片颜色模式转换为灰度模式。

步骤 2：识别图片中的二维码信息（pyzbar.decode( )）。

步骤 3：提取二维码边框的位置信息，并根据边框信息绘制边框。

步骤 4：提取二维码数据为字节对象。

步骤 5：提取二维码类型。

步骤 6：在原图像上标注二维码信息及二维码类型。

步骤 7：输出二维码信息及二维码类型。

具体程序如下。

```
import cv2
import numpy as np
```

```
import pyzbar.pyzbar as pyzbar

camera=cv2.VideoCapture(0) #创建名称为 camera 的摄像头
while True:
    (ret,img)=camera.read() #摄像头获取图片并保存于 img 中
    img_gray=cv2.cvtColor(img,cv2.COLOR_BGR2GRAY) #图片颜色模式转换
    barcodes=pyzbar.decode(img_gray) #识别图片中的二维码
    for barcode in barcodes:
        (x,y,w,h)=barcode.rect #提取二维码外框的坐标及尺寸
        cv2.rectangle(img,(x,y),(x+w,y+h),(0,0,255),2) #在图片上绘制外框
        barcodeData=barcode.data.decode("utf-8") #提取二维码的内容
        barcodeType=barcode.type #提取二维码的类型
        text="{}({})".format (barcodeData,barcodeType)
        cv2.putText(img,text,(x,y-10),cv2.FONT_HERSHEY_SIMPLEX,0.5,(255,0,0),2) #将二维码的内容与类型打印到图片上
        print("[INFO] Found {} barcode: {}".format(barcodeType,barcodeData))
        cv2.imshow('img_result',img)
    key_num=cv2.waitKey(0)    #等待按键,并将按键值赋给 key_num
    if key_num == ord('q'):   #判断按键是否为 q,如果是则退出
        break
    cv2.destroyAllWindows()
camera.release() #释放摄像头
cv2.destroyAllWindows() #关闭所有窗口
```

本例中所涉及的二维码原始图片如图 6.3.15 所示，将该图片复制到手机上，并以手机屏幕显示。通过连接树莓派的摄像头拍摄后得到的图片如图 6.3.16 所示，将通过二维码识别得到的二维码类型与二维码内容直接输出到图片上，具体如图 6.3.17 所示。二维码最终的识别结果如图 6.3.18 所示。

图 6.3.15　二维码原始图片

图 6.3.16　摄像头拍摄的二维码图片（手机屏幕显示）

图 6.3.17　图片的处理结果

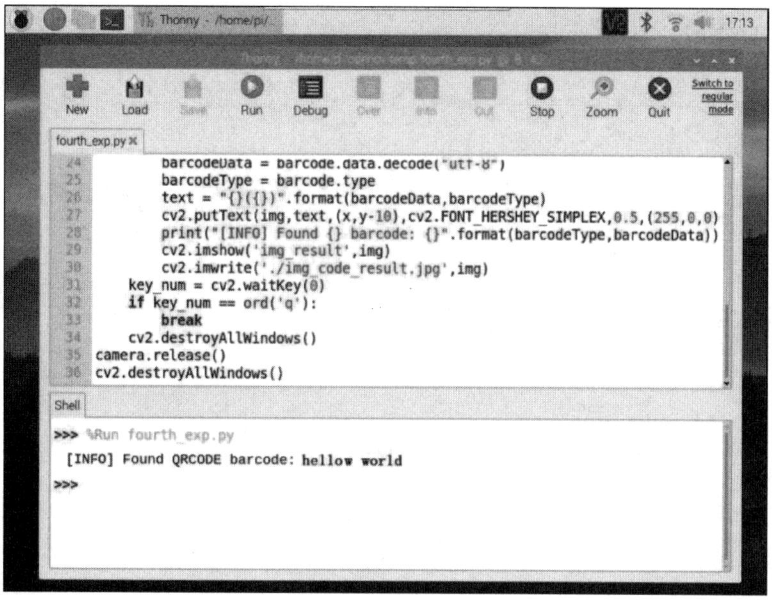

图 6.3.18　二维码最终的识别结果

在二维码的识别过程中发现的问题及处理方法如下。

如果二维码的内容（二维码类型与内容）涉及中文，则 Python 的输出是正常的，但是标注在图片上的中文则显示乱码，这是由 OpenCV 不支持中文导致的。因此在使用 OpenCV 进行图像处理时，如果需要在图片上通过 OpenCV 函数进行文字标注，则尽量采用英文标注。

直接使用 pyzbar.decode( )函数识别图片中的二维码时，识别的成功率有时较低，而解决这种问题的方法是，通过对二维码图片进行预处理来有效提供识别率。简单的处理方法为，使用 OpenCV 的滤波函数配合阈值函数 threshold( )或自适应阈值函数 adaptiveThreshold( )对图片进行二值化处理，然后使用 pyzbar.decode( )函数识别图片中的二维码，即可使识别的成功率大大提高。

拓展训练

请基于带 USB 摄像头的树莓派编写程序实现以下功能：摄像头以 2 帧/s 的速度拍摄图片，将图片中的红色物体框选出来并标注像素坐标。

思考与练习

1．请基于 MaixPy 编写程序实现以下功能：水果颜色与形状的识别，并用英文形式标注识别结果。

2．请基于带 USB 摄像头的树莓派编写程序实现以下功能：摄像头以 1 帧/s 的速度拍摄图片，并将图片中的红色物体框选出来。

项目 7

物流搬运机器人综合任务

◎ 项目导读

本项目以较为简单的物料识别、抓取、摆放任务为例，介绍根据项目需求如何实现机构方案的选型、控制系统方案的选型及功能程序的编写。

◎ 学习目标

通过对本项目的学习，应达成如下学习目标。

知识目标	能力目标	思政素养目标
1. 了解物流搬运机器人的整机原理及实现方案。 2. 了解物流搬运机器人的机械组成。 3. 了解物流搬运机器人的硬件工作原理。 4. 了解物流搬运机器人的软件控制流程	1. 能够搭建物流搬运机器人的机械结构。 2. 能够搭建物流搬运机器人的硬件控制系统。 3. 能够设计物流搬运机器人的软件系统。 4. 能够调试并完成物流搬运机器人的安装	1. 强化规范意识、安全意识，严格按照安全操作规程作业。 2. 强化质量意识，培养专注、细致、严谨、负责的工作态度

任　务

移动机器人综合训练

任务目标

机器人需要完成的任务如下。

1）机器人从出发区出发且出发前机器人的投影尺寸不能超出出发区。

2）通过二维码获取需要抓取物料的颜色与需要摆放色环的颜色。

3）机器人移动到抓料区，通过颜色识别抓取对应颜色的物料。

4）物料为直径 60mm、高度 120mm 的圆柱体。

5）机器人携带物料移动到摆放区，并将物料摆放至对应的色环内。

6）机器人移动至返回区。

整个场地如图 7.1.1 所示。

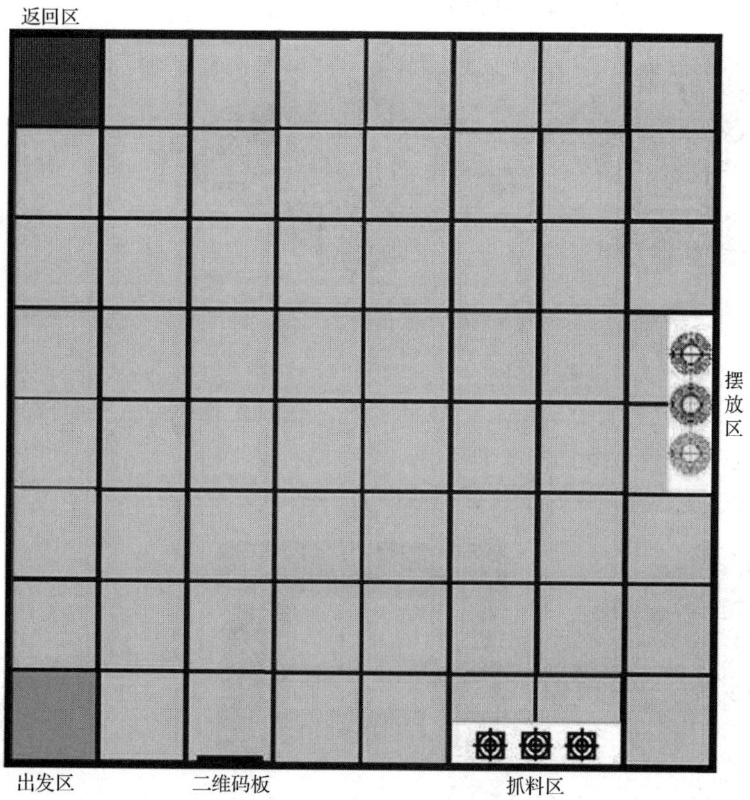

图 7.1.1　机器人运行场地图

根据项目任务需求，移动机器人需要实现的功能如下。

1）导航条循迹功能。

2）定位功能。

3）物料抓取码垛功能。

4）颜色识别功能。

5）二维码识别功能。

任务实施

活动 7.1.1 机构方案选型

根据移动机器人的循迹功能、定位功能与物料抓取码垛功能，在机构方案上需要对底盘运动机构与机械臂机构进行选型。

1. 底盘选型

底盘的分类已经在活动 2.1.2 中做了介绍，但是在具体应用过程中一般根据运动模型进行选型，以方便后续控制系统的运动控制实现。充分考虑功能需求、场地环境、设计制作难度、制作成本等多种因素，可以选择的底盘主要有以下几种。

1）两胶轮两驱底盘，底盘的具体构成如图 7.1.2 所示。

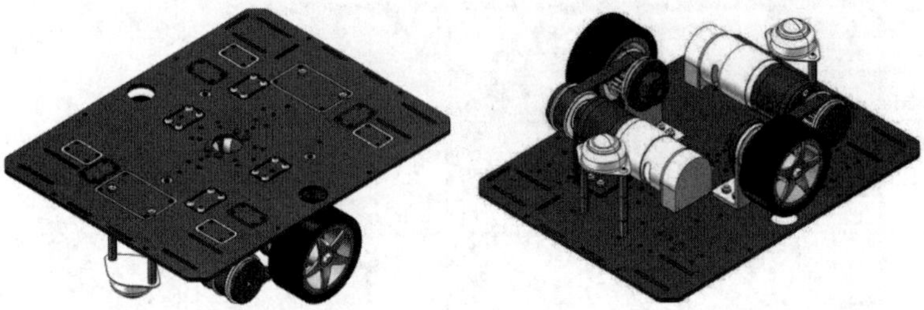

图 7.1.2　两胶轮两驱底盘

视频：两胶轮两驱底盘组装

两胶轮两驱底盘的运动模型分析已经在项目 2 中做了详细介绍，此种底盘结构较为简单，重心在车体中心，前、后各有一个万向轮用于保持车体稳定。两胶轮两驱底盘结构的优点是成本低廉、转弯顺滑且转弯半径小。

2）四胶轮四驱底盘，底盘的具体构成如图 7.1.3 所示。

图 7.1.3　四胶轮四驱底盘

视频：四胶轮四驱底盘组装

四胶轮四驱底盘的运动模型与两胶轮两驱底盘的运动模型一致，都是两轮差速运动模型。但是其由 4 个电动机作为驱动，因此相同条件下驱动力更强，同时底盘的稳定性更高，转弯半径小。但是其在转弯过程中同侧前后轮如果转速一致，由于前轮与后轮转弯中心不一致，会产生额外的摩擦力，从而阻碍底盘转向。

3）四胶轮两驱底盘，底盘的具体构成如图 7.1.4 所示。

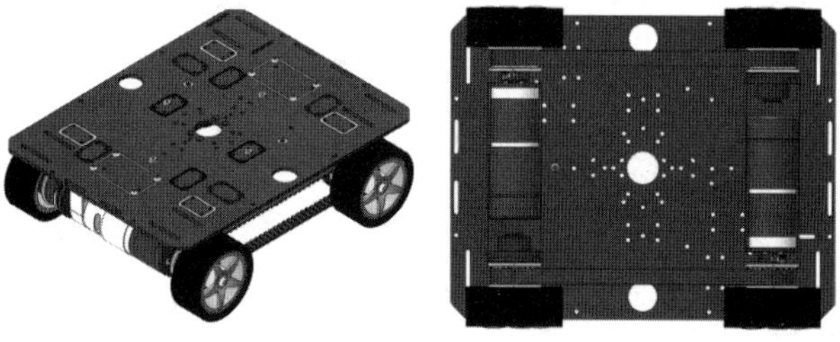

图 7.1.4 四胶轮两驱底盘　　视频：四胶轮两驱底盘组装

四胶轮两驱底盘有 4 个胶轮，有 2 个驱动电动机，同侧胶轮使用同一个电动机作为驱动，并通过同步带轮联动，这样的优点是能保证同侧胶轮的转速完全一致。因为只有 2 个驱动电动机，所以成本较低，但是其驱动能力稍弱，同时在转弯时同样存在前轮与后轮转弯中心不一致的情况，从而产生额外的摩擦力阻碍底盘转向。

4）三全向轮底盘，底盘的具体构成如图 7.1.5 所示。

图 7.1.5 三全向轮底盘　　视频：三全向轮底盘组装

三全向轮底盘有 3 个全向轮，每个全向轮都由一个电动机驱动，该种底盘的最大优势是可完成任意方向的运动，同时由于只采用了 3 个轮子与 3 个电动机，所以整体成本较低。但是由于全向轮垂直辊子的小胶轮处于自由状态，所以底盘会存在一定的运动漂移，这种情况在底盘处于斜坡时最为明显。

5）四麦轮底盘，底盘的具体构成如图 7.1.6 所示。

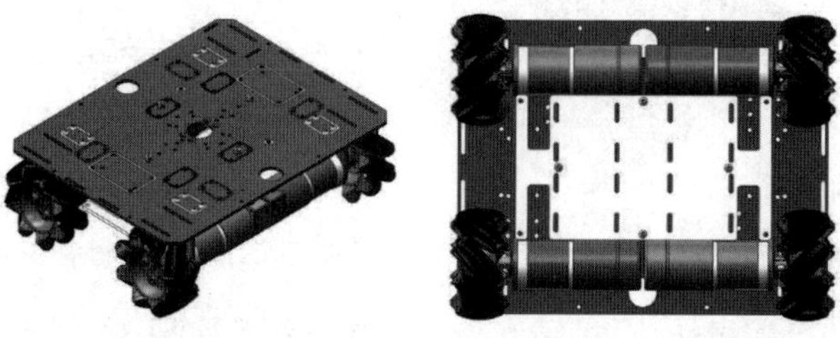

图 7.1.6 四麦轮底盘　　视频：四麦克纳姆轮底盘组装

四麦轮底盘有 4 个麦轮，每个麦轮都由一个电动机驱动，这种底盘也可以完成任意方向的运动，相较于三全向轮底盘，四麦轮底盘的稳定性更高。同样由于麦轮自身的特点，底盘会存在一定的运动漂移。

由于本项目中的场地较为平整，并且机器人需要在尽可能短的时间内完成任务，所以需要让机器人的移动尽可能高效快速，而能实现全向移动的底盘可有效减少机器人行进过程中的转向，从而大大减少机器人底盘的移动时间。为此可在三全向轮底盘与四麦轮底盘中进行选择，而四麦轮底盘由于具有更好的稳定性，在上部机构进行动作时能更好地保证机体的稳定性，所以最终选择四麦轮底盘作为机器人的底盘。

2. 上部机构选型

物料抓取码垛功能一般借助机械臂来完成，而机械臂的分类已经在项目 5 中进行了介绍，这里不再赘述。根据项目任务的需求，可选取的机械臂主要有以下几种。

1）连杆式机械臂，具体的构成如图 7.1.7 所示。

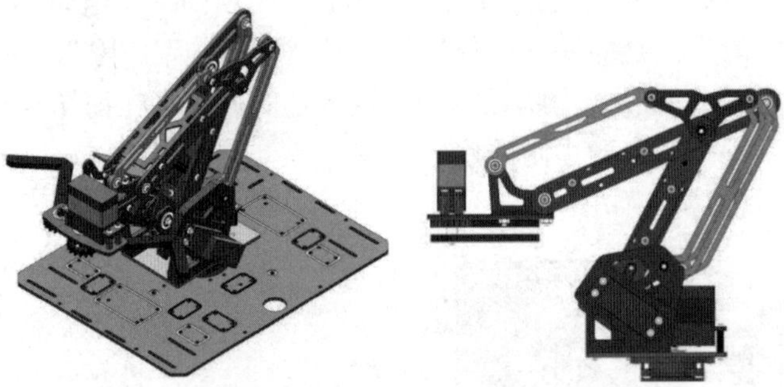

图 7.1.7　连杆式机械臂

视频：连杆式机械臂组装

图 7.1.7 中的连杆式机械臂已经在项目 5 中进行了介绍，这里不再赘述。连杆式机械臂的收缩尺寸较小，工作范围较大，并且其整体动力源全部采用舵机，因此可有效减少控制模块的种类，同时其机械爪在任何状态下都可以保持与底座平面平行，但是其装配较为复杂。

2）串联式机械臂，具体的构成如图 7.1.8 所示。

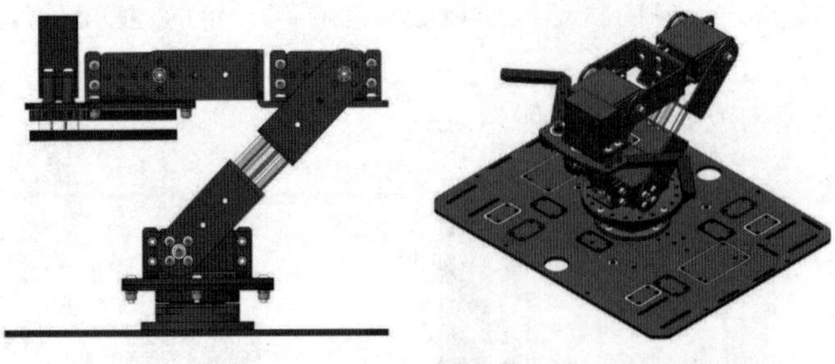

图 7.1.8　串联式机械臂

视频：串联式机械臂组装

图 7.1.8 中的串联式机械臂由 4 个舵机构成，机械臂由 3 个舵机驱动实现 3 自由度控制，机械爪开合由 1 个舵机控制。串联机械臂同样有收缩尺寸小、工作范围大的特点，其装配

较为简单，但是其机械爪方向受小臂舵机角度的影响不能保持与底座平面平行。

3）桁架式机械臂，具体的构成如图 7.1.9 所示。

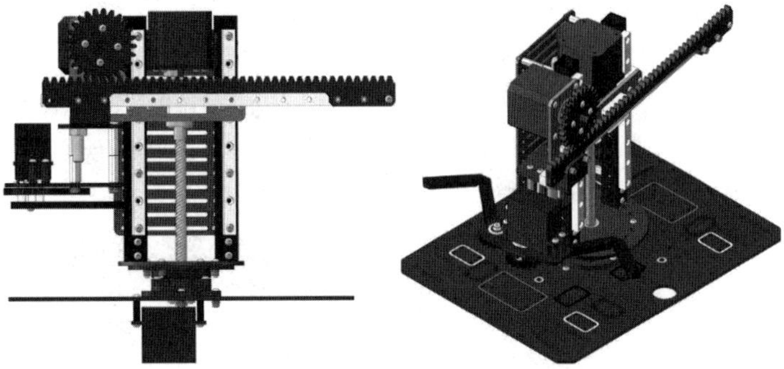

图 7.1.9　桁架式机械臂

视频：桁架式机械臂组装

图 7.1.9 中的桁架式机械臂结构由 2 个步进电动机和 2 个舵机作为整体运动的动力源。其中，1 个步进电动机实现升降运动，1 个步进电动机实现机械爪的伸缩运动，整体转动通过 1 个舵机来实现，机械爪开合通过 1 个舵机来实现。这种机械臂结构体的控制较为简单，但是其收缩体积较为庞大。

由于本项目对机器人初始状态的体积有对应的尺寸限制，并且机械爪平行于底座平面也有利于物料的抓取，所以选择连杆式机械臂作为本项目的上部机构较为合适，最终机器人的整机机构方案如图 7.1.10 所示。

图 7.1.10　机器人的整机机构方案

活动 7.1.2　控制系统方案的选型

根据机器人的整机机构选型方案可知，其与项目 5 中的码垛机器人的机构一致，因此其控制系统也与码垛机器人的控制系统一致，硬件模块包含 1 个主控模块、4 个直流电动机驱动模块、1 个舵机驱动模块、4 个循迹传感器、1 块电源稳压模块、锂电池和电池电压报警器。

由于应用场景中的地面铺设有导航条，所以借助上述控制系统便可实现导航条循迹功能、定位功能与物料抓取码垛功能。颜色识别功能与二维码识别功能需要借助视觉技术来实现，可以选择项目 6 中介绍的 MaixPy 和树莓派两种能实现对应视觉功能的硬件模块。

考虑颜色识别与二维码识别功能相对简单，MaixPy 与树莓派都能很好地胜任这两种功能，因此选择体积更小、硬件更简单、功耗更低、成本也更低廉的 MaixPy 作为本项目的视觉处理模块。MaixPy 通过 TTL 串口与主控板实现通信，因此本项目的控制系统接线图可在项目 5 的基础上添加 MaixPy 与主控板的连接，具体如图 7.1.11 所示。

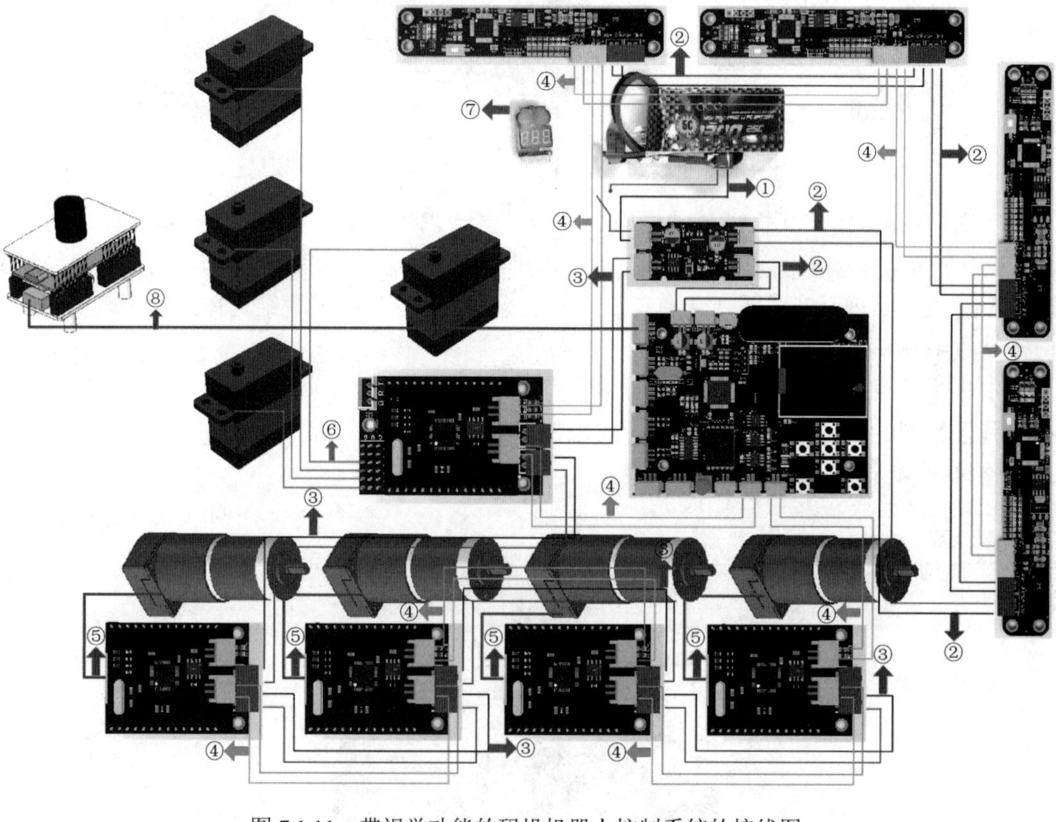

图 7.1.11　带视觉功能的码垛机器人控制系统的接线图

活动 7.1.3　整机调试

整机调试的步骤主要包括：机械机构的搭建、控制系统硬件电路的搭建与连线、模块 ID 号的修改、循迹传感器的校准、功能程序的编写。其中，机械机构的搭建、控制系统硬件电路的搭建与连线这两个步骤基本与项目 5 中的一致，但是由于增加了 MaixPy 视觉模块，所以需要增加 MaixPy 相关的安装与连线步骤。

模块 ID 号的修改、循迹传感器的校准等操作在前面几个项目中已经进行了相关介绍，所以就整机调试而言，最重要的部分便是功能程序的编写。

基础循迹功能的程序、基础抓取与码垛功能的程序在项目 5 中已经做了相关介绍，这里不再赘述，所以具体功能的实现主要涉及 MaixPy 的视觉程序编写和机器人本体的具体应用程序编写。

MaixPy 的视觉程序主要是将颜色识别、二维码识别、串口通信集合在同一个程序中，并通过主控板下发的命令进行对应功能的实现，最后通过串口将识别结果上行发送给主控板，而主控板便可根据获取的相关数据执行相关任务的程序。MaixPy 的相关程序具体如下。

```
    import sensor, image, time
    import struct
    from machine import Timer, PWM
    tim1=Timer(Timer.TIMER0, Timer.CHANNEL0, mode=Timer.MODE_PWM)
    #初始化 PWM 时钟
    tim2=Timer(Timer.TIMER0, Timer.CHANNEL1, mode=Timer.MODE_PWM)
    ch1=PWM(tim1, freq=500000, duty=100, pin=8, enable=False) #初始化 PWM
    ch2=PWM(tim2, freq=500000, duty=100, pin=15, enable=False)
#PWM 是用来控制补光灯的
    thresholds=[(15, 91, 45, 75, 19, 50), #generic_red_thresholds
                (15, 91, -59, -31, 19, 50), #generic_green_thresholds
                (15, 97, -24, 36, -72, -20)] #generic_blue_thresholds
    sensor.reset()
    sensor.set_pixformat(sensor.RGB565)
    sensor.set_framesize(sensor.QVGA)
    sensor.skip_frames(time=2000)
    sensor.set_vflip(1)
    clock=time.clock()

    from fpioa_manager import fm
    from machine import UART

    fm.register(20,fm.fpioa.UART1_TX)  #注册引脚和功能
    fm.register(21,fm.fpioa.UART1_RX)
    uart_A=UART(UART.UART1, 9600, 8, None, 1, timeout=1000, read_buf_len=
4096) #创建 UART 对象

    flg=0
    ch1.enable()
    ch2.enable()
    while(True):
        if flg != 0:
            read_data=uart_A.read()
            if read_data != None:
                print(read_data[0],read_data[1])
                if read_data[0] == 27 and read_data[1] == 48:
```

```
                print("Stop image recognition\r\n")
                flg=0
        while (flg == 0):
            read_data=uart_A.read()
            if read_data != None:
                print(read_data[0],read_data[1])
                if read_data[0] == 27 and read_data[1] == 49:
                    print("Start image recognition\r\n")
                    buffer = struct.pack( "b" ,  0x06 )
                    uart_A.write(buffer)
                    flg=1
                if read_data[0] == 27 and read_data[1] == 50:
                    print("Start image recognition\r\n")
                    buffer = struct.pack( "b" ,  0x06 )
                    uart_A.write(buffer)
                    flg=2
        clock.tick()
        img=sensor.snapshot()
        if flg == 1:
            codes=img.find_qrcodes()
            for code in codes:
                _=img.draw_rectangle(code.rect())
                img.draw_string(2,2, code.payload(), color=(255,0,0), scale=2)
                print(code)
                uart_A.write (code.payload()+"\r")
                flg=0
        if flg == 2:
            r_pos=0
            g_pos=0
            b_pos=0
            r_blobs=img.find_blobs([thresholds[0]],pixels_threshold=2025,
area_threshold=2000)
            for blob in r_blobs:
                _= img.draw_rectangle(blob.rect(), color=(255, 0, 0))
                _= img.draw_cross(blob.cx(), blob.cy())
                r_pos=blob.cx()
            g_blobs=img.find_blobs([thresholds[1]],pixels_threshold=2025,
area_threshold=2000)
            for blob in g_blobs:
                _= img.draw_rectangle(blob.rect(), color=(0, 255, 0))
```

```
                _= img.draw_cross(blob.cx(), blob.cy())
                g_pos=blob.cx()
            b_blobs=img.find_blobs([thresholds[2]],pixels_threshold=2025,
area_threshold=2000)
            for blob in b_blobs:
                _= img.draw_rectangle(blob.rect(), color=(0, 0, 255))
                _= img.draw_cross(blob.cx(), blob.cy())
                b_pos=blob.cx()
            if r_pos != 0 and g_pos !=0 and b_pos !=0:
                if r_pos < g_pos < b_pos:
                    print("rgb")
                    uart_A.write("rgb\r")
                    flg=0
                elif r_pos < b_pos < g_pos:
                    print("rbg")
                    uart_A.write("rbg\r")
                    flg=0
                elif g_pos < r_pos < b_pos:
                    print("grb")
                    uart_A.write("grb\r")
                    flg=0
                elif g_pos < b_pos < r_pos:
                    print("gbr")
                    uart_A.write("gbr\r")
                    flg=0
                elif b_pos < r_pos < g_pos:
                    print("brg")
                    uart_A.write("brg\r")
                    flg=0
                elif b_pos < g_pos < r_pos:
                    print("bgr")
                    uart_A.write("bgr\r")
                    flg=0
            else:
                color_num=0
                color_pos=0
                color_str_1="\0"
                color_str_2="\0"
                if(r_pos != 0):
                    color_num=color_num+1
```

```
            color_pos=r_pos
            color_str_1="r"
        if(g_pos != 0):
            color_num=color_num+1
            if(g_pos < color_pos):
                color_str_2=color_str_1
                color_str_1="g"
                color_pos=g_pos
            else:
                if color_num == 1:
                    color_str_1="g"
                    color_pos=g_pos
                else:
                    color_str_2="g"
        if(b_pos != 0):
            color_num=color_num+1
            if(b_pos < color_pos):
                color_pos=b_pos
                color_str_2=color_str_1
                color_str_1="b"
            else:
                color_str_2="b"
        if(color_num == 2):
            print(color_str_1+color_str_2)
            uart_A.write(color_str_1+color_str_2+"\r")
            flg=0
```

具体的应用程序编写需要首先完成对应场地位置的运动程序编写和机械臂对应姿态的程序编写。由于机器人机构选型的优势，机器人在抓取或摆放不同的物料时，无须移动场地位置即可实现所有的抓取摆放功能。因此场地位置可固定为二维码读取位置、抓料区颜色识别位置、摆放区颜色识别位置、物料抓取位置、物料摆放位置 5 个位置点。

机械臂的姿态可固定为二维码读取姿态、抓料区颜色识别姿态、摆放区颜色识别姿态、1 号物料抓取姿态、2 号物料抓取姿态、3 号物料抓取姿态、1 号物料摆放姿态、2 号物料摆放姿态、3 号物料摆放姿态。

将通过二维码获取的待抓取物料的颜色值保存在 Colour_QR[2]数组中，其中 Colour_QR[0]保存需要抓取的物料颜色，Colour_QR[1]保存需要摆放的色环颜色；将通过颜色识别获取的 3 种物料颜色保存在 Colour_material[3]数组中；将通过颜色识别获取的 3 个色环颜色保存在 Colour_target[3]数组中。

功能应用程序以流程图的形式展现，具体的流程图如图 7.1.12 所示。

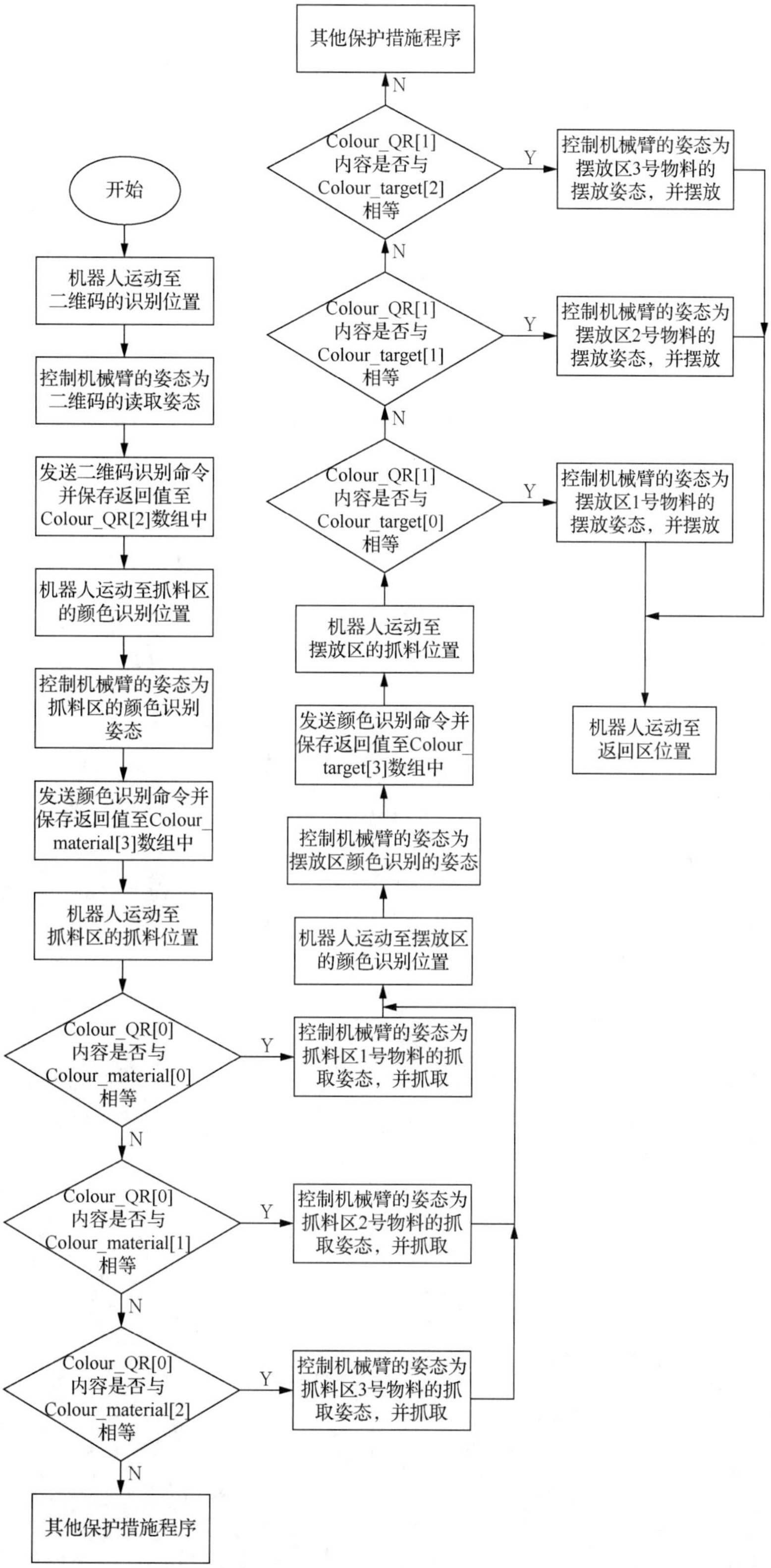

图 7.1.12　功能应用程序的流程图

参 考 文 献

李立宗，2019．OpenCV 轻松入门：面向 Python[M]．北京：电子工业出版社．

刘金琨，2016．先进 PID 控制 MATLAB 仿真[M]．4 版．北京：电子工业出版社．